LE SAINT-LAURENT ET SES ILES

Réimpression conforme à l'édition revue et corrigée de 1945, publiée à Québec par Les Éditions Garneau.

La photographie de la couverture est signée
Jean-Pierre Danvoye.

Maquette de la couverture: Jacques Léveillé

ISBN 2-7609-9755-3

Dépôt légal — Bibliothèque nationale du Québec
1er trimestre 1984

Imprimé au Canada

DAMASE POTVIN

Le Saint-Laurent et ses Iles

Histoire, Légendes, Anecdotes, Description, Topographie.

LE SAINT-LAURENT ET SES ILES

Les anciens divinisaient les beaux fleuves, que leurs sculpteurs représentaient dans la pierre, par de majestueuses et symboliques figures. C'est ainsi qu'à la manière du Tibre antique, sous la forme classique du vieillard à longue barbe, couché sur un coude et couronné, Coysvoix a représenté, à Versailles, le fleuve le plus imposant de France: le Rhône.

C'est de même que nous voudrions voir représenter, quelque part, "du Saint-Laurent le majestueux cours", le plus beau fleuve du monde, oserions-nous dire.

Et ce n'est pas seulement par sa puissance et l'extrême variété des paysages à travers lesquels se développe son cours que le Saint-Laurent est le plus beau fleuve de l'univers. C'est aussi par la multitude des souvenirs historiques et humains qu'il déroule le long de ses rives et qui s'accrochent à ses caps et à ses îles; c'est de ce côté-là surtout qu'il puise sa noblesse.

D'anciennes capitales, des cités jadis illustres, des châteaux et des forteresses qui ont été témoins de guerres et d'invasions et qui ont vu défiler des armées grecques, romaines et gauloises, jalonnent les voies triomphales que sont certains fleuves des vieux continents; des civilisations aujourd'hui disparues ont animé leurs vieilles rives maintenant endormies, encore qu'elles n'aient rien oublié de ce qu'elles ont vu; et lorsque le touriste moderne emprunte à son tour la voie des fleuves européens et asiatiques, les souvenirs jaillissent à chaque pas, inscrits au front des ruines dévorées de lierres et de soleil...

Notre Saint-Laurent, lui, a assisté à la naissance, à la civilisation d'un continent. Et les souvenirs qu'il évoque dans nos coeurs, s'ils ne sont pas inscrits sur les ruines de châteaux féodaux, sont incrustés sur les roches des nombreuses et pittoresques îles qui parsèment ses larges eaux.

C'est dans ces îles, pourrions-nous dire, que s'exprime l'âme de notre fleuve.

L'âme du Saint-Laurent!... Mais les fleuves ont-ils une âme? L'antiquité qui les peuplait de naïades eut, sans doute, répondu: oui. Mais le siècle qui déniait avec Descartes toute sensibilité aux animaux au point d'en faire des machines, répondrait: non. L'amour de la nature et le romantisme nous font aujourd'hui juger autrement. Nous croyons que les objets inanimés peuvent avoir une âme et, à plus forte raison, ces corps fluides, vivants, passionnés même que sont une rivière, un fleuve, un océan. Nous préférons traduire par un contresens le "sunt lacrimae rerum" du poète et prêter une âme à ce qui semble n'en point avoir. Au vrai, c'est que nous saisissons mieux, sans doute, que les purs Cartésiens, les subtiles harmonies qui se dégagent de la nature et qui créent entre elle et nous un lien. Plus que jamais, pour nous, selon une parole célèbre, un paysage est un état d'âme...

Notre fleuve Saint-Laurent a une âme et nous pouvons l'entrevoir dans ses îles et dans ses îlots rocheux comme aussi dans l'immensité et la variété du paysage presque infini qu'il développe le long de ses rives où elle s'exprime par des souvenirs qui s'échelonnent au long de quatre siècles.

Notre Saint-Laurent mérite l'admiration et le respect; il fut en Amérique comme le lac sacré des civilisations d'Europe. Il a permis aux navigateurs d'autrefois de s'élancer avec l'espoir d'atteindre les limites du désespoir des rives opposées. Il a permis des alliances sans l'embarras de voisinages immédiats. Il fut la première voie rapide du commerce, tour à tour encombrée et relayée par des îles propices et mystérieuses... Notre fleuve, il a attiré les découvreurs comme le gouffre attire les barques. Sur ses flots se sont produits les bouillonnements d'une humanité naissante, ses puissantes émulsions. On l'a vu sillonné par de gracieux voiliers de pirates, de lourds galions de marchands, des caravelles d'explorateurs, des porte-canons des amiraux d'Europe. Il enfanta des drames sans nombre et des joies insoupçonnées des rivages européens, des tumultes, des civilisations cruelles...

Des îles où s'exprime en partie l'âme de notre fleuve, des souvenirs se lèvent de partout et volent au-devant de nous: que ce soit ces îles aux fortes croupes arrondies en dôme, boisées, masses sombres où la lumière en se jouant, trace dans les frondaisons des taches d'un vert plus clair, légèrement cendrées;... que ce soit ces îles où les dunes s'enchassent aux dunes, formant une ondulation serpentine et continue;... que ce soit ces îles qui, de loin, ressemblent à une longue barre, sombre, monotone, qui sépare l'eau du ciel; ou ces gracieuses petites îles pareilles à des corbeilles de verdure où, au passage, on distingue à peine, perdue dans les arbres ou des rochers, une cabane isolée de pêcheur, ou un chalet de chasse et de pêche; ou encore ces îles rocheuses, aux parois abruptes qui évoquent aussitôt une image de mort et d'éternité, et qui nous font saisir toute l'angoissante beauté de certains sites laurentiens, ou celles encore qui surgissent brusquement à nos yeux sans que nous ayons pu les prévoir, que nous semblons croiser et qui paraissent nous fuir après qu'elles ont offert à nos regards un spectacle nouveau et inattendu; qui ont pris, un instant, un relief saisissant puis qui s'estompent au loin dans une imprécision poétique qui entraîne l'imagination sur les pentes de la rêverie;... ou celles du nord, du sud, de toute la rose des vents sur lesquelles soufflent les tempêtes battant constamment leurs rochers. Et non loin de l'aride écorce de cet îlot contracté dans ses rugosités de rochers, s'étale une îlette verte qui ressemble à une oasis dans une odorante enveloppe qui lui prête l'apparence d'un mirage des mille et une nuits; ou, enfin, ces îles immenses comme des pays entiers, qui provoquent l'émotion que nous ressentons aux abords des grands points géographiques... terres longues, plates ou montagneuses comme assises sur d'énormes tables de pierre à demi immergées, que le fleuve conditionne à sa façon; masses gigantesques à ossature calcaire que l'eau forme et entretient constamment. Et tout à coup, tout près de ces monstres, comme une timide caresse d'ailes, une petite voile blanche glissant sur l'eau mettant sa souriante note dans la grandeur sauvage des lieux...

Ceux que les voyages des découvreurs ont longtemps fait rêver pensent encore, malgré les changements qu'apporte le Progrès, retrouver à plusieurs siècles de distance, sur les rivages du Saint-Laurent, sur ses îles, les dernières visions, demeurées intactes, des Européens qui arrivaient dans la petite France d'outre-mer: découvreurs, colons, grands seigneurs, femmes illustres, missionnaires héroïques, fiers guerriers qui ont passé à travers ces îles où quelques-uns ont laissé des empreintes que le temps n'a pu encore effacer...

Ces îles du Saint-Laurent, elles ont vu s'inscrire, autour d'elles, une ravissante allégorie du devoir sans que personne s'en soit douté; et cette notion du devoir, elle s'exprime inconsciemment à chaque ligne de nos archives, des rapports de mer... Nos îles en furent les témoins avant les archivistes de la Marine.

*

* *

Nos îles elles ont vu le cortège des navires qui ont quitté l'océan, engagés dans le fleuve, sur cette route de sécurité... sournoise: les paquebots orgueilleux qui transigent avec la furie des vents; les grands cargos prudents qui ajustent leurs efforts et les petits caboteurs musclés qui s'acharnent, s'épuisent à vouloir doubler les caps, rongés par la mer, en instance de perdition, pour aller déposer sur les quais désignés, dans les délais assignés, leurs mélasses, leurs fruits venant des lointains pays des épices...

Nos îles, elles ont vu sur la passerelle des navires, sous les paquets d'eau des houles qui se creusaient depuis des jours au temps des équinoxes, les capitaines à qui le vent hurlant coupait les commandements, tandis qu'elles apercevaient, autour du navire, dans les ténèbres, des marbrures en grisaille indiquant de longs et inquiétants déferlements... Puis, elles ont vu de gros voiliers, de puissants paquebots lancés en bélier, foncer des montagnes d'eau avec de longs tremblements de bêtes nerveuses, offrant leurs plages-avant, leurs membrures, leurs cheminées à la trombe fracassée, et leurs cales ouvertes à l'écoulement des masses qui suivent... Elles ont vu l'orgueilleux et entêté paquebot se lever lentement sur les flancs d'une montagne d'eau comme pour l'escalader, accélérer l'ascension, levant l'étrave au ciel comme un défi, avec des soufflements de rage... recherchant aux frontières de la perdition les limites de la possibilité...

Nos îles, elles ont entendu le vent d'ouest, du nord-est, du nord, du sud-est qui les enveloppe de brume, siffler rageusement autour d'elles, à la barbe de leurs phares impassibles, une musique hargneuse et lugubre pendant qu'elles voyaient au-dessus d'elles l'espace qui tenait lieu de ciel s'effilocher en lambeaux sombres sur le fonds desquels les superstructures blanches et grises des navires à qui les phares semblaient offrir en vain leurs rayons secourables, trancher en tons de lividité oppressante . . .

Elles ont vu passer les caravelles et les galions du Découvreur, les corvettes du Fondateur de Québec; puis, longtemps, des bricks et des trois-mats carrés, de fines goélettes aux membrures délicates comme des jouets, de longues théories de canots d'écorce. Puis, après les voiliers, les premiers navires à vapeur, parents pauvres et lents des clippers, bateaux poussifs qui préparaient l'avenir de la navigation moderne. Nos îles ont vu leurs mats, leurs voiles, la vapeur n'étant encore pour eux qu'une aide insuffisante, les machines un poids dangereux et leur chaudière un volcan prêt à l'éruption . . . aussi voyaient-elles passer des trois-mats anormalement encombrés de filins, aux ponts et aux cales obstrués par des tas de bois à brûler qui devaient alimenter les chaufferies après quoi, toutes voiles dehors, les trois-mats atteignaient les côtes . . . Puis ce furent les noirs charbonniers, d'orgueilleux paquebots qui ont mis moins de six jours à narguer l'Atlantique-Nord, ses tempêtes, ses courants, ses brumes, ses icebergs et qui sera plus tard la route du Ruban Bleu que parcourent aujourd'hui les plus beaux et les plus rapides navires qui font route en suivant les arcs du grand cercle qui sur la sphère terrestre unissent les points de départ et les points d'arrivée . . .

Nos îles, elles ont vu passer, modestement employé au cabotage sur nos côtes, notre "*Royal William*" qui, en 1833, fut le premier navire à franchir l'océan sous vapeur, sans se soucier des vents... Et ce navire pionnier de la navigation moderne qui devait donner le premier coup mortel aux antiques voiliers, ne devait pas sortir des grands chantiers maritimes de France, d'Ecosse ou des Etats-Unis, mais prenait la mer en 1830, d'un modeste chantier maritime de la Rivière Saint-Charles, à Québec. Et comme s'il avait eu conscience de ses modestes origines, le 18 août 1833, tout simplement, sans fracas, avec ses sept passagers à son bord, il appareillait à Boston et, dix-neuf jours plus tard, arrivait à l'entrée de la Tamise. Nos îles ont vu ce triomphateur de la navigation à voiles.

Nos îles ont encore vu passer dans leurs parages, à part le *"Royal William"*, les premiers navires construits à Québec et à l'Ile d'Orléans et dont malheureusement l'existence, pour la plupart, fut plus ou moins éphémère. Elles ont vu le *"Columbus"* lancé de l'Anse-du-Fort, Ile d'Orléans, en 1824, la *"Baron Renfrew"*, capitaine Walker,—nom fatidique dans la marine laurentienne—construit aussi à l'Ile d'Orléans en 1825, le *"Prince"*, la *"Petite Hermine"* de Toussaint Valin, la *"Nyassa"*, le *"Stag"*, le *"Pearless"*, la *"Marie Elsa"*... Bref, nos îles laurentiennes ont vu passer, et repasser, les 2,532 navires qui sont sortis des chantiers québécois de 1797 à 1899 et dont un trop grand nombre ont péri dès leur première traversée encore que plusieurs aient pu revenir passer par leur travers après avoir triomphé des fureurs de la "mer ténébreuse".

Tous ces navires, nos îles peuvent en témoigner, à l'exception de quatre vapeurs: le *"Royal William"*, le *"Québec"*, le *"Rowland"* et le *"John Mumm"* étaient de fins voiliers: bricks, goélettes, brigantins, bârques, qui témoignaient de l'habileté, que l'on n'a jamais contestée, d'ailleurs, des ouvriers canadiens qui, pendant cent ans, ont chanté le *"Charlie Man"* dans les chantiers maritimes de la Rivière Saint-Charles, de l'Ile d'Orléans et de l'Anse-au-Foulon.

Nos îles qui, à l'aurore de notre pays, avaient vu passer les galions de Jacques Cartier et, plus tard, le *"Don de Dieu"* de Champlain, virent passer en 1690 les corvettes de l'arrogant amiral Phipps qui allait honteusement reculer devant la simple menace des canons du comte de Frontenac. Et plus tard encore, en 1711, les îles du Golfe virent passer, dans l'épouvante d'un ouragan, la formidable armada de Sir Howenden Walker, soit quinze vaisseaux de guerre et soixante-neuf transports portant de nombreuses troupes qui allaient s'emparer de Québec; et l'une de nos îles, l'Ile-aux-Oeufs, dans la nuit du 22 août, vit s'abîmer au milieu de ses rochers, huit de ces transports, plongeant dans l'éternité mille hommes... et les îles d'en bas virent le reste de la flotte rebrousser chemin, retourner en Angleterre. Enfin, durant l'été de 1759, nos îles virent passer, en route aussi vers Québec où l'Angleterre voulait frapper un coup suprême, les navires de James Wolfe qui devaient repasser mais, cette fois, vainqueurs. Et nos îles ne devaient plus désormais, du moins pendant près de trois quarts de siècle, voir passer devant elles le pavillon de France.

Jusqu'en 1850.

Cette année-là, aux acclamations du Canada français tout entier, dont l'âme tressaillit d'une patriotique émotion, le pavillon français, pour la première fois depuis 1760, flottait à la brise du Saint-Laurent que remontait la *"Capricieuse"*, corvette française dont le commandant De Belvèze, pendant plusieurs jours, à Québec et à Montréal, allait recevoir de la part des descendants de ceux d'avant 1760, le témoignage enthousiaste de leur affection et de leur amour pour la vieille France.

Depuis, nos îles ne cessèrent plus de voir passer devant elles des vaisseaux français qui montaient ou descendaient le fleuve. La liste en serait longue; et elles virent à maintes reprises, en des circonstances mémorables, les navires de l'ennemi d'avant 1760 montant le fleuve en compagnie de vaisseaux français, confraternisant. Elles virent en 1908, monter l'"*Indomptable*" portant le Prince de Galles, plus tard, Georges V, le "*Minotaure*", l'"*Exmouth*", l'"*Albermarle*", flotte britannique au milieu de laquelle on voyait flotter le drapeau tricolore que portait le "*Léon Gambetta*" dont la fanfare faisait chanter sur les lèvres françaises l'hymne royal de la Grande-Bretagne; et nos îles également, en cette circonstance, virent se joindre aux vaisseaux français et anglais, le "*New-Hampshire*" qui apportait dans les plis du drapeau étoilé le salut de la République américaine à son voisin le Canada qui célébrait le troisième centenaire de Québec, coeur du pays.

Et que d'autres fois encore, nos îles laurentiennes virent flotter aux larges souffles du Saint-Laurent les drapeaux amis de la Grande-Bretagne et de la France!

En 1934, par un jour ensoleillé de juillet, elles virent l'orgueilleux "*Champlain*" se diriger vers Québec où les représentants de toutes les populations de la France que portait la plus belle unité de la flotte de la Compagnie française transatlantique, venaient célébrer avec nous et leurs amis d'Angleterre le quatrième centenaire de la découverte du Canada; et nos îles virent encore en cette mémorable occasion le navire français, cette fois escorté par un vaisseau d'Angleterre.

Quelles autres belles pages de notre histoire nos îles ne virent-elles pas s'ouvrir devant elles avant même qu'elles fussent lues par nos populations!... Et puis, elles ont vu aussi les "palais flottants" modernes, "*Empress*" et autres, assurer le service postal et de passagers avec une régularité chronométrique, s'efforçant de gagner non seulement des records de traversée rapide mais aussi de confort.

Et tous ces navires de tous les genres et de tous les pavillons, nos îles les ont vu passer, de loin, de près, à l'aube, au midi, ou au crépuscule: au crépuscule des jours lumineux d'été quand le fleuve s'éployait comme un grand silence bleu dans son immesurable vallée; quand l'eau violacée ou verte se moirait de vagues reflets que les traînantes vapeurs matinales essuyaient par endroits; quand le soleil naissant déchirait de ses doigts d'or les brumes opalines qui les enveloppaient elles-mêmes, les îles, et les empêchaient même de voir les vagues puissantes et longues poussant de petites barques ou de gros chalands plats vers des pêches tendues à quelques encablures d'elles... Iles et barques, et navires, au loin, avec leur sombre écharpe de fumée apparaissaient alors comme l'âme vivante de ce décor maritime.

*

* *

Aucune histoire ne peut être plus intéressante que celle des îles du fleuve et du golfe Saint-Laurent, même les plus petites. Que de faits historiques se sont passés sur plusieurs d'entre elles; et de combien de légendes, gracieuses ou terribles, d'autres ont été la scène? Nous possédons à peu près tous les documents de l'histoire de plusieurs de nos grandes îles, et cette histoire nous donne comme un avant-goût de celle des autres qui n'a pas encore été écrite.

On connaît à peine le nom de la plupart de nos îles laurentiennes dont quelques-unes sont pourtant aux portes de Québec. Et de ces îles il est souvent question dans notre histoire nationale. Que de choses pourtant il y aurait à mentionner sur chacune d'elles. Des naufrages surtout; oui, que de naufrages, autour de nos îles, au temps où avant la Confédération, on ne voyait entre Québec et le détroit de Belle-Ile, que dix-huit phares, un bateau-phare et cinq canons de brume, tandis que de nos jours on compte sur la même distance plus de six cents phares, des milliers de sifflets à brume, de bouées, de balises, de cornes à brume à vapeur.

Tant qu'il n'y a eu sur les eaux de notre "majestueux fleuve" que le léger canot d'écorce de l'indien et du trappeur, que la barque du pêcheur, l'histoire de nos îles n'a guère enregistré de malheurs. Et pourtant déjà la "grande rivière du Canada" inspirait de superstitieuses craintes. Ces dernières, d'ailleurs, se trouvèrent, plus tard, quelque peu justifiées le jour où les premiers grands navires, à voiles, d'abord, puis à vapeur, venant d'Europe ou s'y rendant, remontèrent la "grande rivière". On a dressé une macabre statistique des sinistres maritimes enregistrés dans les annales du fleuve Saint-Laurent; de 1736 à 1898, par exemple, cent-trente-huit navires, barques, brigantins et brigantines, bricks, goélettes, etc., ont péri dans une seule partie du fleuve, entraînant la mort de 355 personnes. Et il ne s'agit que des naufrages qui eurent pour théâtre les parages de l'Ile d'Anticosti qu'on a appelé non sans raison le "cimetière du Golfe".

Il est peu de nos îles qui ne fournisse matière à plusieurs intéressants côtés de la petite histoire. L'historique peut être court, parfois, mais ne rappellerait-il qu'un fait, une légende, une anecdote qu'il aurait droit de cité dans l'histoire nationale et dans le folklore canadien.

Voilà quelques années, on a beaucoup parlé d'une toute petite île perdue à l'extrémité du Labrador. On ignorait même le nom de la petite Ile Verte où a dû forcément atterrir en 1927, le fameux *"Bremen"* du baron allemand Huenfeld. Et pourtant, avant cet événement dont elle servit de théâtre, la minuscule Ile Verte de Blanc Sablon devait avoir une histoire puisqu'elle a déjà possédé un très important établissement de commerce de poissons exploité par des Terreneuviens. Tout ce qu'on savait toutefois, avant le *"Bremen"*, c'est que cette île était indiquée sur la carte sous le nom de "Greenly Island".

En 1936, on plantait une grande croix de pierre sur l'une des Iles Razades, en face des Trois-Pistoles. Que s'était-il passé là que commémorait cette croix? La veille de Noël de l'année 1839, toute la population mâle des Trois-Pistoles, à la chasse aux loups-marins sur la glace, en face des Trois-Pistoles, faillit périr quand la banquise se mit à dériver vers le large entraînant avec elle tous les malheureux chasseurs. Le vent ayant heureusement tourné, la banquise s'arrêta sur les Razades et tous les chasseurs furent sauvés. Et la croix de pierre de 1936 commémore ce tragique événement.

Voici la petite île Saint-Barnabé, dans le Vieux Havre du Bic. Là a vécu pendant trente ans un pieux ermite, Toussaint Cartier, dont on n'a jamais su le secret de la vie mystérieuse. Et voici dans le bas du Golfe une île qui s'appelle le Gros-Mécatina dont on soupçonne à peine le nom. Pas d'histoire? Non, excepté celle d'un naufrage, oublié aujourd'hui. Dans l'automne de 1755, une frégate de Sa Majesté le roi de France, la *"Macrée"* faisait naufrage en cet endroit. Une partie de l'équipage périt. L'autre fut recueillie par quelques hommes d'un poste de pêche établi là par un M. Jean Taché, commerçant de Québec, qui mit à la disposition des naufragés un petit bateau qui se trouvait encore là et qui se préparait à partir pour Québec, la saison de pêche terminée. Les malheureux naufragés, en route pour Québec, firent de nouveau naufrage à cette Ile Saint-Barnabé dont nous venons de rappeler le nom.

Non loin de Havre Saint-Pierre, chef-lieu de la Côte Nord du Saint-Laurent, il y a une île, ignorée, méconnue, de peu d'étendue et qu'on appelle l'Ile-à-la-Chasse. Pas d'histoire? Non; c'est là tout de même qu'a vécu pendant plusieurs années et qu'est mort, seul, dans une misérable cabane, un Français de noble lignée, le comte Henry de Puyjalon qui, ayant parcouru et étudié la Côte Nord pendant vingt-cinq ans, a rendu d'éminents services à notre province en lui faisant connaître les grandes ressources naturelles de ce littoral méconnu.

Et que de petits faits, insignifiants souvent, mais qui suscitent quand même la curiosité, l'intérêt; provoquant les questions des voyageurs. Pourquoi ce nom d'"Ile-du-Français" donné à une petite île qui fait partie des Iles Mingan? Tout simplement à la mémoire d'un Français du nom de Jean-Charles de LaRuelle qui, en 1863, vint s'établir à Longue-Pointe de Mingan où il était devenu fort populaire à cause des tours de magie blanche dont il étonnait les gens de la côte. On le trouva mort, un jour, en 1869, dans une petite île qu'on appelle depuis l'"Ile-du-Français".

Ainsi en est-il d'à peu près toutes les îles du Saint-Laurent: un petit fait, un naufrage, une légende, le passage d'un personnage, une tragédie, toujours quelque chose qui les signale à l'attention. C'est quand même de la petite histoire, tout cela; c'est du bon folklore. Tout près de l'Ile-aux-Grues, il y a a une petite île qui s'appelle l'Ile-au-Canot. Il n'y avait là en 1798 qu'une maisonnette de pêcheur. Une nuit, une pauvre femme se trouvait seule dans cette maison; abîmée dans le désespoir de l'ennui, elle se plaignait amèrement à Dieu quand elle entendit une voix qui lui disait de se consoler, que l'avenir lui souriait car elle allait donner le jour à deux fils dont l'un serait archevêque de Québec et l'autre prêtre. Et c'est cet archevêque qui fut le troisième de Québec et le seizième évêque, Mgr Etienne Baillargeon, évêque de Tloa, qui dans une lettre qu'il écrivait de Rome dans l'église des Lazaristes, raconte cette prédiction faite à sa mère, seule dans l'Ile-au-Canot.

On multiplierait à l'infini les exemples de l'intérêt que peut provoquer l'histoire des îles du Saint-Laurent, même les plus minuscules; et nous n'en finirions plus de ces rappels de la grande et de la petite histoire dans ces îles laurentiennes.

Sait-on combien l'on compte d'îles seulement dans cette partie du fleuve qui coule entre l'Ile d'Orléans et l'Ile-aux-Coudres, à part ces deux grandes îles? . . . Dans le récit de son deuxième voyage au Canada, Jacques Cartier en a compté quatorze. Le Découvreur en a manqué plusieurs car, d'après une carte du fleuve Saint-Laurent dressée par l'amiral Bayfield de 1827 à 1834 on en signale exactement vingt-et-une dont plusieurs sont habitées. Il est intéressant de les nommer car elles portent toutes de beaux noms français, significatifs, dont plusieurs malheureusement, depuis quelques années, ont été victimes de cette manie d'angliciser les noms d'accidents géographiques baptisés pourtant avec sagesse et esprit par nos découvreurs et nos anciens cartographes, ou encore par les habitants des alentours. A partir donc de l'Ile d'Orléans nous pouvons voir défiler, de chaque côté de nous, si nous remontons ou descendons le fleuve, les îles suivantes : l'Ile Madame, la Grosse Ile ou Ile de la Quarantaine, l'Ile-aux-Ruaux, l'Ile Patience, l'Ile-des-Deux-Frères, l'Ile-à-la-Barrière, l'Ile Sainte-Marguerite, l'Ile-aux-Deux-Têtes, l'Ile-au-Héron, l'Ile-du-Milieu, l'Ile-aux-Corneilles, l'Ile-aux-Oignons, l'Ile-au-Canot, l'Ile-au-Cheval, l'Ile-au-Moulin, l'Ile - aux - Oies, l'Ile-aux-Grues, le Pilier-de-Pierre, le Pilier-de-

Bois, la Batture-aux-Loups-Marins, l'Ile-aux-Coudres.

Quelle magnifique litanie de belles dénominations françaises? Malheureusement, sous la plume de nos cartographes modernes, le Pilier-de-Pierre est devenu le "Stone-Pilar", le Pilier-de-Bois, le "Wood Pilar", l'Ile-aux-Oies, aujourd'hui pour un grand nombre est la "Goose Island", l'Ile-aux-Grues, "Crane Island", l'Ile-au-Moulin, "Mill Island" et, comme dessert, l'Ile-aux-Coudres, pour quelques géniaux traducteurs, tenons-nous bien, c'est l'"Elbow Island". Tout cela frise passablement le ridicule.

Et ce n'est là qu'un coin du fleuve, bien minime; à partir de là nous avons à parcourir encore neuf cents milles de côte avant de parvenir à l'océan; et de chaque côté, le long des littoraux, sud et nord, des îles et des îles, des archipels entiers à n'en plus finir. Quel statisticien en pourra jamais donner le nombre exact? Qui pourra même jamais compter les îles et les îlots de cet immense archipel —car c'en est un—qui s'étend, pourrait-on dire, de Havre Saint-Pierre à Blanc Sablon, soit une longueur de plus de cinq cents milles et une largeur d'une moyenne de trente milles. C'est un labyrinthe, un enchevêtrement d'îles et d'îlots, séparés par d'étroites passes, de minuscules couloirs d'eau où peuvent à peine passer des barques de pêcheurs. Que d'îles! que d'îles! La plupart, rocheuses, dénudées, couvertes seulement de lichens et de mousse, très peu boisées, et que constamment survolent des troupes d'oiseaux aquatiques, des canards eiders qui les effleurent en rase-motte. A peu près toutes ces îles ont des noms pleins de pittoresque et que leur ont donné pour la plupart les pêcheurs de l'endroit; noms caractéristiques, rappelant un fait qui s'est passé là, une caractéristique, la conformation, que sais-je: l'"Ile Herbée" l'une des seules où l'on aperçoit un peu de végétation, l'"Ile Etoilée", en forme d'étoile, l'"Ile-de-la-Boule", on en voit une en effet, au centre, etc., etc. On pourrait en faire une longue liste, de ces îles aux noms caractéristiques...

Et maintenant, salut à vous, îles du Saint-Laurent; îles et îlots, grands et petits, lointains ou proches. De la passerelle du navire qui nous emporte vers le Golfe, nous vous saluons: historique Ile d'Orléans, "corbeille de verdure" posée devant Québec et où se sont conservées si longtemps les touchantes traditions de la vieille France; îles et îlots qui vous abritez à l'ombre du Cap Tourmente, point jaloux du tout de votre grande voisine; pittoresque Ile-aux-Coudres au terrain sanctifié par la première messe qui ait été dite au Canada, devenue depuis comme l'autel de la patrie; îles légendaires et redoutées du Bic; rocher formidable de l'Ile-aux-Oeufs qui avez si tragiquement aidé en 1792 à sauver notre pays; Iles de Mingan qui avez si efficacement servi à ravitailler en poissons la colonie naissante de Québec; Ile d'Anticosti dont les pointes et les cent-trente-cinq milles de côte ont été si redoutables et si redoutées des navigateurs, vieilles Iles-de-la-Madeleine qui avez été l'un des premiers coins de la terre canadienne à frapper la vue du Découvreur; innombrables îles et îlots de roche qui bordez ce sauvage littoral que Cartier a appelé la "terre que Dieu donna à Caïn"!...

Nous vous saluons toutes, îles du Saint-Laurent; nous vous saluons quand nous vous apercevons à la fine pointe de l'aube, alors que finit de façon si mélancolique la fête étrange des rochers et des eaux préparée dans l'épouvante de la nuit; le soir, après la grande féerie des ors jaunes et vermeils sur les eaux et dans le ciel, quand les cîmes des bois qui vous recouvrent revêtent leur robe vert sombre et qu'un brouillard bleuté estompe vos contours, fabriquant le mystère de la nuit; au midi quand, du zénith les rayons font comme jaillir des profondeurs de lointains inconnus les eaux bouillonnantes d'une lente coulée de vert limpide...

L'ILE D'ORLEANS

Voilà bien la reine des îles du Saint-Laurent.

L'Ile d'Orléans, ancienne Ile Bacchus, ancienne Ile Sainte-Marie, ancienne Ile Saint-Laurent, a une importance capitale dans les origines de notre histoire.

Sait-on que cette île, que l'on a aussi appelée dans les milieux populaires, "l'Ile des Sorciers", a failli, oserions-nous dire, faire perdre à Ville-Marie - Montréal, sa vocation? C'eut été là, certes, un fameux acte de sorcellerie. En effet, lorsque, aux origines de notre histoire, il s'est agi de placer les nouveaux colons que Chomedy de Maisonneuve venait d'amener de France, on a opté, un instant, pour l'Ile d'Orléans au lieu de Ville-Marie.

Il s'ensuivit même une légère altercation entre M. de Montmagny, gouverneur de Québec, et M. de Maisonneuve. Ce dernier, avant son voyage en France, avait choisi le site de Montréal comme le plus propre à l'établissement de la nouvelle colonie et de la grande ville qu'il rêvait de fonder. Mais M. de Montmagny se prononça d'abord carrément contre le projet de M. de Maisonneuve. Il proposa l'Ile d'Orléans pour y placer les nouveaux colons.

"Ce que vous proposez", lui dit M. de Maisonneuve, "serait bien si on m'avait envoyé pour délibérer et choisir un site, mais la Compagnie ayant déterminé que j'irais à Montréal, il y va de mon honneur, et vous trouverez bon que j'y monte pour commencer une colonie quand tous les arbres de cette île se devraient changer en Iroquois".

Ces propos énergiques du sieur de Chomedy nous ont valu Montréal.

M. de Montmagny, qui n'était pas, du reste, entêté pour deux sous, ne s'obstina pas. Il finit même par approuver M. de Maisonneuve et alla jusqu'à l'accompagner à la prise de possession du territoire de Montréal au nom de la Compagnie de Montréal.

Quant à l'Ile d'Orléans, qui a failli, comme l'on voit, à l'origine, prendre la place de Montréal, elle est restée à peu près ce qu'elle était alors avec son pittoresque inégalable.

Et ce fut mieux ainsi.

On a souvent entendu dire à propos de l'Ile d'Orléans: "Ah! si cela appartenait aux Américains!..." Que veut-on dire? Sans doute que Messieurs les Américains, avec l'esprit d'entreprise qui les distingue, transformeraient bien vite l'Ile d'Orléans à son avantage... ou au leur. Merci bien! Le Canada tout entier préfère voir l'Ile d'Orléans telle qu'elle est, dut-il passer pour rétrograde, endormi, ou ennemi du Progrès avec sa majuscule. Il est déjà trop que notre Ile d'Orléans soit maintenant liée à nous par cet ouvrage métallique,. le pont, qui lui enlève une partie de son charme...

L'Ile d'Orléans,

Ce joyau que Dieu, sans doute, a posé sur les flots,

au milieu du grand fleuve, tout près de Québec, est la première, peut-on dire, de nos nombreuses îles du bas St-Laurent. On sait qu'elle fut habitée à l'aurore de la Nouvelle-France par les colons de Champlain et de Robert Giffard. Ces colons y bâtirent des maisons de pierre qui sont encore solides, des églises qui ont défié les siècles; et la population de l'île, durant trois siècles, est restée sans mélange, pure, imbue de toutes les bonnes vieilles traditions françaises.

"De toutes les îles qui se partagent les eaux du Saint-Laurent", dit l'un des historiens de l'Ile d'Orléans, M. l'abbé Bois, "il n'en est pas une qui captive autant l'attention par le pittoresque de sa situation, la variété de ses paysages, la fertilité de son sol, et le caractère propre de ses habitants que celle qui fut nommée d'abord l'Ile de Bacchus et qui depuis plus de trois siècles s'appelle l'Ile d'Orléans."

Et quelle belle histoire que celle de cette immense huître Malpèque, à quoi ressemble l'Ile d'Orléans lorsque surtout nous en étudions la forme sur cette vieille carte tracée en 1689 par le sieur Robert de Villeneuve, ingénieur du Roi!...

On sait que la première mention qui ait été faite de l'Ile d'Orléans dans les pages de notre histoire, date du second voyage de Jacques Cartier en 1535. Remontant le grand fleuve Saint-Laurent, le long de la rive nord, le "Découvreur" fit jeter l'ancre en face d'un endroit appelé "Minigo" par les Indiens. C'était une grande île couverte de forêts. Avec quelques compagnons, il s'en fut faire une reconnaissance de cette terre qui se trouvait à sa gauche. Il raconte :

"Et estant à ladicte Isle la trouvames plaine de fort beaux arbres comme chaisnes, hourmes, pins, seddrez et aultres boys de la sorte des nostres; et pareillement y trouvames force vignes ce que nous n'avions pas veu, par cy devant, à toute la terre; et pour ce la nommames Isle de Bascus. Ycelle Ysle tient de longueur envyron douze lieues et est moult belle terre à veoir, et unye, labourayge, fors qu'il y a aucunes maisons où ils font pescherie comme par cy devant est faict mention".

L'Ile d'Orléans était découverte.

Elle entrait en beauté dans l'histoire.

Plus tard, Champlain chantera, lui aussi, les beautés et les richesses de l'Ile d'Orléans, "très belle et agréable par la diversité des boys, prairies et vignes". Dans ses "*Voiages*", le Fondateur nous donne trois descriptions différentes de l'Ile d'Orléans: en 1603, en 1608 et en 1626.

En 1542, le sieur François de Roberval vint dans l'Ile d'Orléans y tenter un établissement. Dans "*l'Abrégé des Voiages, découvertes et Habitations faictes en l'Amérique Septentrionale par les Français*" qui fait suite à la réédition de la "*Relation originale des Voyages de Jacques Cartier au Canada en 1534*" publiée par Michelau et Ramé en 1867, on lit :

"*L'an 1542, ledit Sieur de Roberval y fut en personne avec trois navires chargés et équipés de toutes choses nécessaires et y fit lors une habitation à l'Ile d'Orléans en ladite rivière*".

Après Champlain, on commence à parler de l'Ile d'Orléans en 1636. L'île était alors comprise dans la seigneurie de Beaupré. Elle fut, le 15 janvier de cette année-là, concédée à Jacques Castillon et à ses associés tous intéressés dans le commerce et qui ne firent rien pour coloniser leur seigneurie qu'ils laissèrent inculte pendant un quart de siècle. En 1668, la seigneurie de l'Ile d'Orléans et celle de Beaupré, dont la première, dans l'intervalle, avait été détachée de la seconde, devinrent la propriété de Mgr de Laval, premier évêque de Québec, qui les garda pendant treize ans. Il en dota, quelques années plus tard, son séminaire qui, en 1675, changea, avec le sieur François Berthelot, l'Ile d'Orléans pour l'Ile Jésus, près de Montréal. M. Berthelot fit ériger sa seigneurie sous le nom de Saint-Laurent.

On sait qu'après la destruction de leurs principales bourgades, les Hurons vinrent s'établir dans l'Ile d'Orléans où ils demeurèrent durant sept ans, de 1650 à 1657. C'est durant leur séjour que fut construite la première chapelle de l'île. Elle fut bénite par le Père Jérôme Lalemant en 1653 et mise sous le vocable de la Visitation de la Bienheureuse Vierge Marie... A moins qu'on puisse considérer comme première chapelle de l'Ile d'Orléans, le "petit bâtiment proche de ladite maison et servant de chapelle" dont il est fait mention dans l'inventaire du notaire Romain Becquet, daté du 8 novembre 1677, concernant les biens de Gabriel Gosselin qui s'établit dans la concession d'Eléonore de Grandmaison, — Bout-de-l'Ile, côté ouest, — en 1652. Cette petite chapelle aurait servi au culte de la famille Gosselin et des autres habitants de l'île.

A l'occasion de la construction de la petite chapelle qui devait être à l'usage des Hurons surtout, l'île prit le nom de Sainte-Marie. Mais ce ne sera que pour peu de temps. Après le départ des Hurons, elle reprit le nom d'Orléans.

L'île, du reste, n'avait pas porté plus longtemps le nom mythologique de Bacchus que Cartier lui avait donné en premier lieu. Dans son "*Ile d'Orléans*", — 1927, — le juge Camille Pouliot dit :

"Ne convenait-il pas, en effet, que cette île, la plus belle du Canada, devenue partie intégrante du Royaume de France, reçut un nom plus digne, un nom qui perpétuât à travers les âges le rayonnement de la splendeur française dont Louis XIV demeura, durant soixante-douze ans, le prototype et dont il était alors le foyer. Il semble que c'est en l'honneur du duc d'Orléans que le 6 mai, 1536, elle fut baptisée par Jacques Cartier: Ile d'Orléans".

Ce nom ne fut pas désavoué par Samuel de Champlain. La première concession pour fins de culture dans l'Ile d'Orléans a été faite en 1650.

Cependant on peut dire que ce n'est que vers 1660 que commence sérieusement le défrichement de l'île. A partir de cette année-là, les colons s'y établissent en grand nombre; des paroisses sont fondées et dans toute l'étendue de l'île, l'agriculture se développe. En 1668 on compte dans l'île 471 habitants, population alors aussi considérable que celle de Québec à la même époque.

A propos, on peut se demander quand, d'une façon précise, l'Ile d'Orléans, a-t-elle commencé à être habitée? Très probablement pas avant 1648 alors que le Père Jean DeQuen faisait la mission sur la Côte de Beaupré et dans l'île. Mais il est permis de croire que dans ce dernier endroit alors on ne comptait pas plus de deux ou trois familles. La première femme à vivre dans l'île fut Eléonore de Grandmaison qui y arriva dans l'année 1648 avec son mari, Chavigny de Berchereau. Tous deux avec leurs quatre enfants s'établirent sur la Pointe Ouest de l'île. L'année suivante, M. de Chavigny obtint une seigneurie de quarante arpents de front sur toute la largeur de l'île, à l'ouest. C'est cette seigneurie qui fut plus tard connue sous le nom de Fief de Beaulieu et dont les Jésuites louèrent une partie pour y établir les Hurons en 1650.

On peut dire que les premières cultures dans l'île furent faites par les Hurons. En effet, le Père Joseph-Marie Chaumonot, qui les avait amenés en cet endroit, pour aider à faire vivre ces malheureux, les força, non sans misère, à cultiver du maïs en particulier. Mais on peut affirmer que jusqu'en 1662, alors que Mgr de Laval commença à s'occuper de l'île, la colonisation fut à peu près lettre morte.

Rappelons, à propos des Hurons, que ces pauvres indiens furent massacrés, dans leur "Réduction", le 20 mai 1656, après sept années de séjour sur les terres d'Eléonore de Grandmaison; rappelons aussi que l'Ile d'Orléans, même après le massacre du 20 mai 1656, fut le théâtre de plusieurs autres descentes des Iroquois. Le *"Journal des Jésuites"* note deux de ces incursions qui eurent lieu le 18 juin 1661 et en 1662.

*

* *

Les historiens de l'Ile d'Orléans ne manquent pas sans compter les nombreux écrivains qui ont décrit les aspects pittoresques de cette partie du fleuve Saint-Laurent. L'histoire de l'île est connue de tous. C'est pourquoi nous ne voulons qu'en esquisser les principaux traits, comme nous venons de le faire pour ses origines. Nous ne nous attacherons donc qu'à en développer quelques aspects anecdotiques, légendaires et descriptifs.

L'Ile d'Orléans, comme l'on sait est située à cinq milles de Québec. Elle mesure vingt-et-un milles de longueur par près de cinq milles dans sa plus grande largeur. Elle forme une étendue de soixante-dix milles carrés ou de 43,000 arpents de superficie. On sait que les Iles d'Orléans, Madame et aux-Rhéaux ont formé le comté d'Orléans jusqu'à l'Union des deux Canadas alors que l'Ile d'Orléans fut réunie à la Côte de Beaupré pour les fins électorales, provinciales et fédérales.

Dès l'aurore de la Nouvelle-France, l'Ile d'Orléans a été visitée par les plus grands personnages de notre histoire, comme elle a été le théâtre de quelques exploits de nos plus grands héros. Un vieux document nous fait savoir, par exemple, que parmi les personnages historiques qui ont passé par l'Ile d'Orléans, on compte notre glorieuse Marie de l'Incarnation. Voici en quelles circonstances.

Le 4 mai 1639, la Mère de l'Incarnation s'embarquait à Dieppe avec ses compagnes pour venir fonder dans la Nouvelle-France le premier hôpital d'Amérique, l'Hôtel-Dieu de Québec. La traversée prit deux mois. Le navire qui portait nos héroïnes arriva à Tadoussac le 15 juillet 1639. Citons maintenant le document auquel nous venons de faire allusion, qui est conservé à l'Hôtel-Dieu de Québec et qui a été publié par la Mère Juchereau de Saint-Ignace, dans son histoire de l'Hôtel-Dieu, —rédigée, affirme-t-on, par la Mère Marie-Andrée Duplessis de Sainte-Hélène, treizième supérieure de l'Hôtel-Dieu, sur les renseignements fournis par la Mère Juchereau de Saint-Ignace :

"Le 15 de juillet (1639), nous nous trouvâmes à Tadoussac, où le reste de la flotte nous joignit; on jugea à propos de nous faire sortir du vaisseau amiral, commandé par le capitaine Bontems, qui ne venait pas jusqu'à Québec pour nous mettre dans un petit bâtiment qui devait nous amener dans ce port. Les PP. Jésuites qui s'étaient dispersés sur tous ces navires pour assister les passagers, se réunirent et s'embarquèrent avec nous dans celui-ci; nous restâmes douze jours sans lever l'ancre, parce que le capitaine faisait faire une chaloupe dans le bois, et qu'il ne voulait point partir de là qu'elle ne fut en état de le suivre: cela nous ennuyait beaucoup, car nous souhaitions ardemment d'aller voir notre terre de promission, c'est pourquoi ayant heureusement rencontré une barque qui montait à Québec, nous fîmes prier celui qui la commandait de vouloir bien nous prendre pour nous y mener, ce qu'il nous accorda de fort bonne grâce, après nous avoir représenté l'incommodité que nous recevrions dans un si petit bâtiment, mais rien ne nous paraissait difficile, pourvu qu'il nous procurât l'entrée de cet aimable séjour: nous passâmes dans la barque où il n'y avait que le tillac pour nous loger, tout étant plein de morue, qui rendait une assez mauvaise odeur; pendant quelques jours et quelques nuits que nous y restâmes, nous souffrîmes beaucoup de nécessité.

Le pain nous ayant manqué, on fut obligé de ramasser les miettes de la soute, où il y avait plus de crottes de rat que de biscuit, nous prîmes la peine de les éplucher pour en avoir un pain que nous mangions avec de la morue sèche toute crue, n'ayant pas de quoi la faire cuire; on nous donna aussi d'une sorte de passe-pierre fort dure, que l'on trouvait sur le bord du fleuve, tout cela était bon pour des personnes de grand appétit.

"Enfin, le 31 de juillet, nous conçûmes quelqu'espérance d'arriver à Québec, mais la marée se trouvant contraire et le vent ne nous étant pas assez favorable, il fallut attendre au lendemain; et comme l'endroit était beau et le débarquement facile, on nous mit à terre à l'Ile d'Orléans, qui pour lors n'était point habitée, on y fit cabanes à la façon des Sauvages, les religieuses se mirent dans une, les religieux dans l'autre, et les matelots dans la troisième. Nous avions une joie qui ne se peut exprimer, de nous voir dans ces grands bois, que nous fîmes retentir par nos cantiques, donnant mille louanges à Dieu de ce qu'il nous avait conduit si heureusement dans ce lieu; nous partîmes le lendemain grand matin, et pour marque de réjouissance on tira plusieurs coups de pierrier et de mousquets, et on mit le feu dans le bois, ce qui fit voir à Québec qu'il y avait quelque chose d'extraordinaire".

Il est très probable que les Hospitalières débarquèrent sur la pointe ouest de l'île, le Bout de l'Ile d'aujourd'hui, puisque, de Québec, on aperçut les feux allumés par les voyageurs du navire de M. de Repentigny.

Mais incontestablement, c'est Jacques Cartier qui fut le premier Européen à mettre le pied dans l'Ile d'Orléans. Quel épisode du grand voyage! C'était le 7 septembre 1535. Cartier venait d'ancrer sa flotille dans le havre Sainte-Croix, à l'entrée de la rivière Saint-Charles quand il lui vint à l'esprit d'aller faire une reconnaissance dans cette grande île dont l'aspect l'avait fortement impressionné en arrivant, et près de laquelle il avait cru sage de jeter l'ancre avant de s'aventurer plus loin; d'autant plus que de cette île étrange surgirent tout à coup, aux yeux des Européens, les premiers naturels du pays, ayant à leur tête le chef Donnacona. A ce moment, ils durent revêtir le véritable aspect de démons, ces sauvages surgissant tout à coup des bois épais de l'île sur les blondes grèves de sable. Mais ce furent ces diables rouges qui furent surtout effrayés à la vue de ces navires aux proportions à leurs yeux colossales, montés par des hommes au visage blanc, revêtus de costumes bigarrés. Ils s'enfuyèrent vers la forêt. Mais ils revinrent bientôt quand ils apprirent que leurs frères, les fils de leur chef, que Cartier ramenait de France où il les avait amenés lors de son premier voyage, étaient sur ces navires. Bref, il y eut entrevue, réjouissance, tabagie, échange diplomatique de présents et conférence entre les chefs des blancs et des sauvages, très probablement la première "conférence internationale" en Amérique, comme, plus tard, le 24 mai 1603, sur la Pointe-aux-Alouettes, à l'entrée du Saguenay, se signera, entre Champlain et Pontgravé d'une part, et Anadabijou, le chef des sauvages de ce pays, le premier "traité de paix" sur le continent nord américain... C'est encore très probablement sur la pointe ouest de l'île qu'eut lieu cette entrevue de Jacques Cartier avec les sujets de Donnacona. Champlain appelle, quelque part, cet endroit le "Cap de Condé", sans doute en souvenir du grand général de ce nom.

Quittons maintenant les origines. Nous avons dit que c'est vers 1632 que commence l'histoire de l'Ile d'Orléans, ou plutôt de ses paroisses et de son développement. Nous renvoyons cependant aux historiens de l'Ile d'Orléans et, en particulier, à M. Pierre-Georges Roy, archiviste de la province, dont on connaît le magnifique volume qu'il publiait en 1928 sur l'Ile d'Orléans, ceux qui voudraient connaître dans tous les détails l'histoire des différents seigneurs de l'Ile d'Orléans, et qui furent assez nombreux. Rappelons encore toutefois que c'est le 15 janvier 1632 que la seigneurie de Beaupré et de l'Ile d'Orléans fut concédée par l'ancienne Compagnie de la Nouvelle-France aux sieurs Cheffaud de la Regnardière, Jacques Castillon, MM. de Lauzon et Fouquet, Berryer, Duhamel et Juchereau, tous associés chacun pour un huitième, dans le but de favoriser l'établissement des colons français, mais en réalité pour faire la traite du castor et le commerce en général.

Cette association est même, croyons-nous, la première société commerciale dont fassent mention les annales de la Nouvelle-France. La prise de possession de la seigneurie eut lieu solennellement le 1er juillet 1638 par M. de Montmagny. De toutes les concessions de seigneuries faites en la Nouvelle-France, celle de l'Ile d'Orléans fut l'une des premières. Mais, encore une fois, il serait trop long de relater toutes les mutations de propriété dont furent l'objet les seigneuries de l'Ile d'Orléans, les fiefs et les arrières-fiefs qui devinrent les paroisses qu'elle compte aujourd'hui, comme de faire connaître tous les seigneurs et les propriétaires de ces fiefs et de ces arrières-fiefs: Olivier LeTardif, coseigneur de l'Ile, François Berthelot, comte de Saint-Laurent, le seigneur Guillaume Gaillard, le seigneur Jean Mauvide, le seigneur Joseph Drapeau, ainsi que les propriétaires de l'arrière-fief des Chatelets, l'arrière-fief de Beaulieu, les arrières-fiefs Maheu, d'Argentenay, Charon, Saint-Laurent, de Lirec, Charny, de Champigny, de la Chevalerie, de la Grossantière, de Mesnu, etc., etc.

A propos de ces arrières-fiefs, disons que celui de Saint-Laurent est la seule concession de l'Ile d'Orléans qui n'a jamais changé de propriétaire. Cette petite seigneurie appartient aux Hospitalières de l'Hôtel-Dieu de Québec depuis bientôt trois cents ans. C'est en 1653 que M. de Lauzon, gouverneur de la colonie, concédait cet arrière-fief aux religieuses de l'Hôtel-Dieu. Mais la paroisse de Saint-Laurent, qui a été fondée en 1679, doit céder le pas, pour le titre de doyenne, à Sainte-Famille qui date de 1661, et qui est incontestablement la plus ancienne paroisse de l'Ile. Ce sont les trois premiers curés de Sainte- Famille qui furent les premiers missionnaires de cette partie du district de Québec: les abbés Thomas Morel, Hugues Pommier et Benoît Duplain. L'église de Sainte-Famille, qui fut bâtie en 1669, — remplacée en 1742 par l'église actuelle, — fut la troisième église consacrée dans l'archidiocèse de Québec. La première fut la cathédrale de Québec qui fut consacrée par Mgr de Laval le 11 juillet 1666, la seconde, la chapelle des Ursulines, consacrée aussi par Mgr de Laval, et la troisième fut celle de Sainte-Famille de l'Ile d'Orléans consacrée en septembre 1749 par Mgr de Pontbriand. De ces trois églises canadiennes consacrées sous le régime français, celle de Sainte-Famille est la seule qui existe intégralement.

Les historiens de l'Ile d'Orléans ont fait connaître sous tous leurs aspects les six belles paroisses que renferme l'Ile d'Orléans. Nous ne voulons nous contenter que de mentionner les traits distinctifs de chacune. Nous venons de nommer au passage Sainte-Famille, la plus ancienne, et Saint-Laurent, la plus importante au point de vue industriel et qui portait autrefois le nom de Saint-Paul que remplaça, en 1698, le nom de Saint-Laurent en l'honneur du seigneur Laurent Mauvide.

On compte encore sur l'Ile d'Orléans, Saint-Pierre, située sur le côté nord de l'île, en face de l'Ange-Gardien et dont la fondation remonte à 1679. Elle fut canoniquement érigée en 1714 par Mgr de Saint-Vallier et civilement en 1845. Son église est l'une des plus vieilles de la province. Elle date de 1718.

Puis, voici Saint-François, à l'extrémité sud-est de l'île, vis-à-vis Berthier, renommée pour ses pêcheries à l'anguille, à l'alose, à l'esturgeon et au bar. Elle a été fondée en 1679 et son territoire comprend aujourd'hui l'ancien fief de l'Argentenay qui fut concédé à Louis D'Ailleboust, sieur de Coulonge, qui lui donna ce nom d'Argentenay en souvenir de son village natal, en France. L'église de Saint-François date de 1734.

Saint-Jean, côté sud, est la plus importante des municipalités de l'île. La population se compose principalement de marins et de pilotes. Aucune autre paroisse de la province n'a porté plus souvent les deuils d'accidents maritimes. La fondation de cette paroisse remonte à 1679. Elle fut placée sous le patronage de saint Jean-Baptiste en souvenir du fils du gouverneur de Lauzon, Jean, qui fut tué par les Iroquois en 1661, près des grosses roches qu'on voit à l'extrémité ouest de la paroisse. L'église de Saint-Jean date de 1732.

Enfin, Sainte-Pétronille, située à l'extrémité ouest de l'île, est aujourd'hui l'un des endroits de villégiature les plus goûtés de la région de Québec. Le Bout-de-l'Ile est renommé par la beauté de son site et des panoramas magnifiques qui se déroulent aux yeux de ses habitants. C'est la plus jeune des paroisses de l'île, — érigée canoniquement en 1872, — encore que son territoire fut dans l'île le premier qui ait été concédé et habité. C'est là, on l'a vu, que se trouvait la "Réduction" des Hurons, que furent installés les premiers chantiers maritimes en la Nouvelle-France, que Wolfe en 1759 établit un camp retranché d'où il pouvait surveiller les mouvements de l'armée française des deux côtés du fleuve.

*

* *

L'une des plus substantielles descriptions qui aient été faites de l'Ile d'Orléans est celle qu'esquissait en 1815 Joseph Bouchette, arpenteur général du Bas Canada, dans la "*Description Topographique de la province du Bas Canada*".

"L'Ile d'Orléans, au-dessous de Québec, partage la rivière Saint-Laurent en deux canaux; elle a environ 20 milles de longueur sur 5 de largeur; elle fut accordée en seigneurie le 15 janvier 1636 au sieur Castillon; elle est à présent divisée en trois propriétés distinctes qui appartiennent à madame Drapeau, M. Poulain et M. Lecompte Dupré; elle forme aussi le comté d'Orléans. Cette île, la plus grande après celle de Montréal, l'égale presque par la fertilité et la richesse de son sol, plus qu'aucune autre partie du district de Québec; son extrémité occidentale n'est qu'à quatre milles du cap Diamant. Les rivages descendent par degrés jusqu'au bord de l'eau; dans quelques endroits il y a quelques rochers, mais qui ont très peu d'étendue ou d'élévation; depuis le pied des collines on trouve de grands espaces de terres basses en prairies, quelquefois entrecoupées d'excellentes pièces de terre labourable. Sur le bord du canal du nord, le rivage est plat et fangeux, et des chaînes de rochers règnent le long, mais du côté du sud c'est un beau sable avec seulement quelques rochers pointus qui s'élèvent ça et là. La partie la plus haute de l'île est vers l'église Saint-Pierre, à environ quatre milles de l'extrémité occidentale, et presque en face des chutes de Montmorency; et aussi précisément au-dessus de Patricks Hole, presque vis-à-vis de Saint-Pierre du côté du sud, où est placé le

second télégraphe de la chaîne établie depuis Québec jusqu'à l'Isle-Verte. La partie du centre est très boisée, mais elle ne produit point de bois de construction d'une qualité supérieure. Le sol est extrêmement fertile dans presque toutes les parties; sur les hauteurs, il consiste ordinairement en une bonne terre légère mêlée ou de sable, ou de sable et d'argile; dans les situations moins élevées, on trouve une belle terre noire qui en approchant des rivages est pareillement mêlée de sable. Ce terrain délicieux est très peu arrosé par la petite rivière Dauphin, le ruisseau Maheu et quelques autres courants peu considérables, qui tous dans l'été ne fournissent pas assez d'eau pour faire marcher deux moulins qu'on a construits dessus. Les paroisses de Saint-Pierre et de la Sainte-Famille au nord, de Saint-Laurent, de Saint-Jean et de Saint-François au sud, dont chacune a une église et un presbytère, embrassent tout le circuit de l'île; Saint-Jean et Sainte-Famille sont plus peuplées que les autres, et elles sont habitées par de riches fermiers. Quatre curés remplissent les fonctions ecclésiastiques des cinq paroisses, celui de Sainte-Famille desservant en même temps Saint-François. Ces ecclésiastiques résident depuis longtemps dans leurs cures respectives, et s'y sont généralement fait connaître et respecter par leurs attentions et leur hospitalité envers les étrangers qui sont attirés par la beauté de cette charmante place. Il y a une bonne route qui fait tout le tour de l'île et plusieurs autres qui la traversent. Les églises de Saint-Laurent et de Saint-Jean sont situées tout près du rivage méridional; la distance entre elles est de six milles, et l'on passe par d'excellentes terres bien cultivées, richement variées de vergers et de jardins; le terrain, qui s'élève en pente douce depuis la route, découvre d'une manière très avantageuse l'industrie des fermiers: le long de la route il y a d'un bout à l'autre des maisons à peu de distance les unes des autres. Patricks Hole, un peu à l'ouest de Saint-Laurent, est une crique sûre et bien abritée, où les vaisseaux destinés pour les pays étrangers viennent ordinairement jeter l'ancre, pour attendre leurs instructions définitives pour faire voile. Sur la pointe occidentale, il y a un groupe de très jolies maisons, dont les habitants fournissent toute sorte de commodités aux nombreuses personnes qui visitent l'île pour leur amusement ou par curiosité, tant dans l'été que dans l'hiver. La fertilité de ce terrain est si grande, et les habitants sont reconnus pour de si bons cultivateurs qu'ils fournissent continuellement pour la consommation de Québec une grande quantité de grain, et la plupart des provisions; parmi les fruits, les pommes et les prunes arrivent à un bien plus grand degré de perfection que dans aucun autre endroit du bas district; mais cependant elles n'égalent pas celles de Montréal. Dans Sainte-Famille il y a un grand bâtiment de pierre où résident plusieurs religieuses qui tiennent une école pour l'éducation des filles. La population de l'île peut être estimée à 4,000 âmes."

Ce "grand bâtiment de pierre où résident plusieurs religieuses", c'est incontestablement le couvent de la Congrégation que la Mère Marguerite Bourgeois fonda, à Sainte-Famille, en 1685 et qui est l'un des plus anciens couvents de cette congrégation enseignante.

Evidemment, depuis un siècle et quart, il y a eu quelques changements dans l'Ile. Dans cet intervalle, une paroisse nouvelle a été fondée, et du côté des produits de l'Ile, on ne connaissait pas du temps de Bouchette, les délicieuses fraises qui font de nos jours les délices non seulement du Canada tout entier mais même des Etats-Unis. Voilà un siècle, l'île évidemment ne produisait pas de fraises puisque Bouchette n'en parle pas. Il y a eu, pourrait-on dire, comme un peu de magie—culturale entre la carence de ce petit fruit en 1815 et l'énorme production d'aujourd'hui.

C'est, à ce propos, que les habitants de l'Ile d'Orléans, comme on le sait, ont toujours passé pour quelque peu sorciers, puisque longtemps on a appelé leur île "l'Ile des Sorciers". Profitons, du reste, de cette occasion qui se présente à nous pour faire connaître, en expliquant le sens de cette appellation, quelques aspects pittoresques de l'île.

En effet, dès les commencements du dix-huitième siècle on donnait le surnom de sorciers aux habitants de l'Ile d'Orléans. Pour quelle raison? Voyons ce qu'en disent les historiens de l'ancienne île de Bacchus :

"Le dimanche, vingt-deux (septembre 1720), écrit le R. P. Charlevoix, nous étions mouillés par le travers de l'Ile d'Orléans, où nous allâmes nous promener en attendant le retour de la marée. Je trouvai ce pays beau, les terres bonnes et les habitants assez à leur aise. Ils ont la réputation d'être un peu sorciers, et on s'adresse, dit-on, à eux pour savoir l'avenir, ou ce qui se passe dans les lieux éloignés. Par exemple, si les navires de France tardent un peu trop, on les consulte pour en avoir des nouvelles, et on assure qu'ils ont quelquefois répondu assez juste. C'est-à-dire qu'ayant deviné une ou deux fois, et ayant fait accroire, pour se divertir, qu'ils parlaient de science certaine, on s'est imaginé qu'ils avaient consulté le diable."

M. Hubert LaRue donne trois raisons pour expliquer ce surnom d'Ile-des-Sorciers. Il ne reste que l'embarras du choix.

"Un nombre vraiment prodigieux de sources d'eau vive se rencontre dans l'île, et l'eau qu'elles fournissent est incomparable, sous le double rapport de la pureté et de la fraîcheur. Il s'ensuivrait

donc que du mot source on aurait fait le mot sourciers, d'où par corruption, sorciers."

Avouons, avec M. LaRue d'ailleurs, que cette explication est pas mal à l'eau claire. Voyons sa deuxième raison :

"Environnés d'eau de toutes parts, ne pouvant communiquer avec la ville ou avec les paroisses voisines que par le moyen de canots ou de chaloupes, les habitants de l'île ont toujours été marins, comme ils le sont aujourd'hui; pour eux, c'est affaire de nécessité. Or, il fut un temps où le spacieux port de Québec ne s'enorgueillissait pas, comme aujourd'hui, de compter ses navires par centaines et par milliers; une voile dans le cours de l'année, parfois deux, et c'était tout. Il fut un temps encore où, de l'arrivée de ce seul navire, dépendait l'existence de la colonie entière, et on peut juger avec quelle impatience toute fébrile, on en attendait le signalement. Dans cette cruelle perplexité, on s'adressait donc tout naturellement aux gens de l'île, les plus expérimentés en fait de navigation, pour apprendre d'eux le jour approximatif de l'arrivée du bâtiment tant désiré. Ces derniers, fiers de l'importance qu'on voulait bien attacher à leurs présages, ne se faisaient pas prier longtemps pour donner une réponse quelconque; et comme parfois l'événement vint, fort à propos, confirmer leurs prédictions, il s'ensuivit tout naturellement qu'on leur décerna le glorieux surnom de sorciers."

La troisième maintenant :

"Autrefois la pêche à l'anguille était des plus abondantes sur nos côtes. Or, à cause du flux et du reflux de la marée, dont l'heure varie de jour en jour, il arrivait bien souvent que nos gens allaient faire la visite de leurs pêches au beau

milieu de la nuit. Pour ce, on se rendait en grand nombre sur la grève, chacun portant à la main, pour s'éclairer dans sa marche et dans ses opérations, un falot de sapin enflammé. Assurément, c'était un spectacle tout-à-fait curieux et féerique que de voir surgir à peu près au même instant, et à une heure assez avancée de la nuit, tous ces feux, allant, venant, se croisant les uns les autres, parfois se réunissant, pour s'éloigner et s'éparpiller encore. Les gens de la côte du Sud ne tardèrent pas à voir du merveilleux et du surnaturel dans la présence de tous ces feux qui venaient ainsi sur la grève, et à une heure aussi indue, danser une ronde infernale sans doute. Bientôt ils s'en effrayèrent; bientôt même ils n'osèrent plus sortir de leurs maisons après une certaine heure de la soirée. Bref, il n'y eut plus moyen d'entretenir aucun doute à cet égard, et nos insulaires furent déclarés à l'unanimité possédés du mauvais esprit, coureurs de loups-garous, feux-follets, sorciers, etc., etc. C'était un moyen de se rehausser dans l'esprit de ces braves gens; il va sans dire que les gens de l'île ne furent pas assez sots que d'aller les désabuser."

M. L.-P. Turcotte croit que ce sont ces deux dernières raisons qui ont surtout contribué à procurer le titre d'île des Sorciers à l'île d'Orléans.

M. l'abbé L.-E. Bois est, lui aussi, d'opinion que les feux que l'on voyait courir sur les rivages de l'île d'Orléans, à certaines heures de la nuit, et qui n'étaient rien autre chose que les flambeaux dont les insulaires se servaient pour visiter leurs pêcheries, ont donné lieu à ces suppositions bizarres, que l'on aurait pu tout aussi bien appliquer aux cultivateurs de Saint-Vallier, de l'Ange-Gardien, du nord et du sud, puisque eux aussi faisaient le tour de leurs pêches, la nuit, avec des lumières du même genre.

"Peut-être aussi", ajoute le savant abbé, "que l'ère de prospérité que l'on voyait régner dans les habitations des cultivateurs de l'île d'Orléans, portait-il à attribuer aux procédés magiques plutôt qu'à un travail intelligent et assidu, les heureux résultats d'un mode de culture plus suivi et mieux soigné. Quoiqu'il en soit, il ne se rencontre plus personne qui croie aux pratiques de la magie chez ces insulaires, malgré qu'il y en ait plus d'un, peut-être, qui jalouse leur bonheur, le calme de leur existence et la paix de leurs foyers".

Avant de pousser plus loin dans le domaine de la légende et de soulever la sombre draperie qui nous cache le mystère, rappelons quelques faits historiques dont l'île d'Orléans fut le théâtre.

Dans l'été de 1927, la Commission des Monuments Historiques de la province de Québec a fait placer l'inscription suivante près de la petite Rivière Maheu, à Saint-Jean : "Jean de Lauzon, maréchal de la Nouvelle-France, fils du gouverneur de Lauzon, fut tué par les Iroquois dans les environs de la rivière Maheu, au mois de juin 1661."

On peut lire deux ou trois relations de la mort de Jean de Lauzon et toutes varient quelque peu dans les détails. Nous citons le récit du Père Jérome Lalemant dans les *Relations des Jésuites* de 1660-61. C'est celui qui semble le plus complet. Après avoir rapporté le massacre de quatorze Français aux Trois-Rivières, par les Iroquois, le Père Lalemant ajoute :

"Le mal n'a pas été si long à Kébec, mais plus violent et plus sensible, et nous y avons fait une perte plus grande incomparablement que toutes celles qui ont précédé; c'est en la personne de M. de Lauzon, senéchal de cette Nouvelle-France, homme de coeur et de résolution, rompu dans les guerres de ce pays-ci, sur qui nous fondions

une bonne partie de nos espérances pour la destruction de l'Iroquois. Il y a plus de trente ans que M. son père ne cesse d'immoler ses soins pour l'établissement de ces nouvelles terres; il y perdit l'an passé un de ses enfants, en voici encore un qui donne sa vie pour la conservation d'un pays que le père avait, en quelque façon, fait naître.

"Ce brave jeune homme n'en pouvait voir la destruction ni la désolation générale qu'y causait l'ennemi par les meurtres et par les embrasements, sans être piqué d'un généreux désir de lui donner la chasse pour sauver le reste des Français qui étaient dans le danger.

"Il monte en chaloupe, lui huitième, et s'étant approché d'une maison située vers le milieu de l'île d'Orléans, dans laquelle les Iroquois s'étaient mis en embuscade, il fallut en venir aux mains. Il y avait sur le rivage un gros rocher, qui pouvait servir de boulevard à ceux qui s'en seraient emparés les premiers; de quoi s'apercevant bien les ennemis, ils prennent chacun deux ou trois pièces de bois, et, les joignent ensemble, les portent devant eux comme des mantelets à l'épreuve des grands coups de fusil, que nos Français déchargeaient continuellement sur eux. Mais il ne les purent empêcher de se saisir de ce poste avantageux d'où, comme d'une tour dressée tout à dessein, ils avaient sous leurs fusils et à leur commandement la chaloupe qui, par malheur, s'étant échouée sur le côté qui regardait ce rocher, présentait tout son flanc à découvert aux Iroquois, et leur mettait en vue ceux qui s'en devaient servir comme d'un retranchement.

"Alors le combat commença tout de bon par les décharges qui se faisaient de part et d'autre. Mais que pouvaient faire nos gens, qui n'étaient que huit contre quarante, et tous découverts, contre ces furieux gabionnés derrière leur rocher?

Reconnaissant donc bien qu'ils n'avaient de défense qu'en leur courage, et que l'extrémité où ils se voyaient les obligeait de songer plus au salut de leur âme qu'à la sûreté de leur corps, ils commencèrent l'attaque par la prière publique, qu'ils firent par trois fois, pendant que les ennemis, qui, sentant bien leur avantage, et qui se tenaient déjà victorieux, leur firent trois sommations de se rendre, faisant mille belles promesses de la vie.

"Mais, M. le senéchal, préférant une glorieuse mort à une honteuse captivité, refusa tous ces pourparlers, et ne répondit à ces semonces que par la bouche de son fusil; et comme il s'y comportait le plus chaudement de tous, aussi fut-il le premier tué, et peu après lui les autres Français, sur lesquels l'ennemi faisait sa décharge en toute assurance, étant couvert de ce gros rocher il n'en demeura qu'un en vie, mais blessé au bras et à l'épaule, et mis hors de combat; il fut pris et mené par les vainqueurs dans leur pays pour y être la victime de leur fureur et de leur cruauté".

Cette rivière Maheu doit son nom à René Maheu qui fut l'un des premiers habitants de l'Ile d'Orléans. Le 15 janvier 1651, Olivier LeTardif lui donna par concession un petit fief de quinze arpents de front. "Honorable homme René Maheu", comme on le désigne souvent dans les anciens titres, fut le premier pilote de l'île et l'un des plus anciens du Canada. Sa demeure était bâtie à l'entrée de la petite rivière qui a pris son nom et qui était appelée avant rivière Saint-Louis.

L'Anse du Fort, à l'extrémité ouest de l'île, est assurément l'un des endroits les plus historiques de l'Ile d'Orléans. Nous avons mentionné le séjour en cet endroit des malheureux Hurons du Père Chaumonot. C'est là que beaucoup plus tard furent établis les premiers chantiers maritimes de la région de Québec. On a commencé à parler de bonne heure de la construction de navires en Nouvelle-France et de l'établissement de chantiers à cette fin. En 1744, M. Chaussegros de Léry, ingénieur de la Nouvelle-France, suggérait la construction de deux cales-sèches, l'une sur la rivière Saint-Charles, en arrière de Québec, et l'autre au bout de l'Ile d'Orléans, à l'Anse-du-Fort. Mais les choses en restèrent là jusqu'en 1823 alors que les frères John et Charles Wood, de Port Glasgow, Ecosse, ayant formé une compagnie qui leur avança les fonds, vinrent établir des chantiers maritimes à l'endroit suggéré par M. Chaussegros de Léry en 1744; plus précisément à l'Anse-du-Fort, sur la Pointe ouest de l'Ile d'Orléans. C'est là que l'on construisit les fameux navires "*Columbus*" qui fut lancé le 28 juillet 1828, et le "*Baron Renfrew*" lancé le 25 juin de l'année suivante.

Ces deux vaisseaux firent naufrage dès leur première traversée. Le "*Baron Renfrew*" portait dans ses flancs une cargaison de bois évaluée à un million de dollars. Les frères Wood ne furent guère affectés par ces pertes puisqu'ils retirèrent des compagnies d'assurances plus de deux millions. Mais ils décidèrent de ne plus construire de navires au Canada. Les chantiers de l'Anse-du-Fort eurent donc une existence assez éphémère.

C'est aussi au Bout-de-l'Ile qu'en 1759, le général James Wolfe établit un camp retranché pour surveiller les mouvements de l'armée française. L'île d'Orléans fut peut-être l'endroit de la Nouvelle-France qui eut le plus à souffrir de la guerre de 1759. Toute la population de l'île, à l'arrivée des Anglais, fut obligée d'abandonner les paroisses et de se retirer sur la rive nord, en particulier dans les bois de Charlesbourg. L'évacuation commença le 22 mai, dès qu'on apprit que la flotte anglaise remontait le fleuve. M. L.-P.

Turcotte, le premier historien de l'île, raconte à ce sujet :

"Quelle dut être la douleur des habitants de l'île lorsqu'ils se virent contraints d'abandonner si subitement leurs paisibles demeures et de les livrer ainsi au pillage des troupes! Chaque paroisse dit adieu en pleurant à ses foyers, et se retira à Charlesbourg sous la conduite de son vénérable curé. Des vieillards et des malades y furent transportés sur des lits et ne revirent plus le toit paternel. Plusieurs enfants naquirent dans les bois et y furent baptisés.

"Les habitants de l'île passèrent dans cet endroit trois longs mois dans la plus grande inquiétude et le plus entier dénuement. De là, ils pouvaient voir les dégâts et les dévastations que causaient les Anglais qui y avaient établi leur camp. Plusieurs eurent la profonde douleur de voir brûler leurs habitations. De temps en temps, des jeunes gens hardis étaient envoyés pour voir ce qui se passait sur l'île et venaient raconter les tristes détails du pillage."

*

*   *

L'île d'Orléans, riche en pittoresque, riche en histoire, est aussi féconde en curiosités naturelles et en légendes. On aimerait décrire toutes les premières et conter toutes les autres.

Tous les habitants de l'île connaissent la "Caverne de Bontemps" qui n'a jamais, il est vrai, dégagé le mystère qui a entouré "l'Antre du Père Laure", à l'une des extrémités du grand lac Mistassini, mais qui n'en est pas moins intéressante. M. L.-P. Turcotte dit de cette caverne dans son "*Histoire de l'île d'Orléans*" :

"A deux milles environ du "Trou saint Patrice", sur la terre de François Maranda, — Saint-

Laurent, est une grotte remarquable connue sous le nom de "Caverne de Bontemps". Elle tire son nom, dit-on, d'un individu appelé Bontemps qui vint s'y réfugier quelque temps. Cette grotte, très intéressante à voir, est située au pied de la côte; elle est taillée dans le roc vif et peut avoir vingt pieds de profondeur".

Mgr David Gosselin, à propos de cette grotte et du type qui l'habita, dit à son tour :

"Longue de vingt-cinq à trente pieds, large et haute de dix à douze, avec, au fond, une table de pierre adhérente au roc, ombragée et presque dérobée aux regards par une forêt d'arbrisseaux, cette catacombe improprement dite, peut bien, comme on le prétend, avoir été habitée par l'original dont elle porte le nom. A quelle époque? D'où venait et qu'est devenu cet ermite de passage? La tradition est muette sur ces détails qui intéresseraient pourtant. Mais le souvenir du fait est transmis dans la famille Maranda jusqu'à nos jours et pour elle il est presque l'équivalent d'une vérité de foi."

Nicolas-Gaspard Boisseau, originaire de l'île, parle aussi dans ses mémoires de cette grotte et aussi d'une autre curiosité naturelle qui est un rocher de trente pieds de hauteur et qui représente une pyramide renversée. Ce rocher se trouve aussi à Saint-Laurent.

On ne doit pas oublier non plus les "pieds de saint Roch et de son chien" incrustés sur un rocher que l'on voit à Sainte-Pétronille. Nous citons encore à ce sujet M. L.-P. Turcotte :

"A un mille de distance du Bout-de-l'Ile, sur la terre de M. Alexis Ferland, se trouve un objet de curiosité naturelle qu'on appelle le "Pied de saint Roch". C'est un gros rocher au milieu d'un champ et sur lequel on remarque l'empreinte du

pied d'un homme qui court dans la direction du nord-est au sud-ouest. On y distingue aussi la piste d'un chien qui court dans la même direction et l'endroit où une canne aurait été appuyée par celui qui passait. Ces marques sont visibles et bien distinctes. Cette curiosité, qui est presque ignorée aujourd'hui, était autrefois très renommée. On venait de bien loin pour la voir".

Il est vrai qu'aujourd'hui, vivant au milieu des merveilles de la Science, on ne s'épate plus de rien... Quelle est la légende qui expliquerait ces empreintes? On l'ignore dans l'île. M. l'abbé L.-E. Bois, dans le *"Journal de Québec"*, — 1864, — disait :

"Dans le temps où l'on faisait circuler le bruit que l'île était envahie par les sorciers, on ne manquait pas de dire que ces traces étaient celles du Juif Errant..."

Oui, mais saint Roch?

La présence du vieux moulin à vent que l'on voit à Sainte-Famille s'explique mieux. Aussi ne se rattache-t-elle ni aux curiosités naturelles ni à la légende. Ce moulin appartient bel et bien à l'histoire. M. P.-G. Roy prétend que dans la seigneurie de l'Ile d'Orléans, les principaux seigneurs ne se prévalurent pas tout d'abord, du droit de la banalité des moulins, et qu'ils laissèrent ce privilège aux propriétaires d'arrières-fiefs; et M. Roy se demande à ce sujet quand fut bâti le premier moulin banal de l'Ile d'Orléans? Il croit que ce premier moulin est celui dont il est fait mention dans un acte passé le 8 août 1664 entre M. de Lauzon, seigneur de Charny, et Charles Pouliot, maître charpentier, par devant Michel Filion, notaire royal de la Nouvelle-France. Ce vieux moulin que l'on voit encore à Sainte-Famille serait-il celui qui fut construit par Charles Pouliot ? M. P.-G. Roy fait remarquer à ce sujet que, d'après le marché reçu par le notaire Filion, ce moulin que le charpentier Pouliot s'engageait à construire, devait être en bois. Or, le moulin actuel de Sainte-Famille est en pierre. Il n'est pas impossible toutefois que le moulin d'aujourd'hui soit sur le site du moulin du seigneur Lauzon Charny. Un autre moulin que l'on voit sur la pointe de l'Argentenay, encore en opération aujourd'hui, est de construction postérieure à 1716...

Voici une autre curiosité qui appartient plutôt, elle aussi, à l'histoire. A Saint-François, tout à l'extrémité nord-est de l'île, on voit à fleur de terre, presque au bord de la route, un rocher... non, un bloc de ciment qui n'est pas tout à fait une curiosité naturelle, mais nous dirions, une curiosité tout court et qui démontre à la fois la perspicacité sournoise des Allemands et la sagacité de notre "Intelligence Bureau" canadien.

L'île d'Orléans a attiré l'attention des Allemands même avant la grande guerre de 1914-18. Ils avaient, en effet, pressenti l'importance stratégique de cette île et, en particulier la pointe est, à Saint-François. Sous prétexte d'y établir une fabrique de tuyaux de drainage, ils construisirent, à quelques pas du fleuve, de puissantes assises en ciment qu'on voit encore, émergeant du sol. Quelques mois avant la guerre, ils s'étaient fait donner, d'un cultivateur de l'endroit du nom de Sanschagrin, la promesse de vente de sa propriété qui donnait sur le fleuve, à l'extrémité nord-est de l'île. Mais la transaction n'échappa point à la sagacité des autorités de la milice canadienne. Les agents allemands, se sentant épiés, ne poussèrent pas plus loin leurs projets... industriels. Ils déguerpirent, laissant inachevé leur bloc "encimenté".

Mais que signifie cette belle rangée de hauts peupliers qui semblent, de loin, après avoir escaladé la colline, s'étendre d'un côté à l'autre de l'île, de Saint-Laurent sur la rive sud, à Saint-Pierre, du côté nord ? Elle indique la "Route des Prêtres." Nous empruntons à l'abbé L.-E. Bois le récit de l'événement que rappelle cette route des Prêtres :

"Vers la fin du dix-septième siècle, Mgr de Saint-Vallier fit don à l'église Saint-Paul, aujourd'hui Saint-Laurent, d'une relique, portion d'os du bras de l'apôtre saint Paul. Quelques années après, le même évêque changea le vocable de la paroisse en celui de Saint-Laurent et voulut que saint Pierre et saint Paul fussent honorés dans l'église de Saint-Pierre et qu'ils en fussent tous deux les titulaires. M. Dauriac, qui était alors curé de Saint-Pierre, demanda à M. Poncet, curé de Saint-Laurent, la relique de saint Paul s'offrant à lui remettre en retour trois ossements de saint Clément, martyr. L'archidiacre, M. de la Colombière, dans sa visite officielle à Saint-Laurent, le 3 juillet 1702, approuva cet échange qui s'effectua le 24 du même mois. La relique de saint Paul fut déposée dans l'église de Saint-Pierre où elle devint l'objet d'une grande vénération.

"Cet arrangement déplut toutefois aux paroissiens de Saint-Laurent qui considéraient la sainte relique comme une propriété inaliénable. Cependant Mgr de Saint-Vallier, dans une lettre écrite de Paris, à M. Dauriac, le 17 mai 1703, approuva ce qui avait été fait en disant : "Je suis content d'apprendre que vous avez effectué l'échange de la relique avec M. Frs Poncet".

"Quelques années plus tard, un paroissien de Saint-Laurent reporta à Saint-Pierre la relique de saint Clément et en rapporta furtivement la relique de saint Paul qu'il plaça dans l'église de Saint-Laurent. Une contestation sérieuse s'éleva alors entre les habitants des deux paroisses. On en

appela au jugement de l'évêque de Québec qui, après mûre délibération, décida que chaque relique serait rendue à son église respective. Il ordonna donc que la population de Saint-Pierre et celle de Saint-Laurent se rendraient au milieu de la route des Prêtres, à un jour convenu, en procession solennelle, et que là on échangerait les reliques qui seraient ensuite reportées, avec égale solennité, chacune dans leur église.

"Tout ceci fut exécuté à la lettre. La grande croix qui se trouve sur ce chemin, à mi-distance entre les deux églises, indique l'endroit précis où les habitants des deux paroisses se rencontrèrent en cette mémorable circonstance".

L'Ile d'Orléans, on l'a vu, rappelle les noms de plusieurs personnages importants de notre histoire; nous en avons déjà salué quelques-uns au passage dans cette course assez cahoteuse autour de l'île. Rappelons les noms de quelques autres, peut-être moins notables, mais qui ont leur place dans l'histoire. C'est ainsi que l'île d'Orléans nous rappelle le nom de notre héroïne nationale Madeleine de Verchères par le fait que sa mère, Marie Parrot, est originaire de l'Ile d'Orléans. Marie Parrot épousa, le 17 septembre 1669, à l'âge de 14 ans, François Jarret de Verchères, en l'église de Sainte-Famille où elle était née. Le père de la célèbre Madelon faisait partie du Régiment de Carignan dont la plus grande partie des officiers restèrent au Canada pour s'y établir. François Jarret de Verchères fut parmi ceux qui restèrent. Après son mariage, l'intendant Talon lui concéda la seigneurie de Verchères où il était déjà établi avec sa jeune épouse.

Mentionnons encore le nom de Robert de Villeneuve, ingénieur du Roi, l'auteur de la première carte de l'île d'Orléans : "*Carte de la Comté de Saint-Laurent* (Ile d'Orléans), *en la Nouvelle-*

France mesurée tres exactement en 1689". — Cette carte est précieuse pour l'histoire et fort bien faite. Elle reproduit toutes les courbes des rivages de l'Ile, ses anses, ses caps, ses pointes, ses rivières, ses ruisseaux; elle nous fait voir aussi les routes d'une paroisse à l'autre, et les lignes de division de ces dernières. Enfin, elle indique par des numéros qui renvoient à un index, toutes les habitations de l'île. Evidemment Robert de Villeneuve savait travailler.

Saluons encore au passage quelques autres personnages dont on doit mentionner au moins les noms dans une histoire de l'Ile d'Orléans, dont le rôle, pour quelques-uns fut enviable, et pour d'autres, moins.

Voici Gabriel Gosselin, un des premiers colons de l'île, qui a donné à l'Eglise canadienne exactement cent-trente-deux prêtres. Dans ses *"Figures d'Hier et d'Aujourd'hui à Saint-Laurent"*, Mgr David Gosselin donne la liste complète de ces prêtres qui descendent de Gabriel Gosselin.

Chapeau bas, en passant, devant ce Mgr Gosselin, un fils de Saint-Laurent où il est né en 1846, ancien curé de Charlesbourg, qui a écrit nombre d'ouvrages qui sont parmi ceux qu'on n'écrit pas au fil de la plume : remplis de noms et de dates; véritables livres de science, leur composition implique un immense labeur. Sur l'Ile d'Orléans, il a écrit : *"Pages d'Histoire Ancienne et Contemporaine de Saint-Laurent"*, — 1906.

Puis voici le chanoine Louis Lepage de Sainte-Claire, né à Saint-François, I.O., le 25 août 1690; ordonné prêtre le 6 avril 1715, fait chanoine le 7 juin 1720 . . "Ignotus", dans le *Bulletin des Recherches Historiques*, — Vol. X, p. 179, — dit de lui que son "activité semblait plutôt tournée vers les affaires et l'industrie que vers le ministère paroissial, l'enseignement ou la prédication." En effet, toute sa vie le prouva. Il en passa la plus grande partie à mettre des forêts domaniales en coupe et à bâtir des moulins pour fournir du bois au roi. En 1770, il présenta à l'intendant Hocquart un lumineux et très long rapport sur la construction des navires au Canada.

Présentons maintenant Thomas Moore. Qui est-ce ? Tout simplement un marin Irlandais établi à l'Ile d'Orléans en 1690. Il avait été engagé en France, paraît-il, en 1686, par la Compagnie de la Baie du Nord pour piloter un de ses vaisseaux. Il fit plusieurs voyages à la Baie d'Hudson. Il épousa à Québec Jeanne Lamelin et s'établit avec sa femme à Saint-Laurent, I.O. On lui confia dans la suite des missions importantes en mer.

Faut-il rappeler le souvenir d'Anne Emond qui fut l'héroïne d'un grand procès criminel au XVIIème siècle ? Anne Emond était une jeune fille de seize ans dont le fiancé avait été appelé sous les armes pour faire partie de l'expédition projetée par le comte de Frontenac contre les Iroquois, en 1696. Travestie en homme, elle s'en va à Québec et, par un conte à dormir debout, fait croire au gouverneur à une attaque prochaine de Québec par les Anglais, croyant ainsi qu'elle détournerait Frontenac de son projet d'expédition contre les indiens. On découvrit son imposture. Elle fut arrêtée, subit son procès et condamnée à être battue de verges.

Et les drames dont fut le théâtre l'Ile d'Orléans ? Bien des anciens sur l'île connaissent encore la longue complainte des noces de 1787 :

Peuple chrétien, écoutez la complainte
D'un honnête homme qui vient de s'marier
Par un dimanche, la veille de ses noces,
A la grand'messe on l'a vu communier.

Suivent douze autres couplets où le "poète" raconte les péripéties du terrible drame qui suivit les noces de "l'honnête homme qui vient de s'marier", Louis Beaudoin, jeune cultivateur de Saint-François de l'Ile d'Orléans qui, le 15 octobre 1787, épousa dans l'église de Saint-Joachim, Côte de Beaupré, Agnès Paré, fille de Joseph Paré. Après une journée de réjouissances, le lendemain, le jeune couple et treize de leurs parents et amis s'embarquaient à Beaupré dans une chaloupe pour se rendre à Saint-François où devait se continuer la noce. On touchait au terme de la traversée, quand un coup de vent subit fit chavirer la chaloupe. Des quinze personnes qui s'y trouvaient, treize se noyèrent dont les deux jeunes époux. Et longtemps après, dans toutes les paroisses de l'île, on chanta la complainte par laquelle un ami des défunts voulut rappeler la tragédie.

Si aucune complainte de cette nature ne rappelle la tragique disparition de la goélette "Saint-Laurent" à la fin de septembre 1839, on n'en a pas moins parlé bien longtemps dans les foyers de l'Ile d'Orléans. C'était une de ces fines goélettes qui autrefois s'en allaient à la rencontre des navires qui remontaient le fleuve pour offrir aux capitaines le service d'un pilote. La "Saint-Laurent", qui était montée par vingt-et-un pilotes et apprentis, partit, un jour, de Saint-Jean, et jamais plus on n'en entendit parler. Elle avait été vue pour la dernière fois, le 23 septembre, par l'équipage d'une autre goélette de pilotes. Trois jours plus tard, une violente tempête balaya le Saint-Laurent et on supposa que la "Saint-Laurent" périt corps et biens durant cette tempête. Presque tous les marins disparus dans ce désastre maritime étaient de Saint-Jean. Longtemps après cette catastrophe, on en parlait encore, parmi les braves habitants de l'île, comme si elle ne datait que de quelques semaines.

Mais la liste serait longue, et surtout le récit, de tous les drames qui ont eu pour théâtre les parages de l'Ile d'Orléans; surtout cet endroit que les navigateurs ont appelé "Entre les deux Églises". Par les vents du nord-est, en cet endroit, la mer, à cause des courants du chenal nord de l'île et ceux du chenal sud qui se rencontrent, devient houleuse et très dangereuse surtout pour les petites embarcations.

Et les légendes ?... Nulle contrée n'a eu, semble-t-il, d'aussi fréquents rapports avec les revenants et les esprits; nulle terre n'a enfanté autant de feux follets et vu courir autant de loups-garous que l'Ile d'Orléans : "Délicieuses histoires, contes charmants", écrivait à ce propos le bon Dr Hubert Larue, "qui me rappelez le souvenir de mon enfance, pourquoi vous laisserais-je dans l'oubli ? Pourquoi ma plume se refuserait-elle à retracer ces légendes naïves qui peignent si bien la bonne foi de nos ancêtres, leur esprit religieux en même temps qu'elles rappellent leur noble origine".

Et le Dr Larue raconte différents traits où l'on voit le diable s'immiscer dans les affaires des gens de l'île. Voici une de ces légendes.

En ce temps-là, on construisait l'église de Saint-Laurent. Près de cette église se trouvaient des côteaux très abruptes et d'une montée difficile. Les chevaux en avaient tout leur roide pour charroyer les pierres sur les chantiers. Un jour, le constructeur annonça aux hommes qu'il allait se procurer un cheval très fort qui transporterait à lui seul autant de pierres que tous les autres chevaux ensemble. Et voilà notre homme qui s'enferme plusieurs jours avec un *"Petit Albert"* qui, on le sait, contient tant de choses extraordinaires et merveilleuses. Peu de temps après on vit venir l'entrepreneur conduisant par la bride un cheval si beau qu'on n'en avait jamais vu de pareil. Il dit aux habitants qui travaillaient à l'église : "Faites travailler ce cheval maintenant tant que vous voudrez; mais je vous défends pour aucune raison de le débrider".

Le cheval, au cours de la journée, put charroyer dans les côteaux autant de pierres que tous les autres chevaux. Mais, le soir, il paraissait si fatigué, si exténué, si souffrant que son conducteur en eut pitié. Il le conduisit au ruisseau voisin et, pour le faire boire, lui enleva sa bride. Mais aussitôt ... plus de cheval! ... pas l'ombre d'un cheval, ni près du ruisseau, ni ailleurs. Alors, le conducteur, de désespoir, se précipita dans le ruisseau ... Mais, plus de conducteur! Seulement, dans un remous, une grosse anguille ...

Heureusement, les pierres de l'église, ce soir-là, étaient toutes transportées sur le chantier, à l'exception d'une qui, depuis lors, a toujours manqué à l'édifice ...

Mais on n'en finirait plus de conter les légendes qui nous viennent du fond des âges, et qu'on a recueillies sur l'Ile d'Orléans. En voici encore une qu'on racontait partout dans l'île. C'est M. Pierre-Georges Roy qui la rapporte :

"C'était la veille de la bataille de Montmorency. Une jeune fille de Beauport était venue rencontrer, aux avant-postes de l'armée française, son fiancé, soldat dans les troupes de la marine. Ils ne s'étaient pas vus depuis plusieurs semaines et elle avait tant de choses à lui dire! ... Le 31 juillet 1759, au soir, quand on fit le relevé des morts et des blessés, on ne trouva pas le jeune soldat de Beauport. Il avait disparu. Peut-être avait-il été fait prisonnier par les Anglais? En tout cas, on n'en trouva aucune trace.

Quelques jours plus tard, la jeune villageoise retrouvait le corps de son fiancé sur les bords de la rivière Montmorency. Grièvement blessé au cours de la bataille, il avait eu la force de se traîner jusqu'à la rivière pour y assouvir sa soif dévorante. Il était mort peut-être en appelant sa bien-aimée.

La jeune fille, prise de désespoir, erra pendant plusieurs jours dans les environs de la chute écumeuse. Puis elle disparut. S'était-elle jetée dans le gouffre ?

Ceux qui tombent dans la chute Montmorency ne se retrouvent pas. Le courant puissant les entraîne dans l'abîme profond creusé par les siècles au pied de la chute.

Pourtant, peu après la disparition de la jeune fille, les habitants de l'Ile d'Orléans commencèrent a voir une ombre blanche qui, le soir, errait sur les grèves de l'île. Les fantômes ne se laissent pas approcher facilement. Tout de même, il fut établi que cette femme toute vêtue de blanc était la jeune fiancée de Beauport. La dame blanche de la Chute Montmorency a fait longtemps le sujet des conversations des insulaires pendant les longues soirées de l'automne. Dans bien des familles même on disait le chapelet pour elle tous les soirs".

Une autre légende, mais qui doit être comprise dans un autre sens, a couru longtemps, nous ne dirons pas, cette fois, dans l'île, mais sur l'île d'Orléans qui, a-t-on insinué quelque part, aurait servi de colonie pénale, ou lieu de détention, pour les criminels, sous le régime français. C'est une assertion fantaisiste que démentent les documents les plus sérieux. Les historiens de l'île, entre autres M. l'abbé L.-E. Bois, ont heureusement fait justice de cette ridicule légende qui faisait une tache trop sale sur les pages blanches et si pures de l'histoire de l'Ile d'Orléans et de ses habitants.

Et sur ces derniers, nous ne saurions mieux faire, en terminant cette cahoteuse esquisse de l'Ile d'Orléans que de citer l'éloge que fit dans ses mémoires, dont des fragments ont été conservés, Jean-Joseph Girouard, qui fut député des Deux-Montagnes de 1831 à 1838, homme de loi de premier ordre, patriote honnête et désintéressé qui fut recueilli dans son enfance par l'abbé Gatien, curé de Sainte-Famille, après que son père eut péri dans le naufrage d'un petit bâtiment qu'il commandait.

"*Les moeurs des habitants de l'île*", écrit-il, "*étaient d'une grande pureté. Jamais on entendait parler de désordres et je n'ai jamais vu des gens plus religieux. De mon temps, il n'y avait ni marchands, ni notaires, ni médecins. La plupart du temps les terres se transmettaient de père en fils tout au plus en vertu d'un testament que le père faisait faire à Québec en allant vendre ses denrées au marché. Voilà tout. Un médecin eut été encore plus inutile. Les Soeurs du Couvent de la Congrégation avaient quelques spécifiques, dont elles ne faisaient ni commerce ni mystère; puis, un ramancheur (rebouteur) tenait lieu de chirurgien. Le marchand n'y aurait pas non plus fait fortune. On s'habillait des étoffes du pays, fabriquées à la maison, et quant aux articles nécessaires, outre ceux-là, on les achetait à Québec quand on y allait vendre son grain, son beurre et ses autres produits.*

Cette innocence des moeurs excluait naturellement toutes ces professions qui vivent des malheurs ou des vices de la société".

M. l'abbé L.-E. Bois, qui cite ces lignes si simples et si sincères, les accompagne des vers suivants dont elles semblent être la paraphrase :

Heureux celui qui sans soins ni soucis
Vit dans son modeste héritage !
L'envie et le chagrin n'attristent pas ses nuits,
Il jouit de la paix du sage.

Heureux celui qui sait de ses troupeaux
Tirer vêtements et lainages;
Qui sait des champs tirer son pain, et des ormeaux,
L'hiver, le feu, l'été, l'ombrage.

LA GROSSE ILE

L'ILE DE LA QUARANTAINE

Voici le lazaret de la province de Québec. Ile sinistre; cimetière marin dont chaque pouce de terre, peut-on dire, recouvre des ossements humains !

Mais bientôt, il ne restera plus de cette île macabre que le souvenir. La Quarantaine n'existe plus depuis l'automne de 1937. En effet, à la fin de novembre de cette année-là, les journaux de Québec publiaient la nouvelle suivante :

"Avec la fermeture de la saison de la navigation, la station de la Quarantaine à la Grosse Ile est entrée dans sa 105ème année de service ayant été ouverte en 1832. La Quarantaine a été officiellement fermée ces jours derniers alors que les treize hommes de service qui s'y trouvaient l'ont quittée. Quant à l'outillage qui restait, il a été transporté soit à Halifax, soit à Sainte-Anne de Bellevue."

"Au cours de ces dernières années, cette station était sous la charge du Dr C.-H. Laurin et du Dr Chrétien".

L'activité, du reste, sur la Grosse-Ile, avait considérablement diminué pendant les six ou sept années qui ont précédé l'année 1937. En 1935 un projet de centralisation des différents services de l'immigration : hygiène, inspection, quarantaine, mis en vigueur par les autorités fédérales fit perdre à la Grosse Ile une partie de son importance comme lazaret. Mais on continua de faire servir officiellement de station de quarantaine à l'île en y maintenant un personnel prêt à faire face à toute éventualité. Au cas où des maladies contagieuses se fussent déclarées sur des navires européens à destination de Québec, c'est à la Grosse Ile encore, comme depuis cent ans et plus, que les victimes eussent été descendues. Mais le cas s'est très rarement produit dans les dernières années précédant 1937. Cette année-là on construisit un vaste hôpital pour les besoins de l'immigration à la Rivière Saint-Charles et c'est cet établissement qui allait désormais servir de Quarantaine et remplacer la Grosse Ile.

Alors la Grosse Ile entra dans l'histoire, laissant un passé long de quelques années de plus qu'un siècle et qui fut tragique à certaines époques.

La Quarantaine a été établie à la Grosse Ile en vertu d'une loi passée en 1832. Le but de cet établissement était de prévenir l'entrée et la propagation du choléra asiatique au Canada. Ce fléau était alors menaçant. Les années 1832, 1834 et 1847 furent les plus tragiques de l'histoire de la Quarantaine. Durant 1832, cette terrible maladie fit son apparition au Canada et y exerça de terribles ravages. Les registres de cette année-là montrent qu'il est venu au Canada, d'Angleterre et d'Irlande, 61,800 immigrants et c'est sur des vaisseaux qui portaient ces malheureux que la maladie fit son apparition durant la traversée. Il fallut jeter à la mer des centaines de cadavres. La même chose se répéta en 1834. En 1847, ce fut le typhus venant d'Irlande avec des milliers d'immigrants chassés de leur pays par une grande disette de pommes de terre. Le 20 mai 1847, trente vaisseaux chargés d'immigrants étaient accostés à la Grosse Ile. Ils étaient partis d'Irlande avec 12,519 passagers. De ce nombre, 777 moururent en mer et 459 sur les navires à la Grosse Ile. Les rapports officiels disent que sur le total des immigrants irlandais venus au Canada, 8,000 moururent en mer et 5,424 à la Grosse Ile. Dans la suite, les années ne furent plus aussi tragiques pour l'Ile de la Quarantaine. En 1920, on transporta la Quarantaine, c'est-à-dire la base d'inspection à la Pointe-au-Père, à cent-cinquante milles de son premier établissement. Les officiers médicaux montaient à bord des océaniques en même temps que les pilotes, faisaient les examens nécessaires et dispensaient les navires d'arrêter à la Grosse Ile, s'il n'y avait pas de maladies contagieuses. Depuis 1920, les quarantaines à la Grosse Ile se comptaient très facilement. Le dernier hôpital de la Grosse Ile qui disparut en 1937 comptait cent-trente lits et la section des malades qui devaient être sous observation en contenait 1082.

Mais l'Ile elle-même qu'est-elle ? Parce qu'on l'a appelée la Grosse Ile, il ne faut pas croire qu'elle a les dimensions de l'Ile d'Orléans ou de l'Ile-aux-Coudres. Elle mesure trois quarts de lieue de longueur par vingt-et-un arpents dans sa plus grande largeur. Elle n'est qu'à dix lieues en aval de Québec et est située presque en face de l'église de Saint-Thomas de Montmagny d'où on l'aperçoit facilement. Sur l'Ile, de tous les côtés où l'on se place, le panorama qui se déroule aux yeux est splendide. Du côté sud, on aperçoit les côtes riantes de Montmagny et de Berthier. Mais au nord, l'aspect est plus sévère, plus grand, plus sauvage : c'est le Cap Tourmente et d'autres massifs laurentiens avec, en bas, Saint-Joachim, Saint-Féréol, les Caps, etc.

Avant 1832, la Grosse Ile était inhabitée et à peu près inconnue.

Cette année-là, le gouvernement impérial la loua pour une période de quatre ans du notaire Bernier qui résidait au Château Richer et à qui elle appartenait. La Quarantaine était alors à la Pointe-Lévy. Avec l'arrivée du choléra elle fut transportée à la Grosse Ile, la Pointe-Lévy étant trop rapprochée des centres. Les bâtisses que l'on érigea en bas de l'île datent de 1847. Les autorités impériales gardèrent le contrôle absolu de l'île et de tous ses employés, de 1832 à 1857, c'est-à-dire pendant vingt-cinq ans. Le lieutenant Noble, de l'Artillerie Royale, fut le dernier commandant. Dans le cours de 1857, le gouvernement impérial transféra au gouvernement canadien tous ses droits sur la Quarantaine qui, depuis cette époque, a fait partie du Département de l'Agriculture et de l'Immigration...

Voilà donc une petite île du Saint-Laurent, relativement proche de Québec, qui aura dans l'histoire une macabre caractéristique. Sous son sol de peu d'étendue sont enfouis des milliers et des milliers de squelettes. Les cadavres des victimes du typhus n'ont pas été inhumés seulement dans le cimetière mais partout dans l'île où les victimes succombaient. On estime qu'il a été enterré dans cette petite île 11,000 cadavres.

Rappelons qu'en 1847, le Dr Geo. Douglas, alors surintendant de la Quarantaine, dans son témoignage donné devant un comité de la Chambre faisant enquête sur les horreurs de cette année-là, déclarait qu'à l'arrivée des vaisseaux les cadavres étaient retirés de la cale au moyen de crochets et que les autorités eurent à payer $1.00 et même un souverain, — $4.86, — pour chaque corps ainsi retiré et porté au cimetière. Là, on creusait une tranchée de trois pieds de profondeur et l'on y plaçait des corps les uns sur les autres. Il ne restait plus au-dessus des dépouilles que sept ou huit pouces de terre. Alors, une armée de rats, descendus des navires, s'empara de ce champ de la mort, y creusèrent des milliers de trous et se mirent à ronger les cadavres. Mais on remédia à ce sinistre état de chose qui pouvait engendrer la peste en charroyant des milliers de tonnes de terre.

Durant les quatre années que dura le bail de l'île passé entre le notaire Bernier et le gouvernement impérial, M. Bernier s'était réservé la coupe du bois sur l'île qui était fort boisée. De sorte que pour la construction des hôpitaux et des autres bâtisses, il a fallu faire venir de la côte le bois nécessaire. Quand en 1832, le typhus fit sa soudaine apparition sur les bords du Saint-Laurent, il n'y avait sur l'île que quelques appentis. On dut placer les premiers malades sous des tentes. Les premiers bâtiments de la Quarantaine furent érigés sur la pointe d'en haut de l'île à l'exception d'une maison construite sur la Pointe d'en bas et qui servait de demeure au fermier du Dr Douglas, alors médecin de la Quarantaine. Pour une rente annuelle de $100.00, le Dr Douglas avait obtenu du gouvernement le droit de faire défricher une ferme et de l'ensemencer. Plus tard, on dut démolir cette maison car on s'aperçut qu'elle servait de rendez-vous à nombre d'immigrants convalescents qui tenaient là une conduite peu conforme à un endroit où planait constamment l'aile de la mort. Les bâtisses érigées en bas et au milieu de l'île datent de 1847, année de la grande épidémie de typhus venu d'Irlande. Alors on compta douze hôpitaux. Cette année-là on ouvrit un chemin qui relia les divers groupes de bâtisses : le groupe de la pointe inférieure ou le "Quartier des Malades", et le groupe central qui était le "Quartier Général". Des sentinelles placées aux endroits désignés par les autorités militaires empêchaient les immigrés de sortir de leurs quartiers respectifs sans une permission spéciale.

En 1832 il n'y avait sur l'île aucun quai ou jetée quelconque pour permettre de débarquer commodément les malades. Un premier quai permanent fut construit en 1847 à la pointe d'en haut de l'île et on en construisit un autre en 1866 à la pointe d'en bas.

Nous avons rappelé que l'année la plus tragique de l'histoire de la Grosse Ile fut 1847. Voici ce que dit à ce sujet M. A. Béchard qui a commencé en 1900 une histoire de la Quarantaine que la mort malheureusement l'a empêché de terminer :

D'après les récits que l'on m'a faits de l'épidémie de 1847, il me faudrait l'aide d'un pinceau, un grand talent d'artiste, et encore la tâche serait-elle probablement au-dessus de mes forces, pour rendre les scènes d'horreur, de désolation, de désespoir, d'angoisse navrantes qui se déroulèrent sur la Grosse-Ile, durant l'été de cette année à jamais mémorable. A certains jours, il y eut jusqu'à 10,000 émigrés sur l'Ile. Supposez un instant que la moitié de ce chiffre était atteint de la maladie, et vous pouvez avoir une petite idée du dévoûment, des fatigues et de l'horrible travail des médecins et de tous les employés. Qui pourra jamais redire, pour l'édification de la postérité, les actes d'héroïsme accomplis par ces hommes généreux ? . . . Ils sont si nombreux, qui pourrait les compter ? . . . D'ailleurs, plusieurs ont déjà reçu la récompense due aux victimes du dévoûment et de l'amour fraternel, récompense promise par Celui qui a fait de la charité la vertu par excellence.

Un cri immense de douleur avait retenti à tous les coins du Canada : "Des frères meurent par milliers sur la Grosse-Ile !" . . . Qui voudra aller offrir les secours de la Religion à ces pauvres malheureux ? L'écho de ce cri, de cet appel à la charité catholique, était à peine assoupi, que des prêtres allèrent en grand nombre offrir leurs services à leur évêque. Des douzaines de ces héros accoururent avec joie sur ce vaste théâtre de la mort, tandis que d'autres, refusés par leur supérieur, parce que les cadres étaient remplis, reprenaient, chagrins, le chemin de leur humble presbytère. O amour sublime du prochain, que tu es grand et noble! Qui pourrait trop admirer le dévoûment, les actes d'abnégation que tu as fait germer dans le coeur de l'homme?

Dans un journal protestant de New-York, (The World), *on lisait, il n'y a pas longtemps, un hommage bien mérité rendu à ces prêtres généreux. Dans cet article, on dit que 25 prêtres et religieuses succombèrent, victimes de leur charité. Il est bon de faire observer, cependant, qu'il ne mourut, sur l'île, aucun prêtre. Deux vapeurs faisaient régulièrement le trajet, deux fois par jour, entre l'Ile et Québec. Aussitôt qu'un d'eux se sentait attaqué par la terrible maladie, il se rendait à la ville, où plusieurs moururent; mais ces 25 prêtres et ces 18 religieuses, en supposant que ces chiffres soient exacts, ne trouvèrent pas tous la mort à Québec : Montréal eut sa bonne part de ces victimes du dévoûment. Des centaines et des milliers d'émigrés, après avoir été examinés à la Quarantaine, reçurent leur décharge, furent mis à bord de bâtiments et dirigés sur Montréal, ou vers le Haut-Canada. Un grand nombre, cependant, portait le germe de la maladie sans symptômes extérieurs; puis, arrivés à leur destination, souvent même avant d'y être rendus, les pauvres émigrés se sentaient atteints. Plusieurs moururent à Québec même, et un bien plus grand nombre, à Montréal; c'est de ces émigrés que plusieurs prêtres prirent la maladie dont quelques-uns moururent. Quant aux religieuses, il n'en vint point sur l'Ile et celles qui moururent avaient contracté la maladie soit à Québec, ou à Montréal, ou ailleurs.*

Sur la pointe supérieure de l'île on voit un monument qui fut érigé à la mémoire commune des victimes et de plusieurs de ceux qui se dévouèrent pour elles en cette année 1847. Sur cette colonne de marbre sont gravés les inscriptions suivantes :

"Dans ce lieu isolé, gisent les restes mortels de 5,424 personnes qui, fuyant la peste et la famine, en Irlande, en l'année 1847, ne trouvèrent qu'une tombe, en Amérique."

"A la mémoire du Dr Benson, de Dublin, qui mourut dans cet hôpital, le 27 de mai, 1847;

"Du Dr Alfred Pinet, de Varennes, mort le 24 de juillet, 1847;

"Du Dr Alfred Malhiot, de Verchères, mort le 22 juillet 1847, du Dr Jameson, de Montréal, mort le 2 d'août 1847, à l'âge de 34 ans.

"Ces messieurs étaient officiers aides-médecins de cet hôpital, et tous moururent des fièvres typhoïdes contractées dans l'accomplissement fidèle de leurs devoirs envers les malades."

"A la mémoire d'Alfred Panet, officier médecin de cet établissement, qui mourut du choléra, en juillet 1834;

"De Robert Christie, aide-médecin, mort du typhus, dans cet hôpital, le 2 de juillet, 1837";

"Erigé par le Dr Geo.-M. Douglas, médecin surintendant, et dix-huit officiers médecins actifs, en 1847."

Nous avons donné quelques chiffres relatifs au nombre d'immigrés malades qui furent admis à la Quarantaine de la Grosse Ile spécialement en 1832, en 1834 et en 1847. Malheureusement nombre de documents qui auraient pu être de nature à compléter ces statistiques ont été détruits dans un incendie qui en 1901 rasa trois des principales bâtisses du lazaret. On dit que la vengeance d'une garde-malade aurait allumé cet incendie regrettable. Mais on n'a jamais pu faire complètement la lumière dans cette affaire.

Voici toutefois au sujet de ces statistiques quelques chiffres pour 1847.

Entrés dans le port de Québec, 68,106 immigrés; admis dans les hôpitaux, 8,691; atteints des fièvres, 8,639; de la petite vérole, 51; morts des fièvres, 3,227; de la petite vérole, 12; total, 3,239, ce qui donne le chiffre de 5,453 pour les guérisons. Pour comprendre le chiffre des mortalités, on donne l'explication suivante. Ce chiffre des mortalités, qui est donné sur l'inscription du monument, pour 1847 est, on l'a vu, de 5,424 tandis que les médecins d'alors n'ont constaté que 3,238 mortalités pour cette année 1847. Comment explique-t-on cette différence de 2,186? Par le fait que des centaines et des centaines d'immigrés, à l'arrivée des navires qui les portaient moururent avant de passer à l'examen médical; que nombre d'autres, atteints de folie par suite des fièvres, s'échappèrent en débarquant et s'en allèrent mourir, ici et là, dans les bois de l'île. Ceux-là, par crainte de la contagion, on les enterrait à l'endroit où on trouvait leurs cadavres. C'est pourquoi on a toutes les raisons de croire que la Grosse Ile contient, dans les cimetières et ailleurs, pas moins de 11,000 cadavres.

Outre les mortalités officiellement constatées dans l'île on estime que des milliers d'immigrés de 1847 moururent en mer. La traversée des océaniques alors durait une moyenne de trois mois et, d'après le Dr Douglas, le nombre des malheureux qui furent ensevelis sous les vagues de l'océan est de pas moins de 8,000. Mais pour une raison ou pour une autre, on ne jetait pas toujours à la mer les cadavres qui restaient à bord. C'est pourquoi les navires "*Avon*", "*George*", "*Erin's Queen*", "*Rose*", "*The Sisters*", le "*Triton*", arrivèrent à la Grosse Ile comme transformés en charniers flottants dégageant, à cause des corps en putréfaction, une horrible puanteur.

On peut assez difficilement concevoir les scènes affreuses qui durent se passer à l'arrivée de ces vaisseaux à la Grosse Ile, quand les officiers de la Quarantaine, les employés, les missionnaires, catholiques et protestants, pénétraient dans les cales de ces navires où gisaient des centaines de cadavres en décomposition et à demi rongés par la vermine.

Scènes d'horreur mais aussi scènes de sublime dévouement. Des religieux, des prêtres, des religieuses, des médecins se sacrifièrent sans réserve avec un sublime héroïsme, pour ces malheureuses victimes d'un épouvantable fléau. Plusieurs moururent dans l'accomplissement de ce devoir suprême. La population des campagnes environnantes, celles de Montmagny, de l'Ile-aux-Grues, de l'Islet, du Cap Saint-Ignace, fit aussi preuve dans ces tragiques circonstances d'un esprit de charité chrétienne digne de tous les éloges en adoptant de malheureux enfants dont les parents moururent victimes du fléau. Ces enfants ont grandi et sont morts à leur tour, peut-être de façon moins tragique, et les petits enfants ont pris leur place, formant la génération actuelle. Ceux-là doivent leur existence aux héros de la Grosse-Ile qui donnèrent leur vie si généreusement pour leurs ancêtres.

La Grosse-Ile a toujours eu des missionnaires, catholiques et protestants. Canoniquement, elle fait partie, comme les Iles-aux-Oies, au-Canot et Sainte-Marguerite, de la paroisse de l'Ile-aux-Grues. Au début, un prêtre du séminaire de Québec allait y faire la mission. Dans les vingt ou vingt-cinq dernières années, la Grosse-Ile avait un missionnaire qui y résidait depuis le milieu de mai jusqu'à la fin de septembre. Durant les huit autres mois, les quelques personnes qui restaient sur l'île recevaient à différents intervalles la visite du curé de l'Ile-aux-Grues. Les registres de la Grosse-Ile ne remontent qu'à 1869. Parmi les missionnaires qui ont passé par là avant 1869, nous relevons les noms des révérends MM. Bonneau, Gauvreau, Audet, Fréchette, Brunet, Fortier, Winter, Drolet et d'autres; depuis 1869, on mentionne comme prêtres résidents durant l'été les révérends MM. Dumontier, Gingras, Verville, Fafard, McGuire, Monge, Grondin, Demers et quelques autres.

L'église catholique de la Grosse-Ile faisait partie de celles qui sont entretenues à même les fonds de la Propagation de la Foi de même que tout ce qui sert au missionnaire. Le gouvernement fédéral versait à cette fin, chaque année, dans la caisse de la Propagation de la Foi une somme de $200.00 pour les frais du missionnaire durant ses quatre mois et demi de résidence sur l'île. Ce missionnaire était logé dans une confortable maison qui servait de presbytère et qui était construite, tout près de l'église, sur une éminence d'où la vue est magnifique.

Quant au petit temple protestant, il s'élevait sur un rocher au milieu d'un bosquet et était à peine visible du chemin qui passait tout près. Le ministre protestant était beaucoup plus mal logé que le missionnaire catholique. Il recevait aussi du gouvernement pour ses frais d'entretien une somme de $200.00 que lui versait la "Church Society", à Québec.

Les premières chapelles, catholiques et protestantes, datent de la première année de la Quarantaine, en 1832. Elles furent construites sur la pointe d'en haut de l'île.

La plus belle résidence de la Grosse-Ile était assurément celle du médecin en chef, construite dans un joli bocage d'où l'on regardait la côte sud. Elle était entourée de jardins et de parterres des plus artistiquement entretenus. En face fut érigée en 1849 une plate-forme pourvue d'une batterie de canons dont on tirait dans le cas où un vaisseau aurait été tenté de passer sans avoir été visité par les officiers de la Quarantaine. Un boulet lancé devant la proue du navire avertissait alors le capitaine d'avoir à stopper immédiatement. Si le premier signal ne suffisait pas, d'autres boulets étaient tirés dans la voilure du bâtiment, ou dans les cheminées du steamer. On ne mentionne nulle part dans l'histoire de la Quarantaine que l'on ait eu recours une seule fois au deuxième avertissement.

Ajoutons que toutes les bâtisses de l'île, leurs dépendances, les jardins, les parterres, les terrasses, les kiosques, etc., ont toujours été entretenues avec un soin remarquable par ceux qui en avaient la surveillance.

Voilà, du moins dans ses grands traits, l'histoire de cette île macabre du Saint-Laurent qui, à certaines époques, comme on l'a vu, pouvait inspirer la même horreur que les léproseries de l'Asie, mais qui a peut-être épargné au Canada et peut-être à l'Amérique entière, les atroces calamités qui, à certaines époques d'épidémies, ont ravagé, aux Indes et en Chine, des pays entiers. Sans exagérer, on peut dire que tout particulièrement en 1832, en 1834 et en 1847, cette petite île, qu'on appelait la Grosse-Ile, a sauvé notre pays comme d'une sanglante guerre.

L'ILE-AUX-GRUES

L'Ile-aux-Grues mesure six milles de longueur. Elle est remarquable par sa salubrité et sa beauté pendant l'été. Un grand chemin la traverse dans toute sa longueur. Des bocages ombreux s'avancent jusqu'au rivage, coupant ici et là une lisière de terre non cultivée. Un superbe parc d'érables et de chênes d'une trentaine d'arpents occupe la pointe ouest de l'île, face à un mouillage connu de tous les marins: la Pointe-aux-Pins où le Département de la Marine fédéral a fait ériger, en 1866, un phare sur piliers et des sémaphores sur la berge. En arrière du phare, s'élèvent des terrasses parsemées de pins nains. De là, on arrive par des avenues naturelles à un plateau qu'on nomme le "Domaine du Seigneur".

Le côté nord de l'Ile-aux-Grues a la forme d'un demi-cercle rentrant. Les habitations des insulaires sont construites de ce côté. L'église s'élève au milieu de l'île. Elle est érigée sur un tertre d'où la vue plonge sur le fleuve. En face et à une petite distance, on voit l'Ile-au-Canot qui n'a qu'un habitant. Un peu plus bas, et tenant à l'Ile-aux-Grues par de longues battures couvertes par les hautes marées, on aperçoit les deux Iles-aux-Oies. En haut de l'Ile-au-Canot, et sur la même ligne, on aperçoit un groupe d'îles qui sont inhabitées: l'Ile Longue, l'Ile-à-Deux-Têtes, les Rochers-Rouges, l'Ile-aux-Oignons, l'Ile-au-Héron, l'Ile-aux-Corneilles, les Iles Marguerites. Au-dessus de ce petit archipel, en remontant le fleuve, c'est la Grosse-Ile, ou l'Ile de la Quarantaine, remarquable par ses immenses bâtiments qui témoignent de l'activité d'il y a une vingtaine d'années, et dont l'un des pics est surmonté d'un monument élevé par l'Ordre des Anciens Héberniens à la mémoire de ceux qui payèrent de leur vie les soins qu'ils prodiguèrent aux victimes du typhus de 1847. Enfin, au-dessus de toutes ces îles que nous apercevons de l'église, on distingue la ligne bleuâtre des montagnes de la rive nord du Saint-Laurent et la masse sombre du Cap Tourmente.

Rien ne peut surpasser en magnificence le panorama qu'offre l'Ile-aux-Grues par une journée ensoleillée de l'été, quand par la marée montante, des navires de toute nature surgissent de la Traverse de Saint-Roch-des-Aulnaies, grossissant à mesure qu'ils approchent sur la surface du fleuve, jusqu'à ce qu'ils passent, gros et puissants, tout près de l'île.

Pourquoi ce nom: Ile-aux-Grues ?

C'est que cette voyageuse errante chantée par Horace, la grue—"gruem advenam",—revenant de la Floride lors des grandes migrations de l'automne et du printemps, et passant par le bas Saint-Laurent, a trouvé dans cette île avenante un lieu de rendez-vous pour le repos, les ripailles et l'incubation; et elle s'y est arrêtée avant de poursuivre jusqu'aux lointaines contrées de l'ouest. Elle donna son nom à l'île. Elle ne fut pas seule, du reste, à trouver cette île digne de l'attention de la gente ailée aquatique. D'autres espèces de gibiers de mer à plumes aiment depuis des siècles à se réunir, pour couver et se régaler, dans les grandes prairies couvertes d'une herbe généreuse qu'on appelle la "rouche" et qui ceinturent l'île.

L'Ile-aux-Grues fut colonisée en 1679 en même temps que le Cap Saint-Ignace dont elle n'est éloignée que d'une lieue en ligne droite, tirant au nord. En 1683, l'île ne contenait que trois familles formant en tout quinze personnes. Pierre de Bécart, sieur de Grandville, en avait fait l'acquisition en 1678. En 1761, on voit, par un acte passé à la Petite Rivière,—près de la Baie Saint-Paul,—par le notaire Crespin, que l'île appartient à Madame de Grandville. Peu de temps après, en 1775, elle a pour seigneur Louis Liénard Villemonde de Beaujeu, frère du héros de la Monongahéla, et qui pendant plusieurs années fut commandant du fort de Méchilmakinak, prenant une part active à la défense du Fort pendant la guerre de l'Indépendance. M. de Beaujeu mourut le 5 juin 1802 à l'âge de 80 ans. Devenue veuve, Madame de Beaujeu vendit sa seigneurie à M. Daniel McPherson qui résidait à Gaspé. Ce dernier la légua à son fils, John McPherson, et elle passa ensuite aux mains de M. McPherson-Lemoine qui en hérita de ses tantes, les demoiselles Melinda et Marie McPherson, filles de John McPherson, et qui en furent propriétaires jusqu'en 1873.

Mais n'oublions pas de mentionner que le premier concessionnaire de l'Ile-aux-Grues comme de l'Ile-aux-Oies fut le chevalier Charles Huault de Montmagny, deuxième gouverneur de la Nouvelle-France qui possédait également toutes les îles adjacentes, "tous les isles et islots, les battures et baturons". Enfin, le dernier seigneur de l'Ile-aux-Grues fut James LeMoine, descendant de la famille de LeMoine de Longueuil.

M. de Beaujeu a laissé un souvenir durable sur l'île et dans les environs. Voici ce qu'en dit Sir James LeMoine au cours d'une courte monographie qu'il consacre à l'Ile-aux-Grues dans son volume "*Chasse et Pêche*" :

"De Beaujeu à la tête de ses censitaires était un chef vigoureux. Il n'hésita pas, pendant l'hiver 1775-76, à traverser le fleuve et à se joindre à la

colonne de secours que de Gaspé, seigneur de St-Jean-Port-Joli, Couillard, seigneur de St-Thomas, et un vieil officier écossais, Thomas Ross, de Beaumont, s'efforçaient de faire entrer dans Québec. La rencontre des Bostonnais et de leurs alliés eut lieu à St-Pierre, rivière du Sud, et cette escarmouche est connue dans les annales canadiennes sous le nom de l'affaire de Michel Blais. Ce fut une déroute pour les loyalistes.

Il est curieux de suivre le belliqueux seigneur de Beaujeu tenant haut, en 1775-76, le drapeau anglais — ce même drapeau contre lequel il avait combattu avec tant de succès avant l'abandon de la colonie par la France.

Son expédition pendant l'hiver 1775-76, pour secourir Son Excellence, Guy Carleton, bloqué dans Québec, se termina par un désastre, et faillit lui coûter la vie.

De Beaujeu s'éteignit à l'Ile-aux-Grues, en 1802.

Pendant nos premières expéditions de chasse, nous avons entendu raconter par les plus vieux habitants de ces îles, de curieuses anecdotes sur leur vieux et martial seigneur de Beaujeu.

Il paraît que les jours de fêtes, le chevalier de saint Louis prenait un plaisir particulier à porter à sa boutonnière le ruban rouge de l'ordre dont il avait été décoré par le roi de France, Louis XV.

L'âge et les infirmités le décrépitant, le vieux lion restait ordinairement dans son antre la plus grande partie du temps, et quand les vassaux apportaient les rentes et le chapon seigneurial, à la St-Michel, plus d'une fois ils eurent à allumer le feu sur le foyer de l'antique et grosse cheminée, qui, aujourd'hui, est un objet de curiosité pour les visiteurs".

L'Ile-aux-Grues fut érigée en paroisse sous le vocable de Saint-Antoine de l'Ile-aux-Grues, le

24 janvier 1683. A cette époque, comme nous venons de le rappeler, elle ne comptait que trois familles. Elle fut desservie d'abord par le curé de Cap Saint-Ignace jusqu'en l'automne de 1831. C'est pourquoi, avant cette époque, les actes paroissiaux se trouvent inscrits aux regîstres du Cap Saint-Ignace où encore à Saint-Thomas de Montmagny où il était plus facile de se rendre.

D'après le décret d'érection de Saint-Antoine de l'Ile-aux-Grues, cette paroisse se compose "de l'Ile-aux-Grues, de l'Ile-aux-Oies, de l'Ile-au-Canot, de la Grosse-Ile et de toutes les îles et îlots situés dans le fleuve Saint-Laurent dans le voisinage des susdites îles, depuis l'extrémité supérieure de la Grosse-Ile jusqu'à l'extrémité inférieure de l'Ile-aux-Oies", soit une longueur de six lieues.

Le premier prêtre résidant dans l'île fut l'abbé E. Quertier, mort à Saint-Denis, en bas. Ce prêtre fut, dit-on, un prédicateur d'une grande éloquence. Il vint sur l'île dans l'automne de 1831. Son successeur fut l'abbé P. Roy qui arriva dans l'île à l'automne de 1834. Il y résida jusqu'en 1837. M. l'abbé E.-E. Parent, qui était curé du Cap Saint-Ignace, après le départ de l'abbé Roy, nommé curé de Charlesbourg, desservit l'île jusqu'en 1837. De 1837 à 1843 le curé de l'île fut l'abbé Z. Sirois qui fut remplacé par l'abbé Frédéric Caron qui quitta l'île en 1837. Bref, jusqu'en 1879, les curés de l'Ile-aux-Grues furent, après l'abbé Sirois, les abbés Charles Tardif, E. Demers, P. Girard et J.-B. Plamondon. Le curé actuel, 1940, est l'abbé Brown.

Avant 1831, les habitants de l'île n'étaient pas privés des secours religieux et possédaient un temple. Dès les débuts de la colonisation de l'île, il y avait une chapelle. Elle fut brûlée au commencement du siège de 1759 par les Anglais qui dévastèrent l'île entière. Les habitants durent se cacher dans des caves creusées dans leurs champs. La tradition veut que pour se venger de leur absence, les Anglais aient rassemblé tous les chevaux de l'île dans l'église dont ils fermèrent toutes les issues et à laquelle ils mirent ensuite le feu. On dit qu'un seul cheval échappa à cette stupide vengeance.

Comme nous l'avons vu, l'Ile-aux-Grues, l'Ile-aux-Oies et les autres îles adjacentes ne forment qu'une seule municipalité, encore que l'Ile-aux-Oies appartienne aux Hospitalières de l'Hôtel-Dieu de Québec. Sur sept familles qui habitent cette dernière île, deux sont propriétaires; les autres exploitent des fermes moitié au profit des Hospitalières qui leur fournissent maisons, bestiaux, chevaux, instruments aratoires, etc.

Disons tout de suite qu'au point de vue social, la population de ces îles compose une véritable famille. On n'y connaît pas le chômage.

Nous aimons à citer à ce sujet quelques remarques qu'écrivait en 1932—dans la *Presse* du 24 septembre—M. Léon Trépanier, alors leader du Conseil de ville de Montréal, qui venait de passer la belle saison sur l'Ile-aux-Grues et qui n'en revenait pas de "la vie paisible, tranquille et agreste" que menaient les habitants de ces îles :

"*C'est l'aisance parfaite*", *écrivait-il*, "*et ça se voit quand on parcout les deux îles. Les maisons et les bâtiments sont d'une structure solide et d'une propreté qui étonne. Le regretté monsieur Perron qui avait tant de misères à inciter certains cultivateurs dont les maisons bordent nos grandes routes provinciales, à embellir leurs maisons, aurait pu citer en exemple aux récalcitrants, les habitants de l'Isle-aux-Grues, si jaloux et si orgueilleux de leurs habitations.*

"*Quand un mendiant frappe à une porte on sait que c'est un "quêteux" qui a traversé de Montmagny, car il n'y en a pas sur l'île. Et on lui donne généreusement.*

"Ce n'est pourtant pas que les familles ne soient pas nombreuses, car on ne trouvera pas, dans toute la province de Québec, une région où dans un rayon de territoire aussi restreint, on trouve un aussi grand nombre de familles nombreuses. Il n'est pas rare de trouver réunis autour de la table, avec le père et la mère, qui n'ont pas encore cinquante ans, quinze, seize et dix-huit enfants. Et tous en santé, nourris par le bon lait et le salin de la mer.

"Longtemps je ne pourrai oublier mes irruptions dans ces foyers où la joie bruyante des enfants, la bonhomie et l'accueil si bienveillant des parents, me faisaient regretter d'avoir à les quitter si vite."

Si la plupart des habitants de ces deux îles sont des navigateurs éprouvés, ce sont aussi de gros cultivateurs, dans le sens véritable du terme. Il n'est pas rare en effet de rencontrer sur les fermes une trentaine de bêtes à cornes et cinq ou six chevaux. Bien que le contour des îles soit "rocheux", les neuf milles de batture de l'Ile-aux-Oies offrent une terre fertile pour le foin et c'est là que se fait tous les ans la grande récolte. A part le grain que l'on entasse dans les granges, il y a le foin que l'on amasse en énormes "mulons" montés sur échasses et qui vus de loin, à la brunante ou par un clair de lune, prennent des formes fantastiques. Ces "mulons" sont sur échasse à cause de la marée qui, au printemps et dans les "grand'mers" peut les emporter. En hiver, on transporte le foin ainsi amassé en "mulons".

La récolte de patates à l'Ile-aux-Grues est l'une des plus abondantes qu'il y ait dans la province. Aussi, malgré le prix peu élevé qu'ils en obtiennent, les habitants en profitent. Des goélettes de partout viennent de temps en temps mouiller au quai et s'en éloignent avec de petites cargaisons de foin et de patates.

Sur l'Ile-aux-Grues, comme sur les Iles-aux-Oies, on vit encore, peut-on dire, dans l'âge du cheval. Pas d'automobiles dans ces heureuses îles. On se sert de chevaux et de chiens. En hiver, le service de la poste entre Montmagny et les îles se fait en canot à glace et c'est de cette façon que l'on traverse à Montmagny ou au Cap Saint-Ignace pour aller chercher le médecin. Les équipes de canots à glace de ces îles sont renommées. Elles prennent part à des concours dont elles sortent victorieuses souvent.

Les grèves de l'Ile-aux-Grues et de l'Ile-aux-Oies ont toujours été considérées comme des lieux favoris des chasseurs. Le gibier de mer de toute nature y a toujours pullulé: grues, canards noirs, bécassines, oies sauvages, la belle oie du Canada que nous appelons "outarde", on ne sait pourquoi, puisque l'outarde est un gallinacé sans aucune ressemblance avec l'oie. Il est vrai qu'il ne peut être question, ici, de nous départir de l'appellation locale consacrée par l'usage... Ces outardes, prises vivantes, étant blessées mais guérissables, ne sont pas difficiles à domestiquer. C'est pourquoi, l'une des petites industries les plus populaires de l'île est l'élevage des outardes, des canards et autres anserinés qui se pratique sur une grande échelle.

Les parages des Iles-aux-Grues et aux-Oies sont aussi réputés pour la pêche surtout à l'esturgeon et à l'achigan. On capture à tel point de ces poissons que les grands transatlantiques qui ont leur terminus à Québec s'approvisionnent chez les pêcheurs de cette partie du district de Québec.

Sous le régime français, des ordonnances ont donné toute protection au gibier de ces îles. Des règlements spéciaux de chasse furent passés à cet effet et, sous les premiers gouverneurs anglais, des lois furent adoptées spécialement pour protéger le canard durant la période d'incubation. Deux ordonnances en particulier furent lancées à ce sujet, l'une en 1731, par l'intendant Hocquart, l'autre par le gouverneur Carleton en 1789.

L'Ile-aux-Grues est intéressante pour l'amateur d'antiquités. Il y peut tout d'abord visiter le vieux manoir seigneurial qui a été construit par le seigneur de Beaujeu et qui fut amélioré et agrandi par les McPherson-LeMoine. Il est abandonné aujourd'hui. A l'intérieur, on peut voir d'intéressantes faïences, de vieux albums, des portraits de famille et d'hommes politiques, des livres anciens. Le manoir est bâti à l'extrémité est de l'île. Pendant la dernière partie du siècle dernier, il a été occupé pendant l'été par la famille LeMoine.

A une petite distance de l'église, sur la grève, on peut voir un vieux canon rouillé qui rappelle l'un des plus sensationnels naufrages dont cette partie du fleuve ait été le théâtre: celui de l'"*Eléphant*", bâtiment de guerre français naufragé en septembre 1729, à deux lieues et demie au nord de l'île, sur les battures du Cap Brûlé. Ce canon provenait de l'"*Eléphant*", de même qu'un autre qui fut trouvé par le capitaine Lavoie, de l'Ile-aux-Grues, et donné au musée du séminaire de Québec. En 1859, on pouvait voir encore, parmi les récifs du Cap Brûlé, quelques reliefs de la carcasse de l'"*Eléphant*" dont l'histoire nous a fourni tous les détails de la terrible aventure arrivée exactement le 1er septembre 1729. Le récit le plus complet de ce naufrage a été fait par Pierre-Thomas Ruffui de la Morandière, l'un des naufragés et publié dans la revue d'histoire "*Nova Francia*", de janvier-février 1930. Rappelons que ce navire avait à son bord, à destination de Québec, plusieurs des hommes les plus importants de la colonie, comme Mgr Pierre-Herman Dosquet, quatrième évêque de Québec,—1733-39—et l'Intendant Gilles Hocquart. Le navire était commandé par le comte Louis-

Philippe de Vaudreuil, lieutenant de vaisseau, fils aîné de l'ancien gouverneur de la Nouvelle-France.

Dans l'église de l'Ile-aux-Grues, de chaque côté du maître-autel, on voit deux plaques de marbre qui rappellent les noms de deux personnages natifs de la paroisse et qui ont, chacun, joué un grand rôle, le premier dans l'épiscopat, et le second dans le domaine de l'éducation. Un de ces illustres enfants de l'Ile-aux-Grues est Mgr Charles-François Baillargeon, douzième évêque et troisième archevêque de Québec, né en 1793, "dont l'enfance", dit son biographe, "s'écoula à la garde des troupeaux". On sait que Mgr Baillargeon présida aux travaux du IVe Concile de la province et se rendit plus tard au Concile du Vatican. L'autre dont on rappelle la mémoire dans l'église de sa paroisse natale, est l'abbé Painchaud, né à l'Ile-au-Canot, en face, et qui fonda le collège de Sainte-Anne de la Pocatière.

*

*   *

Enfin, comme tous les parages de la plupart des îles du Saint-Laurent, ceux de l'Ile-aux-Grues et des îles adjacentes ont dans leur histoire le sombre chapitre des drames maritimes. Les annales de l'Ile-aux-Grues en contiennent plusieurs car nombre de ses habitants ont payé leur tribut au fleuve au cours d'aventures tragiques.

Le 28 novembre 1847, cinq hommes de Saint-Jean-Port-Joli avaient cherché refuge dans le havre de la Pointe-aux-Pins, à l'extrémité ouest de l'Ile-aux-Grues. Ils montaient à Québec sur une goélette chargée de bois, mais une tempête s'étant déchaînée sur le fleuve, le capitaine, un nommé Cyrias Gagné, ne voulut pas continuer sa route. Il ancra sa goélette au large de la pointe où il se trouvait à l'abri du vent de nord-est. Tout à coup le vent sauta au sud-ouest avec une telle brusquerie que l'équipage de la goélette n'eut pas le temps de lever l'ancre. La goélette fut violemment jetée à la côte. La secousse fut telle que le grand mât s'abattit sur le pont blessant grièvement deux des matelots que l'on trouva gelés à mort le lendemain matin. Un des trois survivants réussit à descendre à terre et voulut se rendre au Manoir. Mais en chemin, saisi par le froid vif qui gelait ses habits trempés, il s'assied au bord de la route pour se reposer un peu. On le trouva mort en cet endroit. Pendant ce temps, les deux autres rescapés cherchaient à gagner les maisons de l'île par le côté nord. Ils purent, malgré d'atroces souffrances, atteindre la maison d'Ignace Gagné où ils entrèrent plus morts que vifs. Grâce aux bons soins qu'ils reçurent dans cette maison hospitalière, ils revinrent à la santé. On les conduisit peu après dans leurs foyers respectifs à Saint-Jean-Port-Joli.

Vers 1839, un nommé Fortin et un jeune homme du nom d'Augustin Lavoie revenaient en chaloupe, un dimanche, de Saint-Thomas de Montmagny. Comme la chaloupe ne pouvait atterrir sur l'île, un nommé Normand alla les chercher dans une embarcation plus petite. Mais cette dernière, durant le court trajet de la chaloupe à la terre ferme, s'emplit d'eau. Fortin et Normand se noyèrent. Mais le jeune Lavoie, s'étant cramponné à l'un des rebords de la chaloupe, put être sauvé par d'autres habitants de l'île qui accoururent à son secours. Comme on le verra plus loin, il ne put échapper, plus tard, au malheureux sort qui venait de le menacer.

Un enfant du nom de Cyrille Gagné, âgé de 11 ans, avait été placé par ses parents qui demeuraient à l'Ile-aux-Oies, chez le capitaine Lavoie, de l'Ile-aux-Grues, pour le temps durant lequel il devait "marcher au catéchisme". Un matin, l'enfant se lève avant les autres pour aller faire une courte promenade sur l'eau. La frêle embarcation qu'il montait chavira tout à coup et les cris de désespoir du malheureux petit éveillèrent le capitaine Lavoie qui, voyant le danger que courait le petit garçon, siffla son chien qui se précipita aussitôt dans l'eau, se dirigeant vers l'enfant. Arrivé à lui, le brave animal saisit dans sa gueule la coiffure du garçonnet et retourne au rivage portant triomphalement le chapeau du malheureux enfant qui se noya avant que le capitaine qui s'était jeté à l'eau ait pu l'atteindre.

Encore un drame de la mer en cet endroit. En 1862, la femme d'un nommé Charles Roy, étant tombée subitement et très gravement malade, son mari supplie son frère, Georges, d'aller quérir le médecin au Cap Saint-Ignace. La traverse était dangereuse. Mais Georges Roy réussit et amena le médecin qui sauva la mère... et l'enfant. L'année suivante, même maladie, mais cette fois, chez Georges Roy, le frère qui s'était dévoué l'année précédente; et à son tour, ce fut Charles Roy qui voulut aller chercher le médecin. Le vent soufflait en tempête. Il demanda à deux de ses amis de l'accompagner, ce qu'ils firent sans hésiter. Ils se nommaient Charles Lemieux et Augustin Lavoie —le jeune homme qui, vingt-sept ans auparavant, avait pu être sauvé quand son compagnon Fortin s'était noyé avec Normand qui était allé le chercher dans sa chaloupe que l'eau avait envahie. Cette fois, Lavoie ne devait pas être aussi chanceux. Charles demeurait à l'extrémité supérieure de l'île, Charles Lemieux au milieu et Augustin Lavoie au bout d'en bas de l'île —.

Les voilà tous trois lancés sur l'eau en furie. Ils allaient atteindre le rivage du côté du Cap Saint-Ignace quand une vague plus forte que les autres frappa l'embarcation qui chavira. Les trois hommes se noyèrent. Mais voici à ce sujet une coïncidence qui tient du merveilleux. Les corps des trois noyés furent retrouvées, l'un après l'autre, environ un mois après la tragédie. Le premier fut

Charles Roy qui, comme nous venons de dire, demeurait en haut de l'île, le deuxième cadavre retrouvé fut celui de Charles Lemieux qui demeurait au milieu de l'île et le dernier, celui d'Augustin Lavoie, qui restait en bas. On parla longtemps dans la paroisse de cette coïncidence.

On parla également pendant longtemps, non seulement dans l'île mais dans toute la région, d'un événement unique, mais d'une autre nature, et qui ne s'était jamais produit auparavant pas plus qu'il ne se renouvela dans la suite. Vers la fin de janvier de l'année 1844, un solide pont de glace se forma entre le Cap Saint-Ignace et l'Ile-aux-Grues. Ce pont ne se désagrégea que le 16 mars. Jamais les solitaires habitants de l'Ile-aux-Grues ne reçurent tant de visiteurs. Il vint sur la glace des gens de toutes les paroisses de la rive sud, depuis la Pointe Lévy jusqu'à Rimouski. Dans les annales de l'île, on mentionne certaines journées où l'on compta de cinquante à soixante voitures venant d'un peu partout et chargées de visiteurs. On dit qu'il était temps que vint la débâcle car les hospitaliers insulaires étaient à la veille de manquer totalement de provisions. A ce sujet on nous permettra bien une digression. La formation d'un pont de glace a toujours intéressé les habitants de la rive sud du fleuve, de Québec aux îles dont nous venons de parler, comme ceux de la rive nord et de l'Ile d'Orléans. Au cours d'un hiver, à deux ou trois reprises, le pont de glace, entre l'Ile d'Orléans et la terre du nord, vient tout près de se former et même se forme certains hivers ce qui, avant la construction du pont, comblait de joie les insulaires qui pouvaient ainsi en toute liberté voyager de leur île à la terre ferme. Mais il y a les caprices de notre climat; ils sont nombreux et toute notre histoire en est remplie. Parfois, le pont se forme ailleurs, en particulier entre Québec et Lévis et, comme nous venons de le voir, une fois, entre l'Ile-aux-Grues et la rive sud du fleuve.

La première mention d'un pont de glace entre Québec et Lévis dans nos annales québecoises se trouve, croyons-nous, dans une relation du Père LeJeune, s.j., en 1633. On sait que ce missionnaire, qui fut l'un des fondateurs des Trois-Rivières, fut l'auteur des premières relations de missionnaires au Canada. Il est intéressant de lire la description qu'il a faite de la débâcle du 23 avril 1633. La voici dans toute sa grâce naïve mais si précise :

"Il y a quantité de jours en hiver dont l'ardeur du soleil se fait bien plus fortement sentir qu'en France. Les premiers jours que je vis notre rivière prise, je m'étonnai, car le temps était fort doux... La rivière se glace toujours sur les bords et quand la marée vient à monter, elle détache ces glaces et les amène en haut. Or, est-il que non pas loin de nous, il y a un sault où des rochers empêchent des glaces ou la marée de passer outre. Ces glaces étant donc amassées et pressées sur cette rivière, qui engloutirait les quatre beaux fleuves de France sans regorger, qui est au milieu d'un si grand bois où le froid et la neige se conservent aisément, elles se lient ensemble et ainsi de mille et mille glaces il s'en fait une qui va grossissant tous les jours et qui fait un grand pont sur toute la rivière. Le 23 avril 1633, nous vîmes partir les glaces. Cela est effroyable. On m'a dit qu'on en avait vu passer devant le Fort longues d'une demi-lieue; ce sont les anses d'eau glacée que la rivière va détachant. Sur notre petite rivière—la rivière Saint-Charles.—les glaces ne sont pas aussi affreuses et, néanmoins, je les ai vues emporter de grands morceaux de terre, arracher des souches, briser quelques arbres qui les entouraient. On en voit marcher tout droit dessus ces glaces au milieu de la riviè-

re. qui en une seule marée paraît aussi belle et aussi claire comme si elle n'avait pas été glacée."

En 1642, la révérende Marie de l'Incarnation, de qui nous apprenons tant de détails intéressants sur la petite histoire des premières années de la colonie française, nous apprend que les sauvages de la rive sud—Lévis—purent aller faire leurs Pâques à Québec en traversant sur le pont de glace. Quelle était la date? Elle nous ne le dit pas. Pas plus qu'en 1653, alors que dans une autre relation elle nous dit que les sauvages vinrent de nouveau faire leurs Pâques à Québec de la même façon.

Mais revenons à notre Ile-aux-Grues, et sautons pour un instant, avant de la quitter, dans le domaine de la légende. Pour que le saut ne soit pas trop violent et nous accoutumer à la nouvelle atmosphère, rappelons un fait assez curieux que nous rapporte A. Béchard, et que nous résumons à sa plus simple expression, seulement pour en faire voir les côtés assez étranges.

Cinq personnes traversent, un jour, entre Montmagny et l'Ile-aux-Grues sur une embarcation trop petite: Madame Joseph Painchaud, Madame Pierre Saint-Pierre et son petit garçon âgé de sept ans, Octave Fournier et Alphonse Boulet, tous de l'île. Un coup de vent fait chavirer la chaloupe dont tous les occupants sont précipités à l'eau. Personne ne sait nager. Boulet et le petit garçon ont le temps de se cramponner sur la quille du bateau renversé; les trois autres roulent dans l'eau, plongent et reviennent à la surface, replongent et reparaissent, tous naturellement tâchant, par des efforts inouïs, de se maintenir hors de l'eau. Voilà que Joseph Painchaud, époux de l'une des naufragées, arrive inopinément sur la grève à la recherche de billes de bois. Il aperçoit les malheureux qui se débattent à quelques encablures de là. Sautant dans une petite embarcation, il se dirige vers eux. La première personne qu'il atteint est sa femme. Il la saisit et lui recommande de se tenir agrippée aux rebords de sa petite barque; puis il va à l'autre femme et lui fait la même recommandation. Enfin, il s'approche de Fournier et le fait monter avec lui. Alors, tous deux, ramant à tour de bras, ramènent au rivage les deux femmes toujours pendues aux rebords de la barque. Quant à Boulet et au petit garçon encore sur la quille de la chaloupe renversée, ils sont secourus par Georges Roy et Octave Vézina qui les ramènent à terre.

Voilà qui peut être, en effet, est de nature à nous faire aventurer, sans trop de surprise ni de frayeur dans le monde des feux follets, des loups-garous et des farfadets.

Au temps de notre enfance, à l'époque disparue depuis déjà longtemps, des "conteurs de contes", avec quelle charmante naïveté entendions-nous raconter les étranges allées et venues du "Petit Bonhomme sans Tête". Nous le voyions, le petit Bonhomme, partout, jusque dans nos paisibles rêves d'enfant. Mais nous ignorions la patrie de ce gnome.

C'est longtemps après que nous apprîmes que le petit drôle était originaire de l'Ile-aux-Grues. C'est en 1810 que le "Petit Bonhomme sans Tête" fit son apparition sur cette île. C'était un nain au corps replet et dont la tête était invisible, tel, sans doute, qu'aurait pu l'imaginer le grand romancier anglais Wells, auteur de l'"*Homme Invisible*". Les habits du Petit Bonhomme consistaient en un pantalon gris et une redingote noire,—un petit monsieur, quoi!—qu'il porta continuellement durant les trente années qu'il se montra aux regards épouvantés des insulaires. Le Petit Bonhomme n'était pas bavard, oh! non, pas du tout! On ne l'entendit jamais dire un mot.

De sorte qu'on ne put jamais savoir sa nationalité.

On rapporte que la plupart des habitants de l'île, dans le temps, ont vu, au moins une fois, l'étrange petit personnage. La première personne qui l'aperçut est Catherine Gagné, "Catin" Gagné, comme on l'appelait dans l'île. Elle a soutenu jusqu'à sa dernière heure qu'elle avait vu, ce qu'on appelle vu, le gnome, tel que nous venons de le dépeindre. Et il en fut ainsi de plusieurs autres personnes qui, jusqu'à leur mort, comme Catin Gagné, n'en démordirent pas. On l'a vu, ce lutin, nous le répétons, durant trente ans, et en toute saison; en été, marchant, la nuit, sur l'herbe humide de rosée, l'hiver, sur la neige molle, mais ne laissant aucune trace. Il ne se montrait que la nuit. Il avait, dit-on, dans sa marche, l'allure délicate et légère d'un chat.

Quand l'abbé E. Quertier, premier curé résidant de l'île, vint s'établir dans la paroisse, il y avait bien vingt ans que le "Petit Bonhomme sans tête" l'avait précédé. Le bon curé s'amusa beaucoup d'abord de cette apparition persistante du farfadet, objet des racontars perpétuels de la paroisse, mais il finit par ne plus s'en occuper, et même on prétend qu'à la fin il n'était pas sans croire qu'il y avait quelque chose de surnaturel dans cette histoire.

Le "Petit Bonhomme sans tête" disparut en 1841,—on est précis là-dessus autant que sur la date de la découverte du pays,—peu après l'exploit d'un fier-à-bras de la paroisse, Louis Lebel, qu'on appelait Carleton. Une nuit,—on était sous le règne du gnome,—Carleton regagnait son logis après avoir veillé chez des amis. Il marchait au bord de la falaise, quand, à quelques pas de lui, il aperçut, quoi? Le "Petit Bonhomme"... en personne, si l'on peut dire. Un frisson d'épouvante traversa de haut en bas et de bas en haut l'échine de Carleton, qui en avait vu pourtant bien d'autres, à preuve les nombreuses traces de coups de poing qui apparaissaient sur son facies. Une frayeur sans nom s'empara de lui. Tout de même, il avança d'un pas. Le farfadet fit de même. Alors le brave Carleton, pour éviter le contact de l'apparition, n'avait qu'une alternative; se jeter en bas de la côte, haute en cet endroit de cinquante pieds et toute hérissée de rochers. Le Petit Bonhomme avance toujours; alors la peur donne des ailes à Carleton. Il ne fait ni un ni deux, il saute tout au bord de la falaise, perd l'équilibre et roule en bas de saillie en saillie. Le lendemain matin, on le recueillit, meurtri, ensanglanté, sans connaissance. Il revint à la vie. Et comme Catin Gagné, jusqu'à sa mort, il jura qu'il avait vu le diable...

L'Ile-aux-Grues, un peu plus tard, reçut la visite d'un être aussi mystérieux. C'était le "Cheval Noir", une belle bête, "l'oeil en feu, les narines fumantes", comme l'ont décrit Pierre-Gatien Lachaîne et Antonin Lavoie, deux insulaires fort paisibles qui, un soir qu'ils étaient à causer, le long de la route, virent passer au galop ce cheval qui se dirigeait vers le bas de l'île. Ils ne l'avaient jamais vu auparavant. Or, sur l'Ile-aux-Grues, comme dans toutes nos paroisses québécoises, on connaît tous les chevaux des habitants, comme, aujourd'hui, on peut reconnaître, de loin, l'auto d'un tel ou de tel autre...

Ce cheval de si étrange allure, courant ventre à terre sur la route et qu'ils n'avaient jamais vu, dont l'oeil flamboyait et les narines frémissaient, remplirent de frayeur, on le conçoit, Pierre-Gatien Lachaine et Antonin Lajoie. Tremblants ils se rendirent à leur demeure. Ils n'y étaient pas encore entrés qu'ils entendirent sur la route le bruit d'un furieux galop. Et, de nouveau, ils virent le même cheval, revenant à la même vitesse endiablée, et se dirigeant, cette fois, vers le haut de l'île. A l'endroit appelé la "Basse Ville", ils le virent bifurquer et prendre la droite vers le rivage. Un nommé Charles Fortin, qui demeurait à la Basse Ville, vit, lui aussi, le cheval noir, toujours au même furibond galop. Les trois hommes regardent de tous leurs yeux et ils voient le cheval parvenir au fleuve, et tout à coup s'y jeter et disparaître. On ne le revit jamais plus. D'autre personnes ont prétendu avoir pu passer ce cheval. D'où venait cette satanique bête?

Ne serait-ce pas, peut-on se demander, le mystérieux cheval qu'à l'époque de la construction de l'église de Saint-Laurent de l'Ile d'Orléans, le constructeur, après avoir étudié le *"Petit Albert"*, avait amené, un jour, sur le chantier de construction, qui avait fait en une journée le travail de tous les autres chevaux de l'île, mais qui disparut mystérieusement le soir lorsque son conducteur, voulant le faire boire à un ruisseau lui avait enlevé sa bride, contrairement à l'ordre du constructeur qui avait défendu de débrider la bête pour quelle que raison que ce fut?...

Heureuse époque tout de même que celle où jeunes et vieux exprimaient leur âme dans ces naïves frayeurs qui témoignaient de leur foi profonde!... Braves gens de l'Ile-aux-Grues, des Iles-aux-Oies et de toutes les autres îles adjacentes habitées de cet archipel que domine le Cap Tourmente, peut-être vivez-vous encore de cette belle et bonne vie de vos ancêtres? Ceux-là s'accommodaient des hauts et des bas de l'existence; ils n'allaient pas chercher des formules de bonheur dans des éloquences de haut-parleurs; ils ne s'embarrassaient point de se demander si la société de demain sera fasciste ou communiste... Ils se disaient que la vie des individus, comme celle des peuples, est un enchaînement assez régulier de bien et de mal, de chance et de malchance. A ceux qui les entretenaient du déplaisir qu'ils ressentent à vivre en des temps tourmentés, ils répondaient par des propos tirés du livre de la Nature, un ouvrage où l'on a tout loisir de puiser de consolantes leçons . . Quoi! la révolte gronde, là-bas, dans de grandes villes; on fait la grève sur le tas; on se chamaille, on se tue même?. . . Mais savez-vous que la pêche à l'esturgeon donne bien cette année et que la saison va venir où l'on va abattre sur nos battures des voliers grouillants de bécasses et d'outardes?. . .

Voilà tout de même de la vie. Ces marins qui s'en vont caboter au travers des îles du large; ces chasseurs qui visent de leur pétoire ces troupes d'ansérinés qui vont s'ébattre sur les battures boueuses; ces femmes qui s'en vont faire aux champs le travail des hommes qui pêchent au large l'esturgeon et l'achigan et qui vident, de l'anguille dont ils sont remplis, les coffres des pêches à fascines tendues au bout des battures, c'est la vie; et c'est de la vie aussi, ces petits prés parsemés de pins nains, ces ruisseaux du printemps que gonfle la fonte des neiges, et ces blés et ces avoines qui se dorent sur les collines. . . Enfin, c'est de la vie, que ne tourmente pas l'orgueil de l'impérialisme, le train-train de ceux de toutes ces îles et d'ailleurs qui suivent le chemin de l'existence en hâtant le pas quand le grand vent souffle du large, en flânant quand le soleil brille, la matière de leur cerveau n'étant point livrée à d'obsédantes formules de pensée dirigée. Ceux-là n'ont point besoin qu'on leur digère la connaissance qu'ils pensent du monde extérieur. Peu leur importe que des gens s'occupent des Tchang ou des Kiang Ouan ou qu'ils posent des questions sur les pays soviétiques, pourvu qu'ils se complaisent dans une réalité dont les éléments semblent tirés des magasins du rêve et que parfois même ils croiront sécher de frayeur à l'apparition d'un "Petit Bonhomme sans tête" ou d'un fringant cheval noir qui galope vers le bout d'en bas de l'île. . .

L'ILE-AUX-OIES

Un froid matin d'avril 1648.

Le soleil de Pâques se levait derrière la ligne lourde des forêts encore ténébreuses. La marée roulait sur le fleuve les débris de glace de la débâcle. De la falaise où s'élevait le Château Saint-Louis, à Québec, les gens de la maison du gouverneur Charles Huault de Montmagny, s'ils avaient été levés à cette heure-là, auraient pu apercevoir, longeant la sombre côte de la Pointe Lévy, deux canots d'écorce que faisaient tressauter sur les flots gris de vigoureux coups d'aviron....

Tout à coup les deux légères embarcations dévièrent de leur course et, parmi les blocs de glace accumulés sur le rivage, abordèrent au fond d'une petite coulée que l'on devait, plus tard, appeler le "Trou à Joliet" parce que c'est là que Louis Joliet mettait son petit navire à l'abri quand il revenait de sa seigneurie de l'Ile d'Anticosti.... Aussitôt, un homme, encore jeune, sauta légèrement à terre de l'un des canots, et courut offrir son bras à un autre, plus âgé, qui débarquait de l'autre canot et qui portait sur son dos un assez léger baluchon. Alors, tout à coup, de derrière le cap de la Pointe Lévy, éclata le bruit d'une fusillade que rendait plus sonore encore la carence des frondaisons des grands pins qui couvraient la Pointe.

Quels étaient ces matinaux voyageurs?

Celui qu'on a vu sauter du deuxième canot avait laissé retomber les lourds plis d'une épaisse soutane noire. C'était le Père Pierre Bailloquet, de la Compagnie de Jésus, qui, ce jour de Pâques 1648, venait, pour la première fois, dire la messe sur la rive sud du fleuve Saint-Laurent, et celui qui l'avait reçu et l'accompagnait sous les grands pins, était Guillaume Couture, le premier colon qui alla s'établir sur cette rive inhospitalière où, jusque-là, seuls, quelques bons bourgeois de Québec étaient allés pêcher l'anguille . . . Et cette fusillade? Etait-ce une attaque soudaine des Iroquois qui avaient aperçu les canots? Non; c'était un humble feu de joie dont les gens de Guillaume Couture saluaient l'arrivée du missionnaire. La cahute de Couture s'élevait au fond d'une clairière, au milieu d'un amoncellement d'arbres à demi calcinés. Ce fut là que le Père Bailloquet se rendit avec les gens des canots pour célébrer la messe. Il faisait froid. Le vent soufflait dans les hautes cimes des pins. Guillaume Couture et ses compagnons de travail, les gens des canots et quelques sauvages assistaient à cette messe primitive qui marquait la prise de possession de cette terre qui venait d'être ouverte à la colonisation.

La cérémonie terminée, le Père adressa quelques mots à l'assistance. Mais il était pressé. Les canots l'attendaient qui allaient le conduire avant le soir à l'Ile-aux-Oies que le gouverneur de Montmagny venait d'acquérir et d'où il avait mandé le missionnaire . . . (1)

Une chaude après-midi de juillet 1714.

Une petite barque se détache du rivage de la Basse Ville de Québec et prend le chemin du bas du fleuve. C'est la "*Marie*". Elle porte huit religieuses Hospitalières de l'Hôtel-Dieu de Québec accompagnées de leur confesseur messire Thomas Thiboult. La journée était chaude et resplendissante. Alors la rive sud, aussi loin que la vue pouvait porter, était couverte d'une forêt sans limite de noyers puissants, de chênes aux fortes ramures, de sapins ombreux.

(1) Scène rapportée par J.-Edm. Roy, dans la "Seigneurie de Lauzon".

d'épinettes géantes et de pins gigantesques. Sur l'île d'Orléans apparaissaient à travers des boqueteaux, des bouts de prairie. Partout, un panorama d'une sauvage grandeur. Au nord, le colisée abrupt des Laurentides puis, plus près, à gauche, la côte ombreuse de Beaupré. Partout, sur les deux rives, sur les sommets de l'Ile d'Orléans, le bois épais, sauvage, impénétrable; la forêt millénaire, sombre demeure du fauve et de l'Indien aussi féroce l'un que l'autre.

La *"Marie"*, poussée par une brise favorable, descend rapidement, ses petites voiles gonflées, entre l'île d'Orléans et la rive sud du fleuve. Le soleil avait atteint la cime des grands pics qui couronnaient les pics laurentiens et il allait disparaître derrière, laissant flotter des lambeaux de pourpre dans le bas du ciel, quand la barque, après quelques heures de navigation aborda dans une petite anse de la grande Ile-aux-Oies située à une quinzaine de lieues de Québec....

Un brumeux matin de septembre 1937.

Un somptueux yacht file à toute vapeur sur les eaux bouillonnantes du chenal sud entre l'Ile d'Orléans et la rive sud. C'est le *"Gaulois"* appartenant au Dr Emile Fortier de Québec. Sur le pont on remarque Son Eminence le cardinal Rodrigue Villeneuve, archevêque de Québec, quatrième cardinal canadien, Mgr J.-Alfred Paré, P.D. aumônier de l'Hôtel-Dieu de Québec, Mgr Eugène-K. Laflamme, P.A., curé de Notre-Dame de Québec, Mgr Arthur Faucher, P.D., M. le chanoine Edgar Chouinard, procureur de l'Archevêché, M. l'abbé Maurice Proulx, professeur à l'Ecole d'Agriculture de Sainte-Anne de la Pocatière, M. l'abbé Bruno Desrochers, secrétaire de Son Eminence, le commandeur Achille Pettigrew, M. Armand Corriveau, camérier, M. le Dr. Emile Fortier, M. le capitaine Renaud Lemieux, le capitaine A. Leclerc et

MM. Emile, Jean, Jacques et Pierre, fils du Dr Fortier.

De chaque côté du "*Gaulois*" filent comme en un kaléidéoscope de jolis villages encadrés d'arbres, des prairies couvertes du blond chaume laissé par les dernières moissons, des paysages variés et pittoresques dont le Moulin de Vincenne perché au sommet du Cap Saint-Claude. . . Peu après le départ de Québec, le "*Gaulois*" abordait l'île-aux-Oies où, ce jour-là, Son Eminence le cardinal Villeneuve allait bénir une petite chapelle dont on venait de terminer la construction et qui s'élevait sur la petite Ile-aux-Oies pour les bienfaits spirituels des quelques habitants des deux îles qui appartenaient à la paroisse de l'Ile-aux-Grues.

Trois époques de l'histoire des deux Iles-aux-Oies: car il y en a deux, la grande et la petite. La première forme la partie inférieure des deux îles qui sont réunies par des prairies naturelles. Et ce trait d'union entre la petite et la grande Ile-aux-Oies est sujet aux mêmes inondations que les prairies qui réunissent l'Ile-aux-Grues et les deux Iles-aux-Oies. Et ces trois îles peuvent, de prime abord, présenter trois dénominations. Est-ce une seule île, une presqu'île ou un archipel? Des battures, que l'on peut parcourir à pied, unissent ces trois îles, et des prairies naturelles longues d'une lieue et demi unissent en particulier l'Ile-aux-Grues des deux Iles-aux-Oies. On peut se faire une idée de la superficie totale de ces prairies quand on sait qu'elles ont déjà fourni, dans des années fécondes, jusqu'à 400,000 bottes de foin, soit six millions de livres de foin en supposant chaque botte au poids égal de quinze livres.

Le gouverneur de Montmagny, grand chasseur devant Dieu et devant les hommes, s'était fait octroyer, en vérité, une royale réserve de chasse quand on lui concédait en 1646 la seigneurie de l'Ile-aux-Oies et de l'Ile-aux-Grues que Louis XIV, au mois de mai 1646 ratifiait pour son fidèle lieutenant le chevalier Charles Huault de Montmagny tenant cour au Château Saint-Louis. Le gibier, alors, foisonnait dans ces îles où, du reste, il abonda toujours. Dans le journal des Jésuites, on mentionne, entre autres endroits giboyeux, dans le bas du fleuve, deux îles, l'île-aux-Coudres, rendez-vous des élans, et l'île-aux-Oies, "peuplée de multitudes d'oies, — de là son nom — d'outardes, de canards, dont l'île qui est plate et chargée d'herbes comme une prairie en paraît toute couverte... Les lieux circonvoisins retentissent incessamment des cris de ces oiseaux"....

La tradition veut que le deuxième gouverneur de la Nouvelle-France ait organisé avec ses amis de somptueuses parties de chasse sur les bords verdoyants et marécageux de ces îles où l'on abattait par voliers canards noirs, sarcelles, bécasses et bécassines qu'on transportait au Château Saint-Louis où la petite cour s'en régalait avec délices. La nature s'est assurément montrée généreuse ici pour la gente aquatique, car non seulement elle avait fait de ces îles un vaste champ d'incubation, mais avait aussi aménagé comme un hôpital pour les oiseaux malades ou fatigués d'un trop long voyage.

L'Annaliste de l'Hôtel-Dieu de Québec, la vénérable Mère Juchereau de Saint-Ignace, qui faisait partie de cette excursion que firent le 8 juillet 1714 huit hospitalières, qui avaient au préalable reçu l'autorisation de l'évêque de Québec de visiter l'Ile-aux-Oies que les Hospitalières venaient d'acquérir, et à laquelle nous venons de faire allusion, a fait dans la relation de ce petit voyage — qui dura tout de même neuf jours, — une peinture charmante du "Rocher de l'Hôpital sur la grande Ile-aux-Oies :

"Pendant notre séjour en ce lieu, on nous montra tout ce qu'il contenait de rare. Nous nous pro-

menâmes en différents endroits fort agréables; mais ce qui nous parut le plus singulier, c'est un gros rocher, qui, de tout temps, a été nommé l'Hôpital, parce qu'aussitôt que les chasseurs ont blessé une outarde, ou quelqu'autre oiseau, ils s'envolent sur ce rocher, comme à un asile, où ils trouvent du soulagement; ils ont là effectivement de petites commodités, où l'on croirait que l'art a plus de part que la nature. On y voit quantité de bassins de toute grandeur, creusés dans le roc; l'eau de la marée s'y conserve, le soleil l'échauffe. et ces petites bêtes s'y baignent à leur plaisir. Quand elles veulent peu d'eau, elles choisissent un petit bassin; quand elles en souhaitent davantage, elles vont à un plus grand, elles se couchent sur ces pierres chaudes. Il y a aussi de la mousse, où elles peuvent se rafraîchir. Nous y trouvâmes plusieurs outardes malades ou blessées; elles nous reconnurent apparemment pour des Hospitalières, car nous ne leur fîmes point de peur. Nous montâmes jusqu'au haut de cet Hôpital, d'où l'on découvre une grande mer. Nous ne passâmes aucun des jours de notre résidence en ce pays sans y aller prendre quelques heures de récréation".

*

* *

Mais quel était le but de cette excursion que faisaient les Hospitalières à l'Ile-aux-Oies ce 8 juillet 1714?

Paul Dupuis fut le quatrième seigneur de l'Ile-aux-Oies. Il l'avait acquise de Louis Couillard, sieur de Lespinay, troisième propriétaire de l'île, lequel en était devenu propriétaire, après le massacre de Jean-Baptiste Moyen, deuxième seigneur de ces lieux, et de sa femme. Et on sait que ce fut le Chevalier Huault de Montmagny qui fut le premier concessionnaire de cette seigneurie.

Paul Dupuis, officier du Régiment de Carignan-Callières, devenu propriétaire de l'île avec sa femme, Jeanne Couillard, native de Québec, y attira plusieurs censitaires. La vie simple et rustique que menait Paul Dupuis dans cette solitude rappelait celle des pasteurs de l'antiquité. Tout était réglé dans son manoir comme dans un cloître. Sous l'administration de cet homme de bien, l'île, peu connue jusqu'alors, prit un essor nouveau. On y fit de la culture et de l'élevage. La population de l'île s'éleva bientôt à une quarantaine de personnes, hommes et femmes, menant l'existence la plus saine et la plus heureuse qu'on puisse concevoir. Paul Dupuis, tout à son travail et à ses oraisons, au milieu de sa femme et de ses six enfants, ses domestiques et ses censitaires, allait très rarement à Québec, mais sa réputation d'homme vertueux était parvenue aux oreilles de M. de Denonville, gouverneur de la Nouvelle-France, qui résolut de faire venir près de lui un citoyen aussi recommandable. Il y réussit et obtint pour lui la fonction de Procureur du Roi. Bref, Paul Dupuis, après avoir continué à Québec la même vie qu'il menait dans son île, mourut à Québec, le 21 décembre 1713. Il fut inhumé dans la cathédrale.

Dans le cours de l'hiver précédent, il avait vendu aux Hospitalières de l'Hôtel-Dieu de Québec sa seigneurie de l'Ile-aux-Oies. Le contrat cependant ne fut passé que le 14 février 1714. Les religieuses avaient quelque peu hésité à faire l'achat de cette île, mais devant l'insistance de Paul Dupuis qui leur accordait pour le paiement toutes les facilités possibles — de même que, plus tard, ses enfants, — elles finirent par accepter. La communauté n'eut qu'à payer quatre mille livres comptant et, suivant l'usage du temps, elles s'acquittèrent en monnaie de cartes. Les Hospitalières firent inspecter l'île par leur fermier, Romain Chapeau qui, paraît-il, s'y connaissait. Le rapport qu'il fit de sa visite fut des plus encourageants. Mais lors d'un second voyage qu'il fit dans l'île, Chapeau se noya. Ce fut une perte pour les religieuses qui pleurèrent sincèrement ce fidèle serviteur. "Nous le pleurâmes", écrit l'Annaliste de l'Hôtel-Dieu, "comme notre père nourricier". Et il méritait ces regrets. Il y avait dix ans qu'il était au service de l'Hôtel-Dieu.

Le rapport de Romain Chapeau n'était pas mensonger et les religieuses ne regrettèrent pas d'avoir fait confiance à leur malheureux fermier. Elles consentirent quelques sacrifices d'argent pour améliorer l'île. Elles achetèrent une petite barque qu'elles appelèrent *"Marie"* et baptisèrent du même nom la grande Ile-aux-Oies. Tous les automnes, cette barque arrivait à Québec chargée de bestiaux, de volaille, de gibier, de légumes, d'oeufs, de beurre, enfin de tout ce qu'il fallait pour nourrir la communauté durant l'hiver: "On se réjouit autant de la voir arriver, — la *"Marie"*, — écrit l'Annaliste de l'Hôtel-Dieu, "qu'on fait en Europe quand les galions des Indes arrivent". Quelques années plus tard,-l'Annaliste écrit encore: "Le revenu que nous en tirons, — de l'Ile, — non seulement nous a déjà remboursées mais il nous aide tellement à vivre que nous ne pourrions nous passer de ce secours".

Alors, les bonnes Hospitalières voulurent par elles-mêmes s'assurer de la valeur de leur acquisition. Et c'est pour cette raison que nous les voyons, ce 8 juillet 1714, fête de la Dédicace, s'embarquer, huit d'entre elles, sur la *"Marie"* amenant avec elles leur confesseur, en route pour l'Ile-aux-Oïes.

La relation de ce voyage sensationnel pour de pauvres cloîtrées, est intéressante et mérite d'être reproduite. Nous laissons donc la parole pour quelques instants à l'Annaliste du Monastère:

"Le premier coup-d'oeil que nous y jetâmes de loin, lisons-nous dans l'Histoire de l'Hôtel-Dieu,

nous affligea; l'île paraissait si petite que nous ne la voyions que comme un petit bouquet de bois; nous crûmes l'avoir achetée cher, et que bien loin d'y devoir faire de la dépense, nous ne pourrions jamais en retirer le revenu de notre argent. Cependant, à mesure que nous en approchions, elle grossissait; enfin, quand nous fûmes au débarquement, nous découvrîmes des battures fort étendues et de grandes prairies que la marée haute nous avait cachées. Nous visitâmes les environs de la maison, les granges, les étables, les fontaines et le jardin. Nous vîmes revenir un beau troupeau de vaches; l'abondance des pâturages fait qu'elles y sont toujours grasses et que leur lait est excellent et le beurre meilleur que partout ailleurs.

"Le lendemain, nous chantâmes la messe avec beaucoup de solennité, et nous plaçâmes honorablement une Sainte-Vierge que nous avions emportée à ce dessein, dans une niche pratiquée dans une croix que l'on planta avec cérémonie, en chantant le Vexilla Regis, *après l'avoir adorée comme le Vendredi-Saint.*

"Nous ne manquâmes pas, tous les jours que nous passâmes à l'île Marie, d'aller saluer la très sainte Vierge, de lui chanter quelques motets, et de lui recommander cette île comme le bien de ses servantes.

"On nous mena voir les terres labourables et les prairies, dont nous eûmes bien de la peine à trouver le bout; elles sont à perte de vue et le foin y est toujours si épais et si haut, qu'on en tirerait une quantité prodigieuse, si on se donnait la peine de le faucher. Là le fermier en tire ce qui lui est nécessaire pour hiverner le nombre de bêtes dont il a besoin; le reste se perdait; nous permettons à nos amis d'en aller faire leur provision, les uns nous le payent, les autres nous en ont obligation, et nous sommes bien aises de leur faire plaisir; nous nous accommodons aussi avec les habitants des environs,

et pour du foin qu'ils vont faire chez nous, ils nous fournissent des planches, des madriers, des pieux et des journées de travail. Et sans rien débourser, nos travaux se trouvent faits. Ils ne faut pas craindre d'épuiser le foin de cette terre, plus on en fauche, plus il en revient, pourvu qu'on ait le soin d'y faire courir le feu le printemps.

. . . "Ces prairies ne gèlent jamais. Cette île est très bonne aussi à rapporter du blé et autres grains. Nous y vîmes encore des forêts fort étendues, de très beau bois, propres pour la construction des vaisseaux, et quoique M. Dupuy en ait vendu pour des sommes considérables, il en reste une infinité. la terre y est fertile, que tout y vient à merveille. Les légumes y sont meilleurs qu'ici (à Québec) et il y a un suc dans les herbes qui donne un goût exquis à la viande. Le gibier y vient dans certaines saisons avec tant d'abondance, que l'on y va à la chasse de Québec, et que l'on en rapporte des bateaux chargés.

"Nous reconnûmes dès lors, et nous le voyons tous les jours, que nous ne pouvions acheter une meilleure terre".

L'Annaliste, ici, écrit, comme nous l'avons cité plus haut, le "Rocher de l'Hôpital" puis continue:

"Après avoir tout visité, nous nous rembarquâmes. Notre empressement pour nous rendre nous obligeait, pour hâter notre retour, de nous exposer au mauvais temps. Nous fûmes plusieurs jours en chemin, courant de grands risques; et selon le sentiment de nos conducteurs, notre petite navigation fut assez périlleuse. Mais enfin nous arrivâmes à Québec, le 9e jour. Le 16 de juillet, toutes les Religieuses nous attendaient. Dès qu'elles eurent reconnu notre barque, elles ne nous perdirent point de vue. Et aussitôt que notre bâtiment eut mouillé vis-à-vis de notre maison, elles descendirent en un moment, avec permission, dans notre anse, qui n'était pas encore concédée, où elles nous embrassè-

rent, comme si nous fussions venues d'outre-mer, et qu'il y eût dix ans qu'elles ne nous eussent vues. Nous avions un extrême besoin de repos, car nous étions plus fatiguées, et plus changées de notre voyage de 9 jours, que les personnes qui viennent de France le sont d'une longue traversée.

"L'assurance d'avoir fait une bonne acquisition en achetant l'Isle aux Oyes, nous engagea à ne rien ménager pour mettre cette terre en état de nous être aussi utile à l'avenir, que nous avons lieu de l'espérer. Nous y avons fait bâtir, nous avons augmenté le nombre de bestiaux. L'expérience nous a montré combien nous serions à plaindre sans cette isle, que la Providence nous a fait avoir à très grand marché. Nous n'avons pu encore en obtenir de la Cour les amortissemens. La Compagnie du Domaine d'Occident nous en a remis généreusement les lods et ventes dès l'année 1713.

"En partant de l'Isle Marie, nous y laissâmes une Chapelle complète que nous avions portée à ce dessein, pour que les prêtres ou missionnaires passants pussent y dire la sainte messe, selon la permission par écrit que nous en avons obtenue de Monseigneur l'Evêque, qui les invite même à prendre ce chemin pour donner aux habitants qui y demeurent la consolation de pouvoir faire leurs dévotions et assister au saint Sacrifice. Nous avions emprunté pour cela un petit calice d'argent des Révérends Pères Jésuites, qui nous l'ont laissé plus d'une année, en attendant que nous en eussions fait faire un ici; mais le Révérend Père Joseph Germain, quelque temps avant qu'il sortît de la supériorité des missions, nous en fit présent fort obligeamment, en reconnaissance de quelques ouvrages sauvages que nous avions faits pour lui, dont nous ne voulûmes pas recevoir d'argent".

Outre ce voyage des Hospitalières en 1714, la Mère Catherine Théberge de Saint-Joachim, supérieure, passa six semaines sur l'île en 1729 et deux religieuses y allèrent en 1809, la Mère Godfroy de Normanville de Saint-Gabriel et la Mère Viger de Saint-Martin qui étaient accompagnées de M. L'Escuyer, arpenteur de l'Hôtel-Dieu, et Bélanger, procureur de la communauté. La Mère Saint-Gabriel a laissé un récit fort touchant de cette promenade des religieuses sur l'Ile-aux-Oies et d'une visite que les deux religieuses firent aux MM. LeMoine, seigneurs de l'Ile-aux-Grues.

A l'époque du premier voyage des religieuses sur l'île, il n'y avait pas de chapelle mais il en a existé une après et qui fut incendiée le 5 juin 1764. Plus tard, les Hospitalières firent ériger un petit monument commémoratif surmonté d'une croix sur le site même de cette chapelle et où les parents de l'avant-dernière génération des habitants de l'île conduisaient leurs enfants pour les y faire prier, le dimanche, quand le mauvais état des battures les empêchaient de se rendre à l'église de l'Ile-aux-Grues.

On rapporte que ce sont des chasseurs étrangers qui, ayant tué des oiseaux perchés sur le chaume des toits des bâtisses de l'île, y mirent le feu. La chapelle et tous les autres bâtiments furent brûlés. C'était le 5 juillet 1764. Tous les papiers relatifs aux fermes des religieuses furent également détruits par le feu. Mais on sait par la tradition que la propriété des Hospitalières a été cultivée alternativement par des fermiers à prix faits et par des domestiques à gages. Les fermiers furent, après 1764, Jean Vézina, Augustin Simard, Jacques Simard, Etienne Simard, un nommé Asselin, un Saint-Hilaire et un Fortin, etc. Depuis la division de l'île en fermes, trois générations se sont succédées: les Bolduc, aux "Prairies Hautes", les Coulombe sur diverses fermes, et les Lapierre. Le 3 mars 1875, d'après un acte de vente consenti en sa faveur par MM. McPherson LeMoine et Benjamin-Henri Le-

Moine, l'Hôtel-Dieu a acquis une grande partie de la petite Ile-aux-Oies séparée de la grande par des battures qui disparaissent à marée haute et où peuvent traverser des petits bateaux. La petite île est située au nord-ouest de la grande. Elle avait appartenu à Pierre Bécart de Grandville, à son fils Bécart de Fondville, et à Madame Liénard de Beaujeu, née de Longueuil, qui y avait demeuré avec sa famille. Les MM. LeMoine l'avaient achetée en 1802 de Louis Liénard de Beaujeu.

Les deux Iles-aux-Oies ont toujours été des endroits fort giboyeux, surtout du temps du premier concessionnaire qui fut, on le sait, le chevalier Huault de Montmagny qui avait demandé cette concession à la Cie de la Nouvelle-France pour y jouir du plaisir de la chasse. Mais le temps arriva où l'on abusa des chasses qu'on y faisait. Pour protéger leur île les religieuses en appelèrent à l'autorité de la Nouvelle-France qui à différentes dates firent défense de chasser en ces lieux sous peine d'amende. Ces défenses furent faites surtout par des ordonnances de Vaudreuil en 1723, de Beauharnois en 1724, et de l'intendant Hocquart en 1737. Ce dernier défendit même de couper du bois sur les îles, de faucher du foin et d'y "faire autres dégradations".

*

* *

L'Ile-aux-Oies a été le théâtre de drames, de naufrages et de légendes.

Les Iroquois, ces féroces ennemis des Français, firent une descente à l'Ile-aux-Oies en 1655 alors que l'île appartenait à Jean-Baptiste Moyen qui y demeurait avec sa famille, sa femme, Elisabeth Lebret, et ses deux fillettes, Elizabeth et Marie, âgées respectivement de quatorze et six ans. Son exploitation marchait à merveille quand un jour, le jour de la Fête-Dieu de 1655, un parti d'Iroquois surprit la famille Moyen occupée aux travaux des champs. Moyen et sa femme furent lâchement assassinés. Les deux fillettes, ainsi qu'une de leurs petites amies, Marie Macart, furent amenées captives. Mais peu de temps après, il y eut échange de prisonniers et les trois fillettes furent libérées et ramenées à Québec. L'aînée, Elisabeth, épousa plus tard le célèbre Lambert Closse qu'on a appelé le Sauveur de Montréal. Marie Moyen épousa Sidrac Dugué, sieur de Boisbriant, capitaine au régiment de Chambery et seigneur de l'Ile Sainte-Thérèse. Enfin, Marie Macart, fille de Nicolas Macart, épousa Charles LeGardeur, sieur de Villiers.

Puis, l'Ile-aux-Oies, après avoir bu le sang de Jean-Baptiste Moyen et de sa femme, cent-soixante-quinze ans plus tard, fut le théâtre d'un double meurtre commis avec une grande cruauté. M. A. Béchard, qui fit une excursion dans l'île en 1902 et en a compulsé avec minutie les archives, raconte ainsi ce meurtre :

"Il y a tout près d'un demi-siècle, c'est-à-dire vers 1830, deux hommes du nom de Griffin étaient occupés à la recherche d'ancres autour de l'île. Ils avaient à leur service deux hommes auxquels ils n'avaient qu'une légère confiance : c'est pourquoi ils avaient quelque inquiétude au sujet d'une valise renfermant beaucoup d'or, comme on put s'en assurer à l'enquête tenue plus tard. Cette valise, la cause de leur mort, ils la confièrent à un nommé Jolicoeur. Les deux Griffin avaient une cabane sur le bord de la grève et c'est là qu'eut lieu la tragédie que nous rapportons.

Un matin que les deux Griffin étaient tranquillement assis dans leur cabanon, les deux employés entrent et se chargent, chacun, de dépêcher une victime, l'un avec un fusil, l'autre avec une hache. Ils se rendent ensuite chez Jolicoeur, le dépositaire du trésor, et réclament la valise des Griffin; ce qui leur fut refusé. Sans la présence de 2 ou 3 étrangers, qui se trouvaient par hasard chez Jolicoeur, il est facile de deviner qu'il aurait eu le même sort que les Griffin. Les meurtriers disparurent et ne furent plus vus sur l'île.

Le meurtre fut découvert seulement 3 jours après, et les auteurs de cette tragédie avaient eu le temps de se mettre à l'abri des poursuites. On n'a jamais entendu dire qu'ils ont subi sur l'échafaud la peine due à leur crime.

Ce double meurtre eut lieu à l'anse appelée Anse-à-Beau-Fils, que l'on nomme aussi, généralement, Anse-à-Beaufeu".

Mais, au fait, est-ce "Beaufeu" ou "Beaufils" ? D'après M. James LeMoine, qui fut seigneur de l'Ile-aux-Grues, le nom de "Beaufeu" ne serait qu'une corruption du nom "Beaufils"; et M. LeMoine, à l'aide des papiers de sa seigneurie, est sans doute en mesure plus que tout autre de trancher cette question qui n'a, d'ailleurs, aucune importance. A propos de cet assassinat des deux Griffin, les habitants des trois îles, les deux Iles-aux-Oies et l'Ile-aux-Grues, l'ont toujours attribué à deux hommes de la sinistre bande à Chambers dont tout le monde connait les crimes et les vols, alors qu'elle avait fait son repaire du Moulin Dumont sur les Plaines d'Abraham. Mais ce même M. Lemoyne prétend de son côté que les deux assassins étaient les deux employés des Griffin.

Toujours à propos de M. James LeMoine, il a rapporté dans son livre *"The Legendary Lore of the Low Saint-Lawrence"* une touchante et tragique histoire qui a eu pour théâtre la petite Ile-aux-Oies. Est-ce une légende? Est-ce un fait historique? Il est assez difficile de se prononcer. Voici en tout cas comment M. Béchard rapporte les principaux traits de cette légende historique:

"Il y a plus d'un siècle, un officier français quittait la vieille France pour venir résider dans le pays appelé, alors, la Nouvelle-France. Cet officier obtint la concession du fief ou seigneurie comprenant un groupe d'îles appelées les îles Ste-Marguerite, auxquelles il ajouta, plus tard, les deux Iles-aux-Oies et l'Ile-aux-Grues, concédées, en 1646, à M. de Montmagny. Ces acquisitions font naturellement supposer que cet officier était un homme de haut rang et de grands moyens. Il choisit pour sa résidence une des îles les plus isolées du groupe, mais environnée de grandes beautés naturelles. Il y fit construire non pas un château à tours crénelées comme les châteaux du moyen-âge, mais une simple maison de pierre à murs épais et massifs. Cette résidence devint une prison, pour lui-même ou pour son fils; on n'a jamais su au juste pour lequel des deux. C'est là, dans cette espèce de donjon, dans ce lieu retiré, que vécut renfermé, un grand nombre d'années, un être dont on n'a jamais pu savoir positivement le nom. La personne qui avait soin du prisonnier était une femme ou plutôt un ange sous la forme d'une femme. Etait-elle unie au prisonnier par les liens du sang?... N'était-elle qu'une amie dévouée du malheureux captif?... Tout ce que l'on sait d'une manière certaine, c'est qu'elle était riche, et appartenait à la haute société. Le prisonnier, était-il dit, avait perdu la raison; et l'on se demandait souvent : "Etait-il venu au monde l'esprit aliéné?... Sinon, quelle avait été la cause de la perte de ses facultés intellectuelles?... Est-ce qu'il n'y avait, en France, aucun asile qui voulût le recevoir?..." Personne ne pouvait répondre positivement à ces questions; et toutes sortes de conjectures, aussi absurdes les unes que les autres, comme c'est toujours le cas, les soupçons les plus graves circulèrent au sujet de cet emprisonnement."

Quel était ce "Masque de Fer Canadien"? La tradition veut que la femme qui prit soin du...

fou captif était sa soeur, et on l'a appelée Mlle de Grandville. Dans la suite on a même situé exactement la maison du captif. Elle occupait un emplacement sis à quarante pieds au sud-ouest de la maison qu'occupait, vers 1900, M. Elzéar Lecompte, sur la petite île. On en voyait encore les ruines, paraît-il, vers 1875. La pierre de cette construction, d'une solide maçonnerie, a servi à la construction d'autres bâtisses de l'île.

Il y a eu plusieurs naufrages dans les parages des trois îles. Le fait que dans le récit du meurtre des deux Griffin, nous voyons ces derniers occupés, pour un temps assez long, puisqu'ils se sont construit une cabane sur l'île, à chercher des ancres autour des îles, nous ferait croire que le nombre des navires ou embarcations perdues dans ces parages serait assez considérable. Mais la chronique reste assez muette sur ce sujet. Dans l'automne de 1808, le navire anglais *"Young John"* a péri corps et biens sur la grande Ile-aux-Oies. Un peu plus tard un autre navire se perdit en face de la ferme du Grelon. On mentionne aussi deux barques qui ont échoué sur les rochers de l'île, à l'est.

La Ferme du "Grelon", demandera-t-on, qu'est-ce? Lors du deuxième voyage des Hospitalières sur l'Ile-aux-Oies, en 1809, la Mère Saint-Gabriel qui a fait le récit de cette excursion, qui a duré treize jours, écrit :

"De retour à la maison nous sommes allées voir la ferme du Grelon où il y avait déjà de la terre défrichée et encore beaucoup d'autre à faire qui est très bonne... Le soir, nous avons vu les vaches; elles sont bien grasses et donnent beaucoup de lait."

Cette ferme du "Grelon", du nom de Louis Grelon qui, en 1724, avait échangé cette terre avec l'Hôtel-Dieu pour une autre située dans la seigneurie des Jésuites à Lorette, est située du côté du sud et vers le milieu de la grande île. A l'est du "Grelon" se trouve la Ferme de la "Coulée" provenant de défrichements faits par l'Hôtel-Dieu après 1809. Puis, à l'est de la "Coulée" se trouve, sur toute la largeur de l'île un bois d'une demi lieue et, de l'autre côté, sur la partie orientale, une autre ferme, la cinquième, prise en partie sur la forêt et qu'on appelait la Ferme de "Conti", du nom de l'Anse-à-Conti située tout près de là. Cette dernière ferme se trouve sur l'extrémité inférieure de la grande île. La terre de cette ferme serait la meilleure de l'île. Nous avons nommé trois fermes appartenant aux Hospitalières : le "Grelon", la "Coulée" et la "Conti". Les deux premières sont "La Grande Ferme" et les "Prairies Hautes" formées, depuis 1809, d'une terre que les religieuses achetèrent en 1713 de Pierre Lamy et de sa femme Renée Montmeny et qui était située à l'est de la terre de Paul Dupuis qui fut, comme l'on sait, le quatrième seigneur des Iles-aux-Oies. A propos, si nous avons rappelé quelques traits de la vie des premiers seigneurs de ces lieux, le gouverneur de Montmagny, Jean-Baptiste Moyen, dont nous savons le destin tragique, et du dernier seigneur avant les Hospitalières, le vertueux Paul Dupuis, nous n'avons mentionné que le nom, en passant, du troisième propriétaire de l'île, Louis Couillard, sieur de Lespinay, qui avait acquis cette seigneurie peu de temps après la mort de Jean-Baptiste Moyen. On ignore la date exacte de la transaction. Quoiqu'il en soit, on constate que le 10 octobre 1671, Paul Dupuis, gendre de Louis Couillard, et aussi ses héritiers, passent un écrit conjointement avec Pierre Bécart, sieur de Grandville, par lequel le premier s'engage à prendre la Grande Ile-aux-Oies et le second la petite île du même nom : — et l'on sait que dans la suite, par un acte passé le 3 mars 1875, l'Hôtel-Dieu est devenu possesseur de la plus grande partie de la petite Ile-aux-Oies.

Enfin, terminons en précisant la topographie exacte des deux Iles-aux-Oies. Elles ont plus d'une lieue et demie de longueur et trente arpents dans la plus grande largeur, sans y comprendre les battures à foin dont nous avons déjà parlé et qui s'étendent très loin. Elles ont plus de cinq milles arpents de superficie et se trouvent par le travers du Cap Saint-Ignace, à environ douze lieues en aval de Québec.

Dans la relation de la première visite que firent les Hospitalières en 1714, l'Annaliste de l'Hôtel-Dieu fait cette description par laquelle nous voulons terminer :

"Il n'est peut-être pas d'endroit sur tout le parcours du Saint-Laurent où ses deux rives paraissent plus grandioses et aussi pittoresques. Elles ne sont ni trop rapprochées ni trop lointaines pour la beauté du paysage. Montagneuses toutes deux, celle du sud s'élève en pentes douces et fertiles, tandis que celle du nord se dresse en caps sauvages et escarpés. Le fleuve, qui mesure cinq à six lieues de largeur est parsemé d'îles variées de grandeur, de fertilité et d'aspect. A l'extrémité de l'horizon, vers le couchant, on aperçoit la belle et vaste Ile d'Orléans, la plus importante de l'archipel. Plus rapprochée, vers le Nord, se dessinent les contours de l'Ile-aux-Coudres à demie cachée entre les deux bras de la Baie-Saint-Paul."

A cette époque assez lointaine où nous voyons les bonnes religieuses dans l'Ile-Sainte-Marie, — Ile-aux-Oies — les eaux solitaires du fleuve n'étaient pas sillonnées très souvent par les gros navires qui arrivaient de France. On n'y voyait passer d'ordinaire que les légers canots d'écorce des Indiens et quelques frêles embarcations conduites par des trappeurs et des colons. Quelle vision grandiose devait alors présenter cette partie du Saint-Laurent, le "roi des fleuves", comme l'appelait déjà en 1635, dans le *"Journal des Jésuites"*, le Père Paul LeJeune! Et comme ils ne durent pas se lasser d'admiration, devant cette mer, ces montagnes et ces forêts, les regards limpides des pieuses voyageuses de 1714 habituellement confinés aux murailles du cloître!...

L'ILE-A-DEUX-TETES

Quand, à partir de Québec, on descend le fleuve Saint-Laurent, on rencontre d'abord, à gauche, l'Ile d'Orléans, longue de plus de six lieues, et qu'en bateau on longe pendant une heure. Puis, du côté sud, avec une bonne lunette, et même par temps clair, à l'oeil nu, on remarque un chapelet d'îles et d'îlots de toutes les formes et de toutes les dimensions. On les voit, éparpillées ici et là, sur une vingtaine de milles, jusqu'aux "Piliers".

A part la "Grosse-Ile — ou l'île de la Quarantaine, — l'Ile-aux-Grues, l'Ile-aux-Oies et une couple d'autres qui n'ont que de rares habitants, parfois, sur l'une d'elles, la seule famille du gardien d'un phare, les autres îles sont désertes et comme ensevelies dans leurs épaisses forêts, ou étouffées dans leurs amoncellements de rochers. Seuls, en été, au printemps et à l'automne, les pieds des chasseurs foulent leur sol virginal. Quelques-uns de ces îlots sont comme de délicieux oasis de mer, des sites charmants d'où les plus jolis points de vue s'offrent aux regards émerveillés des visiteurs.

Toutes ces îles, au loin, et même tout proche, semblent comme émerger, telles des épaves abandonnées; sur quelques-unes se dresse un phare... Cette banlieue marine, à partir de l'Ile d'Orléans jusqu'à l'Ile-aux-Coudres, — vingt-et-une îles et îlots — n'est qu'une succession étincelante ou de rochers dénudés ou de bouquets d'arbres d'un vert sombre. C'est sous la lumière du jour comme le mariage de l'eau et de la pierre. Et cet archipel donne à cette partie du Saint-Laurent son caractère, son originalité, sa beauté.

Autour de ces îles, l'eau, limoneuse et mousseuse, abonde et s'arrondit, ou bien bat la plage, se brise sur les rochers pour s'étendre ensuite, langoureuse, sur le sable fin. On l'entend continuellement bruire; les galets s'entrechoquent ici et là.

Parfois, les bords de quelques-unes de ces îles sont obstrués de roches rondes, de récifs à peine noyés. Tourbillons, remous et contre-courants y mettent leurs rides et leur écume. Sur des rocs qui rasent l'eau, d'épaisses mousses noires, des algues brunes inondées à tout coup, mettent comme de vieilles barbes. Des bouts de forêt couronnent d'autres de ces îles dont l'intérieur montre moins de sauvagerie que leurs bords. Quelquefois, entre des boqueteaux, un soupçon de prairie. Et l'on sent de loin que l'herbe reste mouillée toujours en embruns... Un bateau qui passe au loin donne à ces îles des instants d'eau.

Reliant plusieurs de ces îles, de longues battures, paresseusement s'étendent aux basses eaux, et s'offrent avec complaisance aux ébats bruyants de voliers d'oiseaux, pluviers, goélands et mouettes, qui s'y abattent à loisir pour faire, un instant, la chasse aux crabes mous et aux minuscules "menés".

En face de Saint-François, voici l'Ile-Madame et l'Ile-aux-Ruaux, deux soeurs siamoises que relie, à marée basse, une bande de rochers entre lesquels s'infiltre en grondant le jusant. Puis, un peu plus loin, surgit l'Ile-à-Deux-Têtes dont la forme singulière, de loin, pourrait rappeler les deux bosses d'un chameau qui se serait aventuré dans le fleuve où s'enfoncent ses longues jambes. Au sud-est, c'est la Grosse-Ile, de macabre réputation. Enfin, dans le lointain brumeux, s'estompant en grisaille, l'île Sainte-Marguerite et l'Ile-aux-Grues, la petite île-au-Canot, l'île-aux-Corneilles, les deux Iles-aux-Oies que relient leurs vastes battures. Enfin, les deux Piliers : de Bois et de Pierre. Et combien d'autres encore, ici et là, jusqu'à l'Ile-aux-Coudres!...

L'île-à-Deux-Têtes n'a que tout au plus deux milles de tour. Elle semble constituée par deux bastions de rochers volcaniques surgis brusquement du fleuve et reliés à contre bas par une courtine de granit, rochers et courtine couverts d'une mince couche de terre végétale où ont poussé des essences diverses, surtout des résineux. C'est la solitude complète, la nature vierge, charmante et sauvage à la fois. Tout autour de ces rochers circule une plage de sable fin où viennent s'ébattre des troupes d'oiseaux de toutes les espèces. Bref, un coin enchanteur du fleuve, plein de majesté et de grandeur.

Aucun habitant sur l'Ile-à-Deux-Têtes; donc, pas d'histoire. Pas de légendes non plus, du moins connues. Sans doute, les loups-garous et les feux follets ont visité cet îlot à l'époque où ils régnaient dans tous les coins sauvages de notre pays. Mais personne ne fut là pour relater leurs frasques et leurs espiègleries.

Et pourtant... en 1857, exactement le 23 juin 1857, un "flat" — petite embarcation plate, — monté par un seul homme abordait l'Ile-à-Deux-Têtes, dans une sorte de crique, abritée contre les vents de l'est et de l'ouest par de gros rochers.

L'homme qui montait le "flat" était Antoine Bouet... Antoine Bouet, diront les antiquaires et les fouilleurs d'archives, après avoir cherché longtemps dans leurs dossiers et leurs paperasses poussiéreuses, Antoine Bouet?... connait pas.

En effet, Antoine Bouet n'est ni un personnage de l'histoire ni un personnage de légende; c'est tout simplement un héros de roman.

C'est l'un des personnages principaux d'un roman passablement oublié aujourd'hui, mais qui fut fort populaire au début du dernier quart du siècle dernier, un roman qu'on pourrait encore regarder aujourd'hui comme le modèle du roman populaire canadien, avec celui de Georges Boucherville, *"Une de Perdue Deux de Trouvées"*. Ce roman, dont Antoine Bouet fut l'un des héros, est *"L'Enfant Mystérieux"* par le Dr V.-Eugène Dick qui a publié aussi *"Le Roi des Etudiants"*, *"Un Drame au Labrador"* et d'autres moins populaires.

Imaginons, pour un instant, que l'histoire et les légendes de l'Ile-à-Deux-Têtes soient concentrées dans la présence d'Antoine Bouet dans ce petit coin sauvage du bas Saint-Laurent. On se demandera sans doute ce qu'il allait y faire surtout si l'on sait qu'en descendant de son bateau, qu'il avait mis à l'abri, il avait pris un pic et une pelle qu'il avait solidement fixés sur son épaule; si l'on sait aussi que la première chose qu'il fit en arrivant sur l'îlot, fut de savoir quelle espèce d'arbres dominaient autour de lui . . . Voilà, certes, de quoi aiguiser la curiosité. Voyons, "satané corbillard!" — c'est le juron favori d'Antoine Bouet, — voyons ce que venait faire là ce coquin . . .

Car cet Antoine Bouet était un fier coquin. Il avait dilapidé une belle terre que lui avait laissée son père à Saint-François de l'Ile d'Orléans et il comptait maintenant hériter de celle de son frère Pierre, qui était voisine de la sienne, et que Pierre Bouet avait rendue belle et reluisante au soleil grâce à son travail. Mais voilà que ce satané corbillard de frère, qui n'avait pas d'enfants, une nuit, il y a dix-sept ans, alors qu'il surveillait ses pêches sur les battures de l'île, par un temps d'orage, reçoit d'un homme, descendu d'une chaloupe qui venait de la haute mer — où l'on voyait un grand navire noir à l'ancre, — un colis qui contient, ô miracle! un enfant, une délicieuse petite fille de quelques mois seulement. Or, Pierre Bouet et sa bonne Marianne ont passé précisément la soirée, comme toutes les autres qui ont précédé, à se lamenter sur le malheur de n'avoir point d'enfants. Voilà, se dit le bon Pierre Bouet, un poisson qui vient du Bon Dieu. On adopta la petite fille et on en fit une demoiselle qui, aujourd'hui, a dix-sept ans. Elle s'appellera Anna.

Mais cela ne fait pas l'affaire de maître Antoine qui voit la terre de son frère fuir loin de lui à mesure que grandit la fillette. Aussi en vient-il à formuler le désir criminel de s'en débarrasser. Un soir, il s'en va trouver la Mère "Démone", une vieille sorcière qui habite une cabane sur la Pointe de l'Argentenay, et il lui confie ses soucis et ses sinistres projets. La vieille, ayant fait pour lui, mais moyennant beaucoup d'écus, le "grand jeu de tarots", lui indique assez vaguement que sur l'une des trois îles que l'on voit en face de Saint-François, l'Ile Madame, l'Ile-aux-Ruaux et l'Ile-à-deux-Têtes, il trouvera les moyens de se débarrasser de la "demoiselle" en cherchant un trésor que jadis, un certain Fournier, arrivant des régions aurifères de la Californie, avait caché dans une de ces îles. C'est à Antoine Bouet de trouver ce trésor qui doit être en dessous d'un tertre où poussent cinq bouleaux plantés en forme de W.

Antoine Bouet a déjà visité l'Ile Madame et l'Ile-aux-Ruaux sans apercevoir les cinq bouleaux. Il ne lui reste plus que l'Ile-à-Deux-Têtes où il arrivait, cet après-midi du 23 juin 1857. C'est donc pour chercher un trésor que le coquin foule en ce moment le sol vierge de cet îlot . . .

Mais nous ne voulons pas ainsi jusqu'à la fin dévoiler l'intrigue de ce roman du Dr V.-Eugène Dick qui contient, à n'en pas douter, tout ce qui peut passionner les lecteurs et les lectrices des romans-feuilletons des grands journaux . . .

Qu'il nous suffise de dire qu'Antoine Bouet ne trouva pas le trésor du nommé Fournier, encore qu'il ait découvert les cinq bouleaux, mais qu'il découvrit, en dessous de ces arbres, une mystérieuse grotte habitée, pour l'instant, par un sauvage Montagnais, Tamahou, qui, fuyant la justice du pays, s'est réfugié en cet endroit où il fait tout naturellement un fort mauvais accueil à Antoine Bouet.

Mais les deux bandits se lient bien vite d'amitié par un pacte qui engage Tamahou, moyennant beaucoup d'eau de feu, à faire tout ce que lui ordonnera Antoine Bouet. Quelques jours après, Anna qui était occupée à lire, une après-midi, au bord de la mer, est brutalement saisie par un homme qu'elle croit être un démon, bâillonnée, enlevée et transportée dans un canot qui file à toute vitesse vers l'Ile-à-Deux-Têtes.

On a deviné Tamahou obéissant à Antoine Bouet. Anna est enfermée dans la grotte du sauvage où elle endure pendant de nombreuses semaines toutes les souffrances qu'on peut s'imaginer en de telles circonstances. Pendant ce temps, en vain les gens de Saint-François fouillent toutes les îles des environs même l'Ile-à-Deux-Têtes. Anna est finalement sauvée par son fiancé, Jean Hamelin, qui se servait de l'Ile-à-Deux-Têtes pour faire de la contrebande. Les projets d'Antoine Bouet sont à l'eau; mais il se reprendra dans la suite, et de belle façon! Il échouera quand même à la fin.

Car, en effet, à la fin, Anna retrouve sa mère qui pendant des années, ayant échappé à un naufrage, a été recueillie par les Micmacs de Gaspé, et que Jean Hamelin, dans un de ses voyages, avait amenée à l'île d'Orléans où on l'appelait la "Dame Blanche". Elle retrouve aussi son père, qui n'était autre que Lord Walpole, de Londres, et qui, après avoir fait le tour du monde pour dissiper le chagrin causé par la perte de sa femme et de son enfant, vint à Québec sur son yacht qui, cette année-là, était commandé par Jean Hamelin qui avait abandonné la contrebande; Antoine Bouet se pend dans sa grange; la Démone meurt brûlée vive dans sa cabane; Tamahou réussit à se sauver dans son canot au moment où un matelot de Jean Hamelin va lui faire un mauvais parti; Jean Hamelin épouse Anna . . . Et on peut conclure qu'ils eurent beaucoup d'enfants et furent très heureux.

En voilà suffisamment pour démontrer que "*L'Enfant Mystérieux*" du Dr V.-Eugène Dick possède évidemment tous les éléments indispensables au roman feuilleton populaire, et qu'il est digne des plus sensationnels romans d'aventures de chez Taillandier; enfin que si l'Ile-à-Deux-Têtes n'a pas d'histoire ni de légendes, elle a merveilleusement servi l'imagination d'un romancier.

L'ILE MADAME

Il n'est pas, ici, question de cette Ile Madame qu'on voit, en France, à l'embouchure de la Charente, non loin de Brouage, patrie de Champlain, et devenue, pendant la Révolution, l'"Ile Citoyenne", de triste mémoire... Là, pouvons-nous rappeler en passant, eut lieu un des plus atroces épisodes de cette époque de terreur. Au delà de 275 prêtres déportés qui n'avaient pas voulu prêter le serment qu'en conscience ils ne pouvaient faire, furent parqués sur cette île où ils moururent tous dans des souffrances indicibles.

Il s'agit de notre Ile Madame de Québec située à la pointe est de l'Ile d'Orléans, à peu près vis-à-vis Berthier, du côté sud, et qui aurait reçu de Champlain lui-même son nom en souvenir de cette Ile Madame de la Charente.

On croit généralement que nous n'avons qu'une Ile Madame dans le fleuve Saint-Laurent. C'est à tort. Il y a une île dans le groupe des îles de Sorel qui porte aussi le nom d'île Madame. Elle est située à l'entrée du lac Saint-Pierre, entre les Iles Saint-Ignace et aux-Ours. Elle mesure un mille et quart de long sur un demi-mille de large.

Autrefois l'Ile d'Arichat, dans le Détroit de Canseau, portait aussi le nom d'Ile Madame.

Le domaine de la seigneurie de l'Ile Madame, dans le groupe de l'Ile d'Orléans, peut-on dire, est actuellement connu sous le numéro 257 du Livre de Renvoi du Cadastre officiel de la paroisse de

Saint-François de l'Ile d'Orléans. La superficie totale de l'île est de 266 acres, soit 316 arpents.

D'après l'arpenteur Geo.-P. Roy, qui a fait, en 1915, le relevé complet de l'Ile Madame à la demande du major Edmond Laliberté qui en était alors le propriétaire, les deux tiers de l'île sont en bois : pins, bouleaux, érables, qui forment, aujourd'hui — 1940 — une belle forêt toute prête à être exploitée; et de fait, c'est en cette année 1940 que son propriétaire, M. Edmond Laliberté, fils, en a commencé la coupe en vue d'un nouveau reboisement, ce qui l'obligeait à prendre des mesures pour protéger les jeunes pousses contre les animaux de ceux à qui il loue certains pâturages. Le sol de l'île est en général sablonneux sur la pointe sud-ouest; de meilleure qualité au sud-est, et encore plus productif au nord-est. Bref, on peut pratiquer sur l'île toutes les cultures de l'Ile d'Orléans.

L'île est couronnée d'un coteau d'où la vue qui s'étend à dix milles le long du fleuve, dans toutes les directions, est magnifique; endroit idéal pour résidences d'été.

Dans les "*Insinuations du Conseil Supérieur*" — Vol. B, Folio 22 — on lit un acte signé Peuvret et dans lequel on voit que la première concession de l'Ile Madame fut faite en 1672 par le comte de Frontenac et l'intendant Duchesneau au sieur Romain Becquet à qui il était concédé en plus deux lieues d'étendue de terre sur la rive sud, entre les seigneuries de Gentilly et de Deschaillons avec les îles adjacentes. Le 5 décembre 1684, un acte de concession est fait à Marie-Louise et Catherine Becquet, filles de Romain Becquet qui est dépossédé de sa concession.

En 1845, le juge Aylwin achetait l'Ile Madame à une vente aux enchères. Il la vend, le 12 août 1885, à Pierre et Joseph Demeules. Subséquemment, Joseph Demeules transporte sa moitié indivise à son frère Pierre qui en devient seul propriétaire.

En 1888, Pierre Demeules donne l'Ile Madame à ses deux fils, Pierre et Joseph.

En 1892, Joseph Demeules, fils, vend sa part à Pierre-Cérénus Blouin qui vend cette part à Pierre Demeules, son frère. Enfin, le 18 février, 1904, Pierre vend l'Ile Madame au major Edmond Laliberté, de Québec, fils de feu Jean-Baptiste Laliberté, fondateur de la célèbre maison de fourrures "J. B. Laliberté, Ltée". A la mort du major Laliberté, en 1924, la propriété de l'Ile Madame passa aux mains de son fils Edmond, propriétaire actuel, 1940.

En 1907, lorsqu'il s'est agi de la pose du câble de la Grosse-Ile, il fut question de faire passer ce câble par l'Ile Madame et en même temps de changer son nom. Mais ni l'un ni l'autre de ces projets ne réussit.

L'Ile Madame fut louée certaines années par le major Laliberté à plusieurs personnes, entre autres : MM. Hector Laliberté, de Saint-Jean, Théodore Guay, de l'Ile d'Orléans, Pierre Samson, de Montréal, Jean-Baptiste Turcotte, de Québec.

On sait que les battures, des îles comme de la terre ferme, ont donné lieu à bien des conflits devant les tribunaux entre seigneurs et censitaires. On se rappelle, par exemple, les fameux procès des grèves des Trois-Pistoles, vers 1922. Les habitants de la rive sud soutenaient que les battures n'appartenaient pas aux seigneurs et qu'ils avaient le droit de chasser le gibier de mer et de pêcher. Comme question de fait, selon qu'il a été prouvé dans la plupart des procès de cette nature, les battures appartiennent à la Couronne.

Les propriétaires de l'Ile Madame ne furent pas exemptés de ces difficultés avec les gens des environs et, en particulier, de l'île d'Orléans. Le major Laliberté, pour sa part, chercha pendant plusieurs années à acquérir les battures de son île. Il n'apparaît pas qu'il ait réussi malgré tous les arguments qu'il fit valoir. M. Laliberté voulait établir sur son île une ferme d'élevage; il avait commencé à élever des chèvres, de gros écureuils gris et des lapins belges, mais des gens de l'île d'Orléans, qui venaient faire la chasse au gibier de mer sur les battures, tuaient également ces animaux, ce dont se plaignit avec raison le major Laliberté. Et puis il y avait les dangers de feu qui menaçaient constamment, par le fait de ces maraudeurs, la petite forêt de l'île. Le gouvernement offrait à M. Laliberté de lui louer ces battures pour vingt-cinq années à raison de $100.00 par année; mais le propriétaire arguait qu'à la fin de la période de location on augmenterait probablement les taux nonobstant les travaux considérables qu'il aurait fait sur son île.

Pour démontrer au gouvernement l'ennui que provoquait la liberté des maraudeurs de chasser sur les battures de l'île, M. Laliberté écrivait en 1913 qu'à la suite du naufrage dans ces parages du remorqueur "*Spray*", alors que trois hommes avaient passé trois jours sur l'île au froid et sans manger, il avait établi dans sa maison de l'île comme une espèce de réserve pour naufragés. Il avait affiché qu'en cas de malheur, les naufragés n'avaient qu'à enfoncer telle fenêtre, et qu'ils trouveraient en tel endroit des allumettes, du bois et des provisions pour trois jours. Or, ce furent les maraudeurs qui se prévalurent de cette générosité du propriétaire de l'île. Ils lurent l'affiche, pénétrèrent dans la maison et s'emparèrent des provisions. Quand ces gens peu scrupuleux étaient surpris, ils se réfugiaient sur les battures et disaient qu'ils étaient sur les terrains de la Couronne; qu'il n'y avait rien à faire contre eux.

Aujourd'hui la situation s'est quelque peu améliorée. On semble avoir plus de souci pour la propriété d'autrui; et c'est tant mieux. Quoiqu'il en soit, à l'Ile Madame, les choses se passent maintenant assez à l'amiable.

L'ILE-AUX-COUDRES

"Le sixième jour du dit mois, — septembre, — vinsmes poser à une isle qui faict une petite baie et couche de terre. Icelle isle contient environ trois lieues de long et deux de large : et est une moult bonne terre et grasse, plaine de beaulx et grandz arbres de plusieurs sortes : et entre autres y a plusieurs couldres franches que trouvâmes fort chargées de noisilles, aussi grosses et de meilleure saveur que les nôtres, mais un peu plus dures. Et par cela nommâmes l'Ile-es-Coudres.

"Le septième jour du dit mois (de septembre), jour Notre-Dame, après avoir oui la messe, nous partîmes de la dite isle pour aller à mont le dit fleuve."

L'Ile-aux-Coudres était découverte et baptisée par le découvreur du Canada lui-même. Elle a gardé son nom depuis, encore que les "couldres franches" aient à peu près complètement disparu avec le défrichement de l'île, du moins depuis l'excursion qu'y faisait, en 1875, M. l'abbé H.-R. Casgrain qui affirme, dans sa relation, que "comme au temps jadis, il n'y a qu'à étendre la main pour cueillir sur les "couldres franches", des grappes de "noisilles".

Les coudriers de Jacques Cartier ont disparu de l'Ile-aux-Coudres comme ont disparu de l'Ile d'Orléans les vignes que le Découvreur y avait trouvées.

Quand l'abbé Casgrain faisait son pèlerinage sur l'Ile-aux-Coudres, le 7 septembre 1875, il y avait exactement deux cent quarante ans que Jacques Cartier et ses compagnons "après avoir oui la messe", — sur l'île, — partirent "de la dite isle pour aller à mont le dit fleuve", — Saint-Laurent. — Et, en cet anniversaire, l'excellent écrivain que fut l'abbé Raymond Casgrain, brosse la scène suivante qui est d'une haute poésie :

"*Les trois navires, arrivés de la veille, se reposent sur leurs ancres dans la baie. Un beau soleil d'automne se lève sur les côteaux, et disperse les vapeurs que la fraîcheur de la nuit avait répandues à la surface du fleuve. Les bocages d'alentour sont tout retentissants du chant des oiseaux. Leur feuillage, que les premières gelées de septembre ont nuancé des plus riches couleurs, depuis le rouge pourpre jusqu'au jaune le plus tendre, éclate sous les premiers feux du jour, comme un manteau royal que le génie de ces déserts inconnus aurait jeté sur l'île et sur les montagnes voisines, à l'approche de ces nouveaux venus.*

"*De chaque navire se détachent des chaloupes qui portent les équipages. En peu d'instants, elles ont abordé au rivage et y sont attachées, pendant que les officiers et les marins sautent à terre et entourent leur commandant. On le reconnaît facilement à son costume de la cour de François Ier, que les gravures ont depuis rendu populaire dans notre pays. Derrière lui s'avancent quelques gentilshommes et les aumôniers de la flottille, Dom Antoine et Dom Guillaume Le Breton. L'un d'eux tient entre ses mains les vases sacrés dont il va se servir dans un instant, pour célébrer le saint sacrifice de la messe :*

Un autel de feuillage et de mousse est dressé
Au sommet du coteau, sur un tronc renversé.
Au-dessus, un massif de coudriers et d'ormes,
Ombrageant le rocher de leurs branches énormes,
Ressemblent aux arceaux d'un temple naturel.

Des lianes on voit les verdoyants cordages
Retomber en festons au-dessus de l'autel
Et des cierges bénits parmi les fleurs sauvages
Dont les pieuses mains du prêtre et des marins
Ont jonché le sol vierge et les degrés divins.
Sur les bras de la croix rustique se balance
Un faisceau d'étendards aux armes de la France.
Cependant est venu le moment solennel,
Et le prêtre gravit les marches de l'autel.
L'équipage, vêtu de ses habits de fête,
S'agenouille, et Cartier se prosterne à leur tête.
Notre patrie a vu bien des jours glorieux,
Mais jamais elle n'eut d'instant plus précieux.
Le prêtre auguste et saint, avec la blanche hostie,
Élève vers le ciel un regard qui supplie.
Pour la première fois dans ce pays nouveau
Est offerte la chair et le sang de l'Agneau.
Le flot attentif baise avec respect la plage,
Et la brise au rameau suspend son doux ramage:
Car ce vaste désert est devenu sacré
Depuis que du Sauveur le sang l'a consacré.
La France américaine, en ce moment suprême,
A reçu l'onction de son premier baptême.
Et Cartier crut ouïr dans les hauteurs des cieux,
Joint à la voix du prêtre, un chant mystérieux :
C'était l'hymne d'amour et de reconnaissance
De la terre et des mers chantant leur délivrance:
C'était la sainte voix de leur ange gardien
Qui priait au berceau du peuple canadien."

Et l'abbé Casgrain terminait ainsi ce beau passage de sa relation :

"*Si j'avais un voeu à exprimer, ce serait de voir une croix monumentale, de matière solide et durable, s'élever sur cette falaise, en signe de reconnaissance et de vénération. L'inscription qui y serait gravée rappellerait aux pèlerins l'antique événement et les inviterait à remercier Dieu de notre vocation à la foi chrétienne.*"

Ce voeu a été réalisé. Cette croix monumentale, "de matière solide et durable", s'élève depuis le 23 septembre, 1928, sur la falaise qui domine le "mouillage" et où, le 7 septembre, 1535, vinrent s'ancrer la "*Grande Hermine*", la "*Petite Hermine*" et l'"*Emérillon*". Cet endroit qui a porté successivement les noms de "Havre Jacques Cartier", de "Mouillage des Anglais" et de "Banc de la Prairie", protégé des vents d'ouest, offre un ancrage supérieur à celui de toute autre partie de l'île. Il a servi aux bâtiments français pendant tout le temps que la France fut maîtresse du Canada.

L'Ile-aux-Coudres est à environ vingt lieues de Québec et très rapprochée de la rive nord. Sa longueur, depuis l'extrémité de la pointe est jusqu'à la plus longue pointe de l'ouest est de trois lieues. Elle a à peine une lieue dans sa plus grande largeur. De la rive sud du fleuve à la rive sud de l'île, on compte environ quatre lieues et demie tandis qu'il n'y a qu'à peine trois quarts de lieue entre l'île et la rive nord. L'extrémité est de l'Ile-aux-Coudres, comme celle de presque toutes les îles du Saint-Laurent, se termine en queue de poisson. Le haut de l'île est comme couronnée par trois élévations qui s'appellent : la Pointe-de-l'Islette, la Pointe-à-Antoine et la Pointe-aux-Sapins. Le "Mouillage" se trouve vers le milieu de l'Ile, du côté nord. Il y a d'autres mouillages mais de moindre importance à l'extrémité est, entre les deux dernières pointes que nous venons de nommer. Le côté sud de l'île n'offre aucun abri sûr pour les navigateurs. Ce côté sud de l'île s'appelle la "Baleine", pour la raison qu'une baleine y fut trouvée morte autrefois. Le côté nord s'appelle la "Pointe-des-Roches". On ne voit couler sur l'Ile-aux-Coudres, que cinq faibles cours d'eau dont l'un, celui de l'anse du sud, fait marcher un moulin à farine.

Le rivage de l'île du côté nord semble avoir gardé sa forme primitive mais celui du sud s'est considérablement agrandi par les sables qu'apportent les eaux du fleuve. Ces sables, après un certain temps, deviennent très productifs pour la culture des patates en particulier, si on a soin de leur donner comme engrais le varech que les marées d'automne apportent en grande quantité. Aussi, les propriétaires de l'île ramassent-ils avec soin ce varech ainsi qu'une autre sorte de goémon dont sont très friands les moutons de l'île. L'île est assez boisée pour fournir le bois nécessaire à ses habitants.

L'Ile-aux-Coudres est abondamment fournie de poissons pendant la saison de l'été. Autrefois, on y prenait le bar et l'esturgeon en grande quantité. Aujourd'hui, on y pêche surtout la plie, la petite morue, l'éperlan, la sardine et surtout l'anguille. Dans les environs de l'automne, l'Ile est environnée de pêches à l'anguille. On prend aussi beaucoup de sardine. La pointe ouest de l'île la plus au nord est un excellent endroit pour la pêche à la ligne. On y prend des éperlans aussi gros que des harengs. Mais le poisson qui, sans contredit, a donné le plus de revenus, du moins dans le passé, aux habitants de l'île, est le marsouin. Cette pêche aux marsouins à l'Ile-aux-Coudres est presque légendaire. Dans son *"Histoire de l'Ile-aux-Coudres"*, M. l'abbé Alexis Mailloux, ancien Vicaire Général du Diocèse de Québec, a fait d'excellentes descriptions de cette pêche, ou de cette chasse, si l'on veut, en tout cas, l'une ou l'autre très excitante. Elle se pratiquait surtout dans les eaux froides du printemps alors que le marsouin est très gras.

On a vécu toujours assez à l'aise sur l'Ile-aux-Coudres, à cause de l'abondance du poisson et grâce aux habitudes d'économie des habitants. On y fait avec succès la culture des céréales et surtout des patates. Les terres cultivées sont bonnes. Les pommes viennent bien sur l'île où l'on compte des vergers considérables. Le climat de l'île est parfaitement sain et la santé est remarquablement bonne en général. Si la pêche est abondante à l'Ile-aux-Coudres, la chasse aux animaux sauvages y est lettre morte. On n'y voit pas de gibier, ni petit ni gros. Les seules bestioles qu'on y remarque sont les rats et les souris. On dit que les rats y ont été laissés par les anciens navires qui venaient ancrer au "Mouillage". Il faut croire qu'ils ont trouvé l'île favorable à développer leurs instincts prolifiques puisqu'il se sont multipliés jusqu'à devenir, à certaines époques, de véritables fléaux, causant des ennuis sans nombre aux habitants dont ils mangeaient le grain dans les granges. M. l'abbé Mailloux raconte avec humour une chasse aux rats que son père avait organisée pour débarrasser de cette vermine, le moulin à farine dont il était le propriétaire. Ce fut une bataille mémorable dont l'abbé Mailloux, alors enfant, avait été l'un des soldats les plus valeureux. On avait compté, après la bataille, sur le parquet du moulin, quarante cadavres d'énormes rats dont l'un, chose remarquable, le plus gros de la horde, était "blanc comme la neige du mois de janvier".

*

* *

On peut dire que pendant les cent quarante-deux ans qui suivirent le passage de Jacques Cartier à l'Ile-aux-Coudres, on ne s'occupa pas plus de cette île que des territoires de la lune. Ce ne fut qu'en 1677 qu'elle fut concédée en fief à Etienne de Lessart, habitant de la Côte de Beaupré, par le comte de Frontenac. Mais Etienne de Lessart, n'ayant pas les moyens nécessaires pour obtenir la confirmation de son titre de concession par le roi de France, laissa passer dix années sans demander la ratification officielle de sa concession. Finalement, il céda ses droits, ou prétendus droits, aux Messieurs du séminaire de Québec qui acquirent son titre pour la somme de cent francs qu'ils s'engageaient à payer, s'ils obtenaient du roi la confirmation de ce titre, ou un nouveau titre de concession. Effectivement, ils obtinrent ce nouveau titre, le 29 octobre 1687, du marquis de Denonville, mais "à condition qu'on n'y ferait point la traite avec les sauvages et qu'elle — l'Ile — ne serait habitée par aucun autre individu que par les Messieurs du séminaire."

On refusait ainsi à ces messieurs le privilège de concéder à des étrangers des terres de l'Ile-aux-Coudres. Ils furent assez embarrassés par cette singulière restriction qui resta en force même lorsque les Messieurs du séminaire eurent reçu du Roi la confirmation officielle de la concession du fief, par un brevet enregistré au Conseil Souverain, à Québec, le 28 février 1689.

Il en fut ainsi jusqu'en 1710 quand les propriétaires de l'Ile se décidèrent de prouver aux autorités de la colonie que cette restriction n'était fondée ni sur la raison ni sur les faits. Une requête fut à cette fin présentée à l'intendant Raudot qui, le même jour, 1er septembre 1710, leva cette prohibition, ce qui permit à ces messieurs d'établir des colons dans leur île, mais toujours avec la partie de la restriction qui concernait la chasse.

L'Ile-aux-Coudres pouvait donc être défrichée. Mais il fallut tout de même attendre encore dix-huit ans avant de voir signer les premiers contrats de concession de terres. Il est certain toutefois qu'avant ces premières concessions, il y eut un colon dans l'île dès 1720, car on a trouvé, au répertoire du premier registre, à l'année 1743, l'acte de mariage de Barthelemi Thérien et de Brigitte Savard, avec la remarque que cette Brigitte Savard est la première personne née dans l'île. Elle était la fille de Joseph Savard arrivé sur l'île avec sa femme quelque temps avant la naissance de cet enfant. En supposant que Brigitte Savard eut vingt à vingt-cinq ans à l'époque de son mariage avec Barthelemi Thérien, on devrait faire remonter l'établissement de son père sur l'île vers 1720. M. l'abbé Jean-Baptiste Pelletier rapporte, quelque part, de Joseph Savard, un fait qui serait de nos jours assez extraordinaire. Etant arrivé avec sa femme sur l'île tard dans la saison d'automne, il se construisit une misérable cabane où il se logea avec sa femme. Cette dernière, sur le point de donner naissance à son premier enfant — sans doute Brigitte Savard — demeura trois jours seule, sur l'île, pendant que son mari et un serviteur traversaient sur la rive nord, au milieu des glaces, pour aller chercher une sage-femme. Ce fait démontre qu'il n'y avait alors aucune autre famille dans l'île.

M. l'abbé Mailloux, qui a réussi à faire le recensement des premiers colons qui s'établirent dans l'île après avoir obtenu des concessions des Messieurs du Séminaire, dit que ce Joseph Savard avait eu pour sa part en concession du séminaire seize arpents de terre qu'il partagea plus tard entre ses huit enfants, chacun en obtenant deux arpents. Un de ces fils qui portait le nom de Charles est l'ancêtre de tous les Savard qui ont vécu dans l'Ile jusqu'à présent. En 1751, on comptait trente habitants établis sur l'Ile-aux-Coudres. Mais cette population, les années d'après, se multiplia assez sensiblement grâce à quelques autres familles qui vinrent s'y établir.

A cette époque, la situation de ces trente colons était à la vérité assez précaire. La misère les assaillit de tous les côtés; du côté spirituel comme du côté temporel. Pour les premières nécessités de la vie, il leur fallait traverser sur la rive nord ce qui se faisait durant les mauvaises saisons au péril de ceux qui tentaient la traversée. Ils étaient livrés à leurs propres ressources, fort restreintes. Ils ne voyaient le missionnaire qu'à de très rares intervalles.

Pendant un assez grand nombre d'années, l'Ile-aux-Coudres fut desservie par les Jésuites et autres religieux qui avaient la charge des missions du Golfe et du bas Saint-Laurent. Il n'y eut pas de chapelle depuis l'établissement des premiers colons, c'est-à-dire, l'année 1710 jusqu'à 1748. Le missionnaire disait la messe dans les maisons des habitants.

Nous venons de rappeler les difficultés qu'on éprouvait alors dans la traversée de l'Ile à la terre ferme. En ce temps-là, on se servait de canots de bois que les habitants se construisaient eux-mêmes et qui étaient fort lourds et difficiles à manoeuvrer contre les hautes marées. On en a vu toutefois, malgré ces difficultés, se rendre par mer jusqu'à Québec. On risquait sa vie tout simplement. Aussi, est-elle longue la liste des deuils causés par les naufrages de ces lourds canots que montaient les gens de l'île. On ne devait entreprendre la traversée que lorsque la mer était calme. Mais il arrivait le plus souvent qu'aussitôt partie, la barque était assaillie par quelques violents coups de vent. Plus tard, on adopta le canot d'écorce mais cette frêle embarcation ne suffisait pas aux nombreux besoins de la population. Il fallait des embarcations plus grandes, plus solides, pour transporter les provisions et les produits de la terre, aussi les animaux. On se servit alors de chaloupes. Il y en avait déjà, paraît-il, vers 1760; puis, plus tard, ce furent les goélettes. Nous aimons à citer à ce sujet M. l'abbé Mailloux qui a connu plusieurs des hardis navigateurs de l'île qui, pendant des années, non seulement ont traversé, par tous les moyens qui étaient à leur disposition, sur la terre ferme, mais se sont rendus, par mer ou par terre, jusqu'à Québec :

"Qui pourra raconter les dangers sans nombre, les misères de toute espèce, les fatigues et les dépenses d'un tel voyage? Imaginez qu'il fallait d'a-

bord faire la traversée entre l'île et la terre du nord par le moyen d'un lourd canot de bois que six hommes pouvaient à peine traîner à travers les glaces. Rendus sur la rive nord du fleuve, ceux qui ne devaient pas continuer le voyage devaient attendre le retour de ceux qui allaient faire le pénible trajet de la Baie-Saint-Paul à Québec; car il ne fallait pas penser à faire un nouveau voyage au nord pour les ramener sur l'île. Imaginez les fatigues des hommes, qui, à pied, et ayant souvent de la neige jusqu'aux genoux, prenaient leur route sur les glaces du rivage. Mille et mille dangers les attendaient, surtout aux endroits où il fallait escalader de hauts rochers avec le danger trop réel de glisser dans les eaux du fleuve, qui venaient sans cesse battre aux pieds de ces rochers, dont ils ne s'éloignaient jamais assez pour y laisser un passage. Il fallait franchir un espace de six à sept lieues au milieu d'obstacles dont on ne surmontait quelques-uns que pour en rencontrer d'autres encore plus dangereux.

Il arrivait parfois que tout à coup s'élevait une tempête qui faisait naître le danger de se perdre dans l'épaisseur de la neige amoncelée par le vent. Au milieu de toutes ces fatigues d'une route où les pieds enfonçaient dans une neige profonde, il fallait, tout de rigueur, avoir un sac de peau de biche ou de loup-marin-d'esprit attaché sur le dos pour y loger des provisions de bouche et des habits dont on avait besoin pour le voyage, mais qu'il fallait ne pas mettre sur son corps, afin d'être moins embarrassé dans cette profondeur des neiges.

Les voyageurs avaient-ils réussi à franchir ce dangereux passage le long d'un rivage escarpé, ils n'étaient pas au bout de leurs misères. Rendus aux premières maisons de Saint-Joachim, il leur fallait vider leur bourse pour prendre une voiture, ou continuer encore pendant dix lieues à battre la neige dans les chemins. Une fois parvenus au bout de leur long et pénible voyage, étaient-ils au bout de leurs dépenses, de leurs fatigues et de leurs dangers? Il n'y avait pour eux que la juste moitié du chemin parcouru. On était obligé de redescendre au lieu où les attendaient avec hâte leurs compagnons. Et si, durant le retour de Québec, survenait une pluie qui détrempait la neige, et qu'un froid subit vint rendre sa surface glissante comme la surface d'un lac après un grand et subit froid d'automne, on conçoit qu'il était encore bien plus dangereux de faire le redoutable trajet depuis Saint-Joachim jusqu'à la petite rivière Saint-François. Et, s'il fallait passer la nuit au milieu de ces rochers, était-il toujours facile de découvrir une cabane de pêcheurs ensevelie sous la neige? Et si, par chance, on en découvrait une, était-il bien facile d'ôter la neige pour en pouvoir ouvrir la porte? Et, une fois ce travail fait, était-il facile d'y faire du feu pour dégourdir ses membres roidis par le froid et la fatigue?

De retour, enfin, à la Baie-Saint-Paul, les jambes mortes de fatigue et la bourse vide, il fallait prendre le lourd canot de bois et le traîner sur les glaces pendant une traversée qui devait durer quatre à cinq heures.

Telles étaient les fatigues et les misères de ce voyage de plus de vingt lieues entre l'île et Québec, pendant la saison rigoureuse de l'hiver. Et qui pourra compter le nombre de fois que des habitants de l'Ile-aux-Coudres se sont vus obligés de faire ce pénible trajet!"

*

*   *

L'Ile-aux-Coudres porte de nombreuses traces du passage des Français au temps de la Nouvelle-France, comme, plus tard, elle portera celles du séjour, heureusement de courte durée, des Anglais, lors du dernier siège de Québec. Au temps de la colonie française, les vaisseaux de France qui se rendaient à Québec, ou qui en revenaient, passaient par le chenal du nord, entre l'île et le territoire de Charlevoix. C'est presque immédiatement après la cession que les navires ont choisi le côté sud. Le chenal du nord offre pourtant dans le "Mouillage" un havre où plusieurs gros navires, au besoin, peuvent ancrer, à seulement quelques encablures du rivage de l'île.

A cet endroit où, depuis 1928, s'élève la croix de pierre commémorative érigée par la Commission des Sites et des Monuments Historiques du Canada, secondée par feu Georges Bellerive, avocat de Québec, s'élevait, paraît-il, une première croix que les Français aurait plantée. D'après l'abbé Mailloux, cette croix était encore debout voilà un siècle et quart. Il a connu, en 1879, une personne qui était alors âgée de 82 ans et qui disait avoir été prier, à l'âge de dix ans, au pied de cette croix. Elle affirmait de plus que ceux qui vivaient à cette époque, vers 1788, recommandaient aux enfants de ne jamais profaner cet endroit dont la terre, disaient-ils, était sanctifiée par la messe qui y avait été célébrée lors de la découverte du Canada. La tradition veut que pendant plusieurs années les aumôniers des vaisseaux français qui arrêtaient au "Mouillage" faisaient en sorte d'aller dire la messe au pied de cette croix. Elle veut encore, la tradition, qu'un baptême ait eu lieu, le 23 juillet 1755, au pied de la croix des Français : le baptême de Marie-Augustine Bouchard, née sur le vaisseau l'"*Entreprenant*", du mariage de Jacques Bouchard et de Louise-Françoise Roussel.

Enfin, toujours à l'endroit où cette croix s'élevait, en 1889, on voyait les vestiges d'un cimetière qui devait avoir trois arpents de longueur. En gagnant vers l'ouest, à un mille de là, existait un autre cimetière dont on distinguait encore les traces vers la même époque. La tradition veut encore que beaucoup de corps de Français aient été enterrés dans ce cimetière.

Les navigateurs français avaient construit au "Mouillage" deux quais dont on ne voit plus cependant aucun vestige depuis nombre d'années. On a trouvé aussi les fondations d'un "pontage" qui aboutissait au commencement du haut rivage jusqu'au second cimetière dont nous venons de parler. A une courte distance de là coule un ruisseau d'eau limpide où l'on suppose que les Français des navires, ancrés au "Mouillage", allaient renouveler leur eau fraîche et même faire leur lessive ce qui expliquerait le nom de ce ruisseau que les habitants appellent le "Ruisseau de la Lessive".

Enfin, une dernière relique des Français dans l'Ile-aux-Coudres fut la carcasse d'un navire français restée longtemps enfoncée dans le sable à l'extrémité nord de la grande batture, et que l'on voyait encore en 1850. On pouvait apercevoir ce navire qui semblait parfaitement conservé. Les habitants le démantibulèrent pour en faire des bordages et autres pièces aux chaloupes qu'ils construisaient. Ce naufrage a dû avoir lieu vers 1745. L'Ile-aux-Coudres renferme donc maints souvenirs des Français du temps de la Nouvelle-France, comme on conserve encore, mais plus vivaces que tangibles dans les mémoires, le souvenir du passage des Anglais lors de la conquête du Canada en 1759.

Dans le journal de l'expédition anglaise sur le fleuve Saint-Laurent, on lit à la date du 19 juin 1759 :

"Nous n'avions qu'une faible profondeur d'eau; 17 brasses environ; et le 23 nous atteignîmes l'amiral Durell qui, avec sept vaisseaux de ligne et quelques frégates, protégait la rivière vis-àvis l'Ile-aux-Coudres. Cette île est dans une position agréable, son sol s'élève graduellement. Elle était bien peuplée avant notre apparition sur ses bords. Nous jetâmes l'ancre à environ une lieue au-dessus de cette île et deux de nos chaloupes tentèrent d'y

débarquer quelques-uns des nôtres, mais un parti de Canadiens et de sauvages les empêcha d'atteindre le rivage. Nos chaloupes furent forcées de retraiter."

Le même mémoire, un peu plus loin, rapporte l'expédition du capitaine Gorham qui fut fort mal reçu à la Baie-Saint-Paul par deux cents braves de cette paroisse, des Eboulements et de l'Ile-aux-Coudres. Voici à ce sujet ce que rapporte encore la tradition telle que conservée à la Baie-Saint-Paul et que nous rapporte l'abbé Mailloux :

"Lorsque la flotte anglaise remonta le fleuve, elle mouilla à l'Ile-aux-Coudres, la veille de l'Ascension, et remplit les habitants d'une si grande frayeur, que la plupart des femmes de l'île allèrent se cacher dans les bois avec les familles de la Baie-Saint-Paul, qui ne s'élevaient pas alors à un cent. On sait, d'ailleurs, que le gouvernement français avait donné ordre de faire évacuer cette île, ainsi que celle d'Orléans. Les familles restèrent ainsi cachées jusqu'au commencement de septembre, avec M. le curé Chaumont. Les hommes seuls sortaient, le plus souvent la nuit, pour veiller à leurs travaux des champs et élever sur le rivage des fortifications qui servirent de remparts. On voit encore aujourd'hui ces fortifications qu'on appelle les Canons.

Le capitaine Gorham dit, dans son rapport, n'avoir eu qu'un seul homme tué, mais on assure que plusieurs eurent le même sort, et qu'on les jeta dans l'étang de la Chapelle, près duquel plusieurs coups de fusils furent échangés à l'endroit appelé la Pointe-d'Aulnes.

Des deux Canadiens qui furent tués, l'un, Charles Demeule, de l'Ile-aux-Coudres, eut la chevelure levée, selon qu'il est mentionné dans son acte de sépulture. Il faut donc supposer qu'il y avait des sauvages dans le parti ennemi, car cet acte de barbarie n'est pas croyable autrement."

Et il y a aussi la tradition à l'Ile-aux-Coudres. A l'ouverture de la navigation, M. de Vaudreuil avait fait donner ordre aux habitants d'évacuer l'île et de traverser à la Baie-Saint-Paul avant l'arrivée de la flotte anglaise qui était signalée dans le Golfe. Les hommes en état de porter les armes devaient se rallier aux miliciens. Dans le but de repousser les tentatives de débarquement des Anglais on construisit quelques retranchements sur différents points de l'île que l'on jugeait les plus stratégiques.

L'ordre de M. de Vaudreuil avait jeté la consternation parmi la population de l'île. Abandonner ainsi leurs foyers si durement conquis, quel sacrifice! On s'imaginait déjà les voir en flammes; mais contre toute espérance de salut, on espérait quand même. Qui sait si la mer n'engloutirait pas les vaisseaux des envahisseurs comme elle avait fait de ceux de Walker?... Les prières redoublaient à la chapelle.

Voilà que la veille de l'Ascension, les guetteurs postés au sommet des caps et des pointes, signalèrent les vaisseaux anglais; toute une flotte, quoi! Les navires cinglaient toutes voiles dehors sous la poussée d'un fort vent de nord-est. A la vigie... le pavillon anglais. C'était l'avant-garde de la flotte ennemie commandée par l'amiral Durell. Alors la panique s'empara de la population. On embarqua dans les canots tout ce qui tombait sous la main. Puis vieillards, femmes et enfants, invalides, montent les frêles embarcations qui fuient vers la terre ferme. Là, on se cache dans les bois de la Baie-Saint-Paul. L'île était déserte quand le dernier navire de l'escadre jeta son ancre au "Mouillage" qui sera appelé dans la suite le "Mouillage des Anglais".

Des navires, on observe avec attention tous les points des côtes de l'île. Mais sur cette dernière, pas un signe de vie. Seuls quelques animaux errent ici et là dans les champs. Enfin, les Anglais descendent et établissent aussitôt sur le haut rivage un camp pour le soin des malades, et le délassement des hommes fatigués par une longue traversée. Durell avait reçu ordre d'attendre à l'Ile-aux-Coudres les deux autres sections de la flotte qui, arrivée à la hauteur du Bic, avait été divisée en trois escadres. Deux mois s'écoulèrent avant la réunion des trois escadres. Pendant ces deux mois, l'Ile-aux-Coudres fut le lieu de plaisir, de promenades et de délassement des équipages et des soldats de l'escadre de Durell. Mais ce ne fut pas sans de sérieux ennuis pour plusieurs qui tombèrent sous les coups de braves miliciens et habitants qui s'étaient cachés en embuscades en des endroits bien choisis.

On rapporte à ce sujet l'exploit de deux habitants de l'île, Nicette Dufour et François Savard, accompagnés d'un milicien, le capitaine de Niverville, qui s'étaient cachés dans un hallier au Cap de La Branche d'où ils eurent l'honneur, après avoir abattu deux officiers anglais, de capturer et de faire prisonnier le petit-fils de l'amiral Durell que l'on traita avec tous les égards dus à son rang.

*

* *

Sans compter la halte de Jacques Cartier à l'Ile-aux-Coudres en 1535, le "mouillage" des Anglais de Durell en 1759 et, avant, les allées et venues des Français, maints autres événements, peut-être insignifiants aux yeux du pays mais qui ne furent pas sans importance pour les insulaires, se sont passés sur l'Ile-aux-Coudres. Nous ne parlerons pas des tempêtes dont la Baie-Saint-Paul semble avoir la désastreuse spécialité et qui se plaisent à se déchaîner sur l'île, particulièrement aux équinoxes d'automne. La chronique de l'île a enregistré deux de ces tempêtes qui ont été particulièrement désastreuses et qui ont semé la terreur parmi la population.

Un de ces ouragans se déchaîna le 18 janvier 1803 et un autre la même année, à la fin de septembre. Tout fut culbuté dans l'île sous la force du vent. De nombreuses maisons furent renversées et la chapelle en partie détruite. En septembre, la récolte des céréales mise en javelles fut emportée en grande partie dans le fleuve.

En 1779 un fléau s'abattit sur l'île qui causa encore plus de dégats que les vents surgis de la Baie-Saint-Paul. On en garda le souvenir longtemps. Au milieu de l'été, sans cause apparente, commencèrent à sortir de terre des quantités incroyables de chenilles dont un grand nombre étaient d'une grosseur inusitée. Leur nombre croissait de jour en jour. Bientôt, il n'y eut pas un pouce de la terre de l'île qui n'en fut couvert. Ces bestioles s'insinuaient partout, dans tous les coins des maisons, dans les lits, dans les aliments, dans l'eau potable. Les ravages furent incalculables. Ces chenilles détruisirent les pâturages, le foin, les légumes, les céréales, tout. Les corps des hommes et des animaux en étaient couverts. L'abomination de la désolation régna dans l'île pendant plusieurs jours. Affolée, la population se tourna vers le ciel. L'abbé Pierre-Joseph Compain, alors curé de la paroisse, en ayant obtenu la permission qu'une délégation de paroissiens était allée demander aux autorités de l'archevêché de Québec, ordonna aux fidèles un jour de jeune complet, célébra une grande messe et organisa une procession à laquelle prit part toute la paroisse et qui s'arrêta à l'extrémité ouest de l'île. Et voici ce qui arriva.

Le lendemain de ce jour de prières, à leur réveil, les habitants constatèrent avec une joie indicible que leurs maisons et leurs champs avaient été soudainement débarrassés de ces insectes dégoûtants qui remplissaient maintenant les ruisseaux de l'île. Mais alors on craignit ni plus ni moins la peste, à la suite de la putréfaction de ces chenilles privées de vie. Le ciel n'avait pas fini de manifester sa puissance. Le soir, une pluie diluvienne tomba pendant plusieurs heures et fit déborder les ruisseaux dont les eaux entraînèrent toute cette pourriture dans le fleuve.

En 1791, d'autres bestioles s'abattirent sur l'île mais cette invasion ne fut pas, cette fois, regardée comme un fléau. Ce fut plutôt une manne. L'Ile-aux-Coudres, pendant l'hiver de cette année-là, fut littéralement envahie par les perdrix blanches. Et l'événement était d'autant plus remarquable que sur l'île, on n'avait jamais vu, jusqu'alors, ni perdrix blanches, ni gelinottes à fraise, ni tétras, ou autres "grouses". Ce fut après que d'abondantes pluies froides eurent couvert les territoires du nord d'un épais verglas, que ces perdrix commencèrent à envahir l'île. Elles arrivaient en nombre prodigieux; comme les chenilles de 1779, elles couvraient la terre, les toits des maisons et de leurs dépendances. On en tua par milliers et ce fut à qui des habitants en abattraient le plus grand nombre. Et telle était l'ardente ambition des chasseurs improvisés qu'on vit, rapporte l'abbé Mailloux, une mauvaise tête de la paroisse, engendrer querelle à son curé, l'abbé Charles Duchouquet, qui, chasseur passionné, avait voulu faire le coup de feu avec ses ouailles. L'"esprit fort" de la paroisse lui fit savoir que le Bon Dieu n'avait pas envoyé ce gibier à plume pour lui, mais pour les pauvres habitants. D'autres paroissiens et surtout des femmes firent comprendre à cet égoïste ses errements; et il abandonna la partie.

Plus tard, en 1812, des perdrix blanches vinrent de nouveau goûter aux tendres écorces des arbrisseaux de l'Ile-aux-Coudres, mais elles ne se montrèrent pas en aussi grand nombre qu'au temps du curé Duchouquet. Voulurent-elles punir l'insolent de 1791?...

On sait que la pêche, ou la chasse aux marsouins, fut, pendant de longues années, l'une des grandes sources de revenus des habitants de l'Ile-aux-Coudres. Cette chasse aux marsouins, dans ces parages, remonterait même à la découverte du pays. Elle était pratiquée par les sauvages sur les battures de l'île, à l'ouest de la Pointe-à-Antoine. Les Français également chassèrent le marsouin. Les messieurs du séminaire, premiers propriétaires de l'île, ont tendu des pêches aux marsouins sur les battures entre les années 1686 et 1728; et les concessionnaires suivirent leur exemple. On croit que les habitants de l'Ile-aux-Coudres apprirent des habitants de la Rivière-Ouelle, concédée avant l'Ile-aux-Coudres, et qui pratiquaient sur une grande échelle, cette chasse aux marsouins, la façon de s'y prendre pour capturer ce cétacé au moyen de perches et de harts plantées en cercle dans les battures et entre lesquelles on emprisonnait l'animal que l'on pouvait ensuite tuer au fusil, ce qui ne se pratiquait pas sans de graves dangers.

La chasse aux marsouins donnait parfois de gros revenus à ceux qui s'y livraient. Pendant certaines marées, on a tué jusqu'à cinquante de ces animaux. Un vieil habitant de l'île a affirmé que dans une seule marée, un printemps, on avait tué 320 marsouins, et on dit que dans une seule année, les habitants de l'île ont retiré un revenu de 2000 louis de cette chasse.

Mais, hélas! Cette source de revenus s'est tarie, du moins pour les habitants de l'Ile-aux-Coudres. Depuis nombre d'années, les marsouins ne fréquentent plus ces parages. Il paraît que les bateaux à vapeur les ont fait fuir.

Mais les grands événements dont l'Ile-aux- Coudres, comme les montagnes de Charlevoix, d'ailleurs, furent le théâtre, furent les deux grands tremblements de terre de 1791 et de 1870. Les montagnes de la côte nord du fleuve, entre la Malbaie et la Baie-Saint-Paul, subissent, de temps immémorial, des secousses sismiques qui se font sentir jusque sur la côte sud. Heureusement elles ne sont que rarement violentes. L'Ile-aux-Coudres, placée à une petite distance de ces montagnes, se ressent naturellement de ces secousses qui agitent les montagnes du nord. Le premier de ces tremblements de terre survint dans la soirée du 7 septembre 1791. Un témoin oculaire de l'événement qui était alors âgée de 12 ans, a raconté, à l'âge de 92 ans, en 1870, cette année-là, à l'abbé Mailloux, ses impressions sur ces sinistres événements. Voici quelques passages du récit que fit à l'abbé Mailloux, "la vénérable mère Jean Lapointe" :

"La première secousse de ce tremblement de terre se fit sentir vers les huit heures du soir, la veille de la fête de Notre-Dame des Avents, en l'année 1791. Notre famille jouait aux cartes avec deux voisins, venus passer la veillée avec nous. Cette première secousse fut telle qu'une corde de bois, entrée dans la maison par précaution, fut culbutée de fond en comble; la maison fut en partie décrépite; la cheminée fendue et toute délabrée, et de ce crépit tombé sur le plancher s'éleva une poussière tellement épaisse qu'on pouvait à peine respirer et voir les objets.

Les voisins qui veillaient avec nous coururent chez eux. L'un trouva la lampe qui éclairait sa maison détachée de la crémaillère où elle était suspendue, et tombée sur le plancher. Tous les deux trouvèrent leurs poêles démontés et leurs familles dans la plus grande consternation.

Après la première secousse du 7 de décembre, la terre fut agitée pendant toute la nuit par de petits coups. Elle nous semblait dans un cahottement continuel. Toute la population de l'île fut saisie de terreur, car nous nous attendions que la terre allait s'entr'ouvrir et nous engloutir. J'ai vu de mes yeux une planche, clouée sous une poutre, se déverser tellement qu'elle laissait échapper ce qu'on avait placé dessus.

Les moins dévots comme les autres passèrent toute cette première nuit en prière, et je vous déclare que nous priions tous ardemment, sinon de grand coeur et dévotement.

Le lendemain de la fête, le 9 de décembre, malgré les difficultés de voyager par eau à cette époque de l'automne, quelques-uns de nos hommes les plus capables s'emparèrent d'un des gros canots de bois et traversèrent à la Baie-Saint-Paul pour voir M. Gagnon. Ils revinrent le lendemain, et les rapports qu'ils nous firent augmentèrent encore notre dévotion. M. Gagnon leur avait dit que deux fortes secousses se feraient sentir huit jours après la première, et à la même heure, et qu'une dernière secousse, plus forte que toutes les précédentes, aurait lieu au bout de quarante jours, aussi à la même heure; enfin, qu'entre la première et la dernière, des secousses auraient lieu très fréquemment, de jour et surtout de nuit, mais moins violentes que celles qu'il avait désignées.

Tout cela arriva à la lettre. Les coups des premiers huit jours furent épouvantables, et ils se renouvelaient très souvent.

Enfin, au milieu de ces craintes, de ces terreurs et de ces angoisses arrivait le seize janvier, où nous nous attendions d'être engloutis tout vivants dans la terre. La veille de ce dernier jour, où nous devions périr ou être délivrés de nos terreurs, chacun de nous conjura la miséricorde de Dieu de se laisser enfin toucher par nos larmes et les larmes des petits enfants, dont la crainte et la peur étaient portées à leur comble.

Il arriva, ce seize de janvier, et, sur les huit heures du soir, une effrayante secousse survient tout à coup, sans se faire annoncer. Et toutes les maisons et la terre furent agitées d'une manière épouvanta-

ble. Nous pensions être à notre dernière heure. Nous nous jetâmes tous à genoux en criant vers Dieu de nous prendre en compassion. Mais nous ne devions pas périr. Dieu eut pitié de ces pauvres insulaires de l'Ile-aux-Coudres. Après plusieurs minutes, longues comme des mois, les commotions semblaient diminuer de violence. Et après, je pense, un gros quart-d'heure, elles cessèrent complètement. Nous reprîmes courage. Nous étions sauvés de la destruction."

Puis, soixante-dix-neuf ans après, le 20 octobre 1870, survint l'autre tremblement de terre qui causa encore plus de dégats que le premier et, naturellement, ne sema pas moins de terreur parmi les habitants. Voici encore le récit sommaire qu'en a fait un témoin oculaire :

"Quoique le tremblement de terre qui eut lieu dans l'Ile-aux-Coudres, il y a près de quatre-vingts ans, ait été, au rapport des vieillards de l'île, tellement fort qu'après un si long espace de temps, les gens n'en parlent encore qu'avec effroi, il est cependant certain que celui du 20 octobre dernier (1870), qui a frappé la même localité, a été pour le moins aussi fort et aussi effrayant par sa longue et forte secousse. Au dire des habitants de l'île, ce tremblement de terre a causé beaucoup plus de dommages que le premier. Aussi les impressions qu'a laissées celui du 20 octobre dernier, dans l'esprit et la mémoire des pères, passeront, j'en suis sûr, à leurs enfants.

Le vingt octobre au matin, il faisait un calme parfait. Cependant le ciel était sombre et couvert de gros nuages qui étaient suspendus immobiles à la voûte du ciel. La température était douce pour la saison, mais un peu humide. Aucune goutte de pluie ne tombait des nuages. Tout annonçait donc une de ces journées tranquilles qui se passent sans commotion et sans trouble.

Ce calme parfait, cette douce température se continuèrent sans variation sensible jusqu'à onze heures et demie de l'avant-midi. Mais, à ce moment précis, se fit entendre un épouvantable bruit courant du nord-ouest vers le sud-est. Ce bruit, plus fort que celui que font entendre les plus violentes tempêtes, imitait le roulement des grands tonnerres qui traversent l'atmosphère. Lorsque ce courant de bruit, qui venait à pas de géant, arriva sur les bâtisses, il y produisit un effet semblable au choc d'une puissante machine de guerre qui viendrait frapper contre une tour. Le bruit de ce coup imitait absolument la détonation d'un gros canon. Au même instant, les maisons les plus solides furent remuées et secouées d'une manière étrange, pendant au moins une minute longue comme cinq minutes ordinaires, avec une violence telle que les poêles se démontèrent, des meubles furent renversés et brisés dans leur chute, et presque toutes les cheminées plus ou moins démolies.

Les maisons en bois purent soutenir ce terrible choc sans être brisées, mais sur six maisons en pierre qui se trouvent dans l'île, quatre furent en partie démolies. Les dommages causés en ce seul jour dans l'Ile-aux-Coudres seulement furent évalués à six cents louis, au moins.

Les personnes qui se trouvèrent dehors pendant le temps de la terrible minute, furent grandement effrayées par l'agitation de la terre. Elle ressemblait à une mer secouée par un vent violent; des rochers se fendirent; les crans sur les grèves semblaient se rapprocher les uns des autres. On découvrit, plus tard, dans la terre, des fissures mesurant jusqu'à dix-huit pieds de profondeur."

A cause de l'isolement de ses habitants et des moyens difficiles dont ils disposaient naguère pour communiquer avec la terre ferme, leur île étant sans cesse exposée aux rudes coups des tempêtes qui surgissent des montagnes de la Baie-Saint-Paul, l'Ile-aux-Coudres a eu sa large part des deuils causés par les drames maritimes. Renfermés dans leur île pendant toute la saison des glaces, ils sont parfois obligés de traverser le fleuve avant qu'il soit complètement débarrassé de ses banquises; et à quels dangers alors ne sont-ils pas exposés? Autrefois, ils manquaient d'embarcations convenables, n'ayant à leur disposition, comme nous l'avons déjà relaté, que de lourds canots de bois qu'ils fabriquaient eux-mêmes, et plus tard, des canots d'écorce trop frêles pour affronter les vagues en courroux. Les malheurs ont été fréquents et pendant longtemps, il ne se passait pas une saison que la population de l'île n'eut à porter le deuil de quelques malheureux engloutis dans les eaux glacés du chenal du nord dont on se servait d'ordinaire. Aussi, l'abbé Mailloux, dans son histoire de l'Ile-aux-Coudres, a-t-il présenté une liste fort lamentable des personnes qui, à des époques parfois rapprochées, ont perdu la vie parfois en des circonstances profondément tragiques. Combien de pauvres gens de l'île sortiront des profondeurs glacées du fleuve le jour de la résurrection générale! Depuis 1856, on chante dans l'église de l'île deux grand'messes, chaque année, au printemps, pour demander au ciel de préserver les insulaires des traîtrises du fleuve.

*

* *

L'Ile-aux-Coudres peut, sous plus d'un aspect, intéresser aussi bien l'archéologue que l'historien. La Commission des Sites et des Monuments Historiques du Canada a-t-elle jamais jugé à propos de visiter cet endroit si riche en objets archéologiques? On peut compter là plusieurs vieilles maisons, du même vieux style, et dont le toit pointu à lucarnes évoquent une époque lointaine. Ces maisons ont été construites, à n'en pas douter, par les premiers colons qui vinrent s'établir dans l'île à l'époque où les messieurs du séminaire, premiers propriétaires de l'ile, eurent la permission de faire des concessions de terre. Si l'on consulte les propriétaires actuels de ces maisons, ils répondront qu'elles ont plus de deux cents ans, et qu'elles n'ont jamais "changé de nom". Et ces vieilles maisons ont toujours abrité les mêmes vertus patriarcales. Car l'Ile-aux-Coudres est le pays des belles et saines traditions des ancêtres. On ne connaît pas dans toute la province un autre coin de terre où la vie actuelle ressemble plus à ce qu'elle était autrefois.

C'est encore à l'Ile-aux-Coudres que l'on peut voir aujourd'hui ces vieux moulins à vent évocateurs d'un passé depuis longtemps révolu. On en compte deux, dont le vieux moulin seigneurial du séminaire de Québec. Tous deux sont en pierre et l'épaisseur de leurs murailles, massives, est égale à celle de nos fortifications québécoises. On dirait qu'ils ont été construits pour servir de postes de défense et de refuge contre les incursions des ennemis plutôt que pour y moudre le blé des paisibles habitants de l'île.

"*L'un de ces moulins*", disait feu Georges Bellerive, dans un article du "Terroir" du mois d'octobre 1922, "*se dresse majestueux au fond du havre où viennent encore jeter l'ancre la plupart des goélettes de l'Ile-aux-Coudres, et il confond ses vergues avec celles de ces petits bateaux à voiles. L'autre se dresse sur la berge du fleuve Saint-Laurent, du côté sud, et complète le décor magnifique qui s'offre aux regards des deux côtés de l'île, depuis le Cap-aux-Oies, du côté nord, et depuis Saint-Thomas jusqu'à Kamouraska, du côté sud.*"

Aux yeux de l'archéologue ou de l'architecte de goût, tout plaît dans la structure de ces vieilles constructions d'un autre âge: leur forme ronde, leur toit en cône, leurs grandes vergues qui se déploient dans l'espace et tournent à tous les vents selon les désirs du meunier.

Lorsque l'on fait la belle promenade autour de l'île par le chemin circulaire sur la hauteur des falaises, on rencontre de nombreuses croix de chemin érigées à différentes époques, par la piété des fidèles, en telle ou telle circonstance. On compte même, le long de ce chemin, onze de ces croix, toutes entretenues avec grands soins. En voici une qui s'élève au bord de la route, à la pointe ouest de l'île, depuis 1848, grâce à la piété d'un enfant de l'île, M. l'abbé Epiphane Lapointe, mort en 1862, curé de Rimouski. Sur cette croix, on lit l'inscription suivante : "Ici fut célébrée la première messe dite à l'Ile-aux-Coudres par le Révérend Père de La Brosse, 1765."

Ceux qui ne connaîtraient pas bien l'histoire du Canada pourraient croire qu'il s'agit de la première messe dite en la Nouvelle-France, comme l'indiquera, plus tard, en 1928, la croix de pierre érigée au "Mouillage" par la Commission des Sites et Monuments Historiques du Canada; il n'en est rien. Il y avait deux cent trente ans que la première messe avait été dite à l'Ile-aux-Coudres quand le Père de La Brosse vint dresser sur cette pointe son petit autel portatif et célébrer les saints mystères en présence des quelques habitants de l'île qui, alors, ne recevaient les secours religieux que des missionnaires Jésuites qui desservaient les missions de la côte nord du Saint-Laurent.

Pendant longtemps, les habitants de l'Ile-aux-Coudres n'ont reçu les secours de la religion que de ces missionnaires de passage. Plus tard, la desserte de l'île fut confiée au curé de la Baie-Saint-Paul qui remplit cette fonction jusqu'à l'arrivée du premier curé résident qui fut M. l'abbé Charles Garrault. Il n'y avait pas alors une simple chapelle sur l'île. D'après la tradition, les offices religieux étaient célébrés dans la maison d'une famille du nom de Dallaire qui demeurait au bout d'en haut de l'île.

En arrivant dans la nouvelle paroisse, M. Garrault fit comprendre aux habitants qu'il leur fallait une chapelle. Il obtint à cette fin du séminaire la concession d'un lopin de terre de six arpents de front sur dix de profondeur. Ce terrain est le même que possède encore l'église. Il fut donc résolu qu'on construirait une chapelle et les habitants y allèrent de bon coeur. On pourvut la chapelle d'une petite cloche qui fut donnée par les missionnaires Jésuites et qui, d'après la légende, sonna d'elle-même, le 11 avril 1782, le glas du Père de La Brosse.

Après le départ de M. Garrault qui fut, pendant deux ans et demi, "missionnaire de la paroisse de Saint-François-Xavier et de Saint-Louis de l'Ile-aux-Coudres", l'île fut de nouveau, pendant vingt ans, desservie par voie de mission. Le premier de ces missionnaires fut un Récollet, le Père François Denys Barron, puis ce fut un Jésuite, le Père Godfroy Coquart, puis le Père de La Brosse. Plusieurs prêtres du séminaire vinrent aussi faire des missions à l'île, jusqu'en 1767 alors que M. Chaumont prit la desserte régulière de la paroisse qu'il garda pendant vingt-neuf ans. En 1770, l'abbé Jean-Jacques Berthiaume vint prendre possession de la cure dont il fut le second titulaire. Il fit construire une seconde chapelle et un presbytère. M. l'abbé Berthiaume fut suivi de treize autres curés jusqu'à date — 1940.

Le troisième curé fut l'abbé Pierre-Joseph Compain qui fut, pourrait-on dire, le héros principal de la touchante légende de la mort du Père de La Brosse. Ce missionnaire mourut à Tadoussac le 11 avril 1728. Ce fut M. l'abbé Compain qui l'inhuma dans la chapelle de cet endroit. Mais M. Compain était curé de l'Ile-aux-Coudres. Comment à cette rude époque de l'année a-t-il pu apprendre la mort du Père de La Brosse et se rendre à Tadoussac pour l'inhumer?

La tradition répond par la merveilleuse et fraîche légende dont voici le texte conservé intact par les anciens de l'île :

"Le soir du 11 avril 1782, le Père de La Brosse jouait aux cartes, à Tadoussac, avec les employés du poste, lorsque, sur les neuf heures, il leur dit :

"Je vous souhaite le bon soir, mes bons amis, pour la dernière fois; car, à minuit, je serai corps mort. A cette heure, vous entendrez sonner la cloche de ma chapelle. Je vous prie de ne pas toucher à mon corps. Vous enverrez chercher M. Compain à l'Ile-aux-Coudres demain; il vous attendra au bout d'en bas de l'île. Ne craignez point la tempête si elle s'élevait; je réponds de ceux que vous enverrez."

Les employés du poste, curieux de savoir si la chose arriverait telle que le Père l'avait annoncée, veillèrent, la montre à la main, jusqu'à l'heure indiquée. Et, en effet, à l'heure de minuit, la cloche sonna trois coups. Ils coururent à la chapelle et ils trouvèrent le Père de La Brosse appuyé sur son prie-dieu, mais sans vie.

Le lendemain, dimanche, le vent du sud-ouest soufflait avec une très grande violence, et l'eau de la mer poudrait comme de la neige. Voyant cette tempête, les hommes du poste refusèrent de s'embarquer dans un canot et d'entreprendre de voyager.

Cependant, le premier commis s'adressant à ceux qu'il connaissait être de meilleure volonté que les autres, leur dit : "Le Père ne vous a jamais trompés, comme vous le savez. Vous devez avoir confiance dans sa parole. Est-ce qu'il n'y aura pas quelqu'un parmi vous qui voudra obéir à sa dernière volonté?"

Ces paroles eurent leur effet. Trois hommes se décidèrent à partir, et mirent le canot à l'eau. Et voilà qu'à la grande surprise de tous, le calme se fit autour d'eux, et, qu'à mesure que le canot longeait la terre, la mer s'aplanissait pour leur livrer un facile passage. Et ce qui ne les étonnait pas moins, c'est que le trajet se faisait avec une rapidité incroyable, si bien que, sur les onze heures du matin, ils approchaient déjà de l'île, et purent voir M. Compain qui se promenait sur le rivage, un livre à la main. Dès qu'ils furent à la portée de la voix, M. Compain leur dit : "Le Père de la Brosse est mort. Qu'avez-vous donc fait? Voilà une heure que je vous attends." Dès que le canot eut accosté le rivage, M. Compain s'embarqua et on descendit le fleuve jusqu'à Tadoussac."

Mais qui avait appris à M. Compain la mort du Père? Encore une fois la tradition répond. A minuit, ce jour-là, 11 avril, la petite cloche de la chapelle, donnée par les Jésuites en 1748, sonna les trois tintons du glas. Et c'est ce qui fit connaître la mort du Père de La Brosse, car ce dernier avait auparavant fait à l'île la même prédiction qu'il avait faite à Tadoussac où il avait annoncé sa mort prochaine.

Il y aurait toutes sortes d'anecdotes à raconter sur les différents curés qui ont eu à diriger les paroissiens de l'Ile-aux-Coudres. Nous n'en cueillons que quelques-unes, ici et là, à travers les biographies que leur a consacrées M. l'abbé Mailloux que nous avons souvent cité. Voici un trait de la vie de l'abbé Louis-Antoine Langlois, sixième curé de l'Ile-aux-Coudres, qui à la vérité n'était pas fait pour être curé d'une paroisse mais religieux contemplateur, fait remarquer, à son sujet, M. l'abbé Mailloux. Tout son temps se passait dans la prière au pied de l'autel de la chapelle; ses abstinences et ses jeûnes étaient continuels et il était d'un scrupule à décourager toutes les meilleures volontés. Or, dans la crainte d'exposer la Sainte Eucharistie aux profanations ,il ne pouvait se résoudre à permettre à ses paroissiens de s'approcher de la Sainte Table. Il n'en trouvait aucun digne de la communion, même de la communion pascale, à tel point qu'il ne se trouva que trois ou quatre personnes dans la paroisse qui purent faire leurs Pâques. Il en résultait que les insulaires étaient obligés d'aller chercher des prêtres à Québec pour accomplir leur devoir pascal. Il était particulièrement d'une réserve extrême avec les personnes de l'autre sexe. Il fut neuf ans curé de l'Ile-aux-Coudres, après quoi il fut nommé directeur spirituel des Ursulines de Québec.

Son successeur fut un prêtre français, l'abbé Marie-François Robin, qui fut chassé de France par la Révolution et qui arriva au Canada en 1794. Il ne fut qu'un an et demi curé de l'île dont plus d'un mois malade après quoi il mourut. Il fut le deuxième pasteur inhumé dans l'île, le premier ayant été le cinquième curé, l'abbé Charles Perreault.

Le curé Robin n'était pas d'un caractère commode d'autant plus que la maladie l'avait passablement aigri. On raconte qu'il avait pour habitude, après avoir fait un mariage, de dire au nouveau marié, d'un ton pas très doucereux : "Donne-moi six francs, prends ta bête et va-t-en!"

L'abbé Alexis Lefrançois, qui fut le huitième curé de l'Ile-aux-Coudres, rappela aux paroissiens leur ancien curé Langlois par ses mortifications. Jamais prêtre ne fut plus dur pour lui-même et il voulut que ses paroissiens le fussent autant pour eux-mêmes. On l'a beaucoup blâmé en certains milieux, pour la sévérité dont il usait envers ses ouailles, ce qui n'alla pas sans de sérieuses frictions.

Le neuvième curé de l'île était un enfant de la paroisse, l'abbé Pierre-Thomas Boudrault. Il était infirme par suite d'un accident subi lors de l'explosion d'un petit canon qu'on avait tiré pendant les vacances des élèves du séminaire de Québec au Petit Cap. Il ne marchait qu'à l'aide de béquilles. Il fut, lui aussi, inhumé dans l'église de l'île.

L'île-aux-Coudres a été érigée en paroisse en 1827 et placée sous le patronage de saint Louis en l'honneur du Père Louis Chaumont de la Jannière, premier missionnaire de l'île, de 1741 à 1748. Elle possède maintenant une église qui est l'une des plus belles du diocèse de Chicoutimi grâce à la générosité de deux de ses curés, deux frères, les abbés Jean-Baptiste et Jean-Alphonse Pelletier qui, pendant cinquante-deux ans, ont eu la direction spirituelle de la paroisse; de 1843 à 1895.

Les paroissiens de l'Ile-aux-Coudres sont d'une grande piété ce qu'ils doivent à la pieuse série de pasteurs qui les ont dirigés dans les voies de la perfection chrétienne. Il y a une tradition parmi les fidèles de l'île. Aux Quarante-Heures, le curé n'a pas à monter en chaire pour donner la liste des adorateurs du Saint-Sacrement. La liste est faite de temps immémorial. Chaque année, à tour de rôle, un des quartiers de l'île fait l'adoration. On prie trois quarts d'heure et on sort un quart d'heure. Les hommes allument leur pipe et les femmes jasent. On rentre de nouveau; on prie encore trois quarts d'heure et on sort derechef. Et ainsi de suite jusqu'au matin.

Enfin, disons que ce qui fait l'attrait principal de l'Ile-aux-Coudres, c'est son climat; baignée par le soleil qui brille au ciel et par ses reverbérations qui viennent de l'eau du fleuve, l'île jouit quand même d'une délicieuse fraîcheur provenant de la brise continuelle qui s'élève de l'eau, de chaque côté. C'est pourquoi les fruits et les légumes viennent merveilleusement sur le sol de l'île. On y récolte une moyenne annuelle de 100,000 minots de pommes de terre, 900 barils de pommes et pas moins de 10.000 à 11.000 gallons de petites prunes. Pas une maison qui ne soit entourée d'un jardinet où les fleurs les plus variées, vivaces et annuelles, s'épanouissent durant toute la belle saison. Bref, l'Ile-aux-Coudres :

C'est une île charmante, un sauvage coteau
Qui baigne sa falaise et les franges humides
Da sa verte parure aux pieds des Laurentides;
On dirait un bouquet flottant au fil de l'eau.

UNE AVANT-GARDE D'ILES

L'Ile du Pot-à-l'Eau-de-Vie, L'Ile-aux-Lièvres et L'Ile Blanche

Un groupe de trois îles : L'Ile du Pot-à-l'Eau-de-Vie — Brandy Pot — l'Ile-aux-Lièvres et l'Ile Blanche, situé au large de la Rivière-du-Loup, semble comme monter la garde à l'entrée du "Pays de Québec", et les navires qui remontent le fleuve, venant du golfe, ont à guider leur course sur le bateau-phare que les vagues balancent assez violemment, même par temps calme, à l'extrémité de la batture de l'Ile Blanche qui est celle du groupe la plus avancée vers l'ouest . . . Puis, les navires s'avancent dans le chenal du sud, entre la terre ferme et les trois îles que nous venons de nommer. C'est celle du Pot-à-l'Eau-de-Vie qui est la plus rapprochée de la terre ferme, côté sud. Un mille en arrière du Pot-à-l'Eau-de-Vie s'étend, sur une longueur de neuf milles, l'Ile-aux-Lièvres qui ressemble, de loin, à un long cigare. Enfin, en arrière de l'extrémité est de l'Ile-aux-Lièvres, à une distance d'un mille, se trouve l'Ile Blanche dont la longueur est de tout au plus un mille.

Le Pot-à-l'Eau-de-Vie! Quelle est l'origine de ce nom étrange? La tradition nous en donne deux explications.

M. R. O'Neil, de la Commission de Géologie du Canada, qui visita cet îlot en 1858, croit qu'il a été ainsi appelé à cause de la présence de petites mares que l'on voit au creux des rochers et dont l'eau aurait la couleur bleuâtre de l'eau de vie.

Nous puisons, dans le *Bulletin des Recherches Historiques* — Vol. 11, p. 76 — la seconde explication :

"Lorsque la mer est grosse, les navires trouvent près de ces rochers aujourd'hui connus sous le nom de "Brandy Pot", une eau tranquille où ils puissent mouiller. Les roches ont, paraît-il, la forme d'un pot à l'eau de vie; de là les marins, qui ne sont jamais en peine pour baptiser les endroits pittoresques qu'ils visitent, leur ont donné ce nom."

Ce point géographique du fleuve a-t-il une origine française? Sous le régime français, il n'avait point d'autre appellation que celle de Pot-à-l'Eau-de-Vie. Les sources d'information sont à ce sujet le journal du comte Anne-Joseph-Hypolythe Malartic, officier de l'un des régiments de Montcalm, et celui de Foligny dans une relation qu'il a faite du siège de Québec en 1759. Malartic raconte que le 15 mai 1759, la frégate *"le Machaux"*, commandée par le sieur Dinel, annonça l'arrivée à Québec de la flotte de M. Canon dont partie fut brûlée à l'Ile-aux-Coudres et partie à l'île du Pot-à-l'Eau-de-Vie. Foligny parle de son côté d'un vaisseau sur lequel il s'était embarqué pour retourner en France et qui mouilla le 25 septembre 1759 à "l'Ile-aux-Lièvres dans l'ouest du Pot-à-l'Eau-de-Vie."

M. J.-Edm. Roy nous laisse savoir qu'il a aussi trouvé la même désignation géographique dans un mémoire de Bougainville adressé à la cour en 1758.

Comme pour les noms de beaucoup de nos accidents géographiques, même d'origine incontestablement française, le nom anglais a malheureusement prévalu dans le langage courant des marins et . . . des autres; et nous voyons sur les cartes : "Brandy Pot".

L'Ile du Pot-à-l'Eau-de-Vie est un îlot rocheux divisé en deux parties, ce qui apparaît surtout à marée basse. La partie la plus élevée de l'îlot est très escarpée; c'est le "Gros Pot". Sur l'autre partie, moins haute, s'élève un phare. Ce phare, qui a été construit voilà soixante-quinze ans, est entretenu par un gardien qui y demeure avec sa famille durant la belle saison. L'endroit est à la fois pittoresque et sauvage; le violent mariage des rochers et des eaux s'y célèbre continuellement. Là, dans le fracas des vents du large qui sifflent dans les rochers, et des flots qui tonnent au creux des grottes, on peut méditer à loisir ces vers magnifiques du poète paysan Philéas Lebègue :

C'est un sinistre champ de rocs déchiquetés,
Fauves et roux, pareils à d'énormes épaves;
C'est un champ crevassé, vêtu d'algues qui bavent
Au bord du gouffre leurs glauques viscosités.
Fantastique chaos ! . . . .

Maintenant l'ombre monte et le flot s'accélère,
Sous l'étreinte du vent, la mer palpite et geint,
Et pousse vers la tour du phare encore éteint
Les écumes et les fracas de ses colères.

Sur les flots délirants qui hurlent à la mort
Et dont vibrent les voix lugubres en fanfare,
Ne vois-tu pas lutter les feux d'espoir du phare?
Et qu'importent les heurts, les combats fatiguants,
Les surprises du vent au long des nuits funèbres,
Si la petite flamme a lui dans les ténèbres,
Si la clarté sourit au coeur des ouragans?

Malgré son peu d'étendue, cet îlot du Pot-à-l'Eau-de-Vie a une histoire intéressante. C'est là que s'arrêta, en 1740, le vaisseau du roi le "*Rubis*" qui, arrivant de France d'où il était parti le 10 juin de cette année, portait à son bord soixante personnes malades. Mgr François-Louis de L'Auberivière, cinquième évêque de Québec, qui venait de France prendre possession de son siège épiscopal, était parmi les passagers et les malades. Après avoir franchi le grand banc de Terreneuve, le "*Rubis*" devint soudain comme un hôpital flottant. Un mal inconnu se répandant parmi les passagers, engendra une fièvre violente, la pourpre et les éruptions. Force fut au commandant d'arrêter son navire au Pot-à-l'Eau-de-Vie. Quelques hommes valides furent envoyés de là à Québec d'où l'on expédia deux voiliers montés de pilotes et de matelots. Le "*Rubis*" entra en rade de Québec le 8 août. Quarante-sept hommes avaient succombé et l'Hôtel-Dieu hébergea 150 malades. Mgr de L'Auberivière échappa d'abord au fléau mais, quelques jours après l'enthousiaste réception qu'on lui fit à Québec, il dut s'aliter et mourut le 20 août. Il n'était âgé que de trente ans et laissait une réputation de haute sainteté.

Dans la biographie qu'il fait de Mgr de L'Auberivière dans son ouvrage "*Les Evêques de Québec*", Mgr Têtu, au sujet de la tragique traversée du "*Rubis*", rapporte ce trait qui se place, croit-on, un peu avant l'arrivée du vaisseau à l'Ilot du Pot-à-l'Eau-de-Vie et qui est raconté par Raffin de la Morandière, l'un des passagers du "*Rubis*" qui était sous le commandement de M. de La Soussaye.

"*Une femme avait dans un moment de trouble laissé tomber son enfant à la mer. L'enfant disparut dans l'abîme Dans sa désolation, la mère alla se jeter aux pieds du jeune et pieux évêque de Québec à qui elle avait vu déjà opérer tant de prodiges de charité. Elle avait foi dans l'intercession de celui qui se sacrifiait si entièrement pour les autres. Ce saint jeune homme se mit aussitôt en prière, dans la simplicité de son coeur, et Dieu récompensa la foi de l'un et de l'autre. L'enfant reparut porté sur les flots et les heureux témoins de ce prodige remarquèrent qu'il tenait sans cesse les yeux fixés sur le prélat qui lui-même, tantôt regardait le ciel. Enfin, les matelots qui avaient descendu une chaloupe à la mer prirent le pauvre enfant qui flottait sur les vagues et le rapportèrent plein de vie à son heureuse mère."*

C'est au Pot-à-l'Eau-de-Vie que survint l'aventure de l'équipage de la barque "*Endeavour*". Ce naufrage eut lieu précisément le samedi, 27 novembre 1835. Ce jour-là, à midi, le vaisseau était parti de Québec, en route pour l'Angleterre, chargé de pommes, de potasse et de fourrures. Cet "*Endeavour*" était — naturellement en 1835 — un navire à voiles. Le vent était bon; le capitaine Walter Douglas et le pilote Guillaume Lachance, de l'Ile d'Orléans, avaient bon espoir de gagner très vite la haute mer. A part le capitaine et le pilote, le bateau comptait treize matelots. A 11 heures du soir, le vent étant tombé, on jeta l'ancre vis-à-vis l'Ile-aux-Oies, et ce ne fut que le lendemain, à trois heures, qu'une brise favorable porta la barque jusqu'à la Traverse de Saint-Roch. Là, beaucoup de glaces incommodaient le navire qui réussit cependant à se frayer un passage; mais le vent tomba de nouveau et la barque se mit à dériver entre les Pèlerins et Kamouraska. Le temps était devenu excessivement froid. On chercha à toucher la rive sud afin de trouver une anse pour y mettre le navire à l'abri. Mais ce fut peine inutile; la barque continuait de dériver. Le samedi, deux jours après le départ de Québec, on s'aperçut que le vaisseau se trouvait tout près de l'Ile du Pot-à-l'Eau-de-Vie, vers laquelle les glaces l'entraînaient avec une effroyable rapidité. On était irrémédiablement perdu. On s'attendait à chaque instant de voir chavirer le navire. Cependant, quand on fut assez près de terre, ordre fut donné à l'équipage de prendre toutes les provisions qu'on pouvait apporter et de gagner l'île en passant sur les glaces. Après quelques heures de séjour sur l'îlot, le capitaine crut qu'on pouvait tenter de mettre le navire en sûreté, et l'on s'embarqua de nouveau. Mais il fut impossible de manoeuvrer et de nouveau on gagna terre. Un des membres de l'équipage, cependant, eut assez de courage pour rester sur le navire qui, dérivant toujours, le porta jusqu'à l'Ile Verte, qu'il gagna en marchant sur les glaces. Le reste de l'équipage, quatorze hommes, se trouva alors abandonné sur l'Ile déserte de "Brandy Pot". Tous semblaient destinés à une mort certaine par le froid et la famine. Le pilote Lachance, heureusement, eut l'idée d'allumer des feux sur la partie la plus élevée de l'îlot et de les entretenir constamment. Sept jours se passèrent ainsi. Voilà que le samedi suivant, 6 décembre, les naufragés virent se diriger vers eux deux canots qui venaient de la Rivière-du-Loup et qui étaient montés par sept hommes dirigés par le pilote Joseph Pelletier. Ils apportaient aux malheureux des vêtements et des provisions. Le lendemain, ils purent gagner la rive sud sur les deux canots de Pelletier et la chaloupe de leur navire qu'ils avaient gardée avec eux.

De retour à Québec, le capitaine Douglas fit les plus grands éloges du pilote Pelletier qui, après avoir aperçu de l'île les feux allumés par les naufragés, réussit à engager sept de ses amis à se joindre à lui pour aller les secourir. Les marchands de Québec et autres personnes intéressées dans la marine prélevèrent entre eux une souscription pour lui offrir une médaille, que l'on peut voir aujourd'hui au musée numismatique de l'Université Laval. Sur la face principale, on lit, — en anglais, pourquoi? — "Presented to M. Jos. Pelletier, Branch Pilot for the River Saint-Lawrence, by the merchants of Quebec". Et sur le revers : "In token of High Sence with the entertain of his valour, humanity and perilious exertions in rescuing on the 5th Dec., 1835, the master and crew of the Barque "*Endea-*

vour" from a situation of great suffering and imminent danger at the Brandy Pot".

Peu après cette aventure, un des naufragés de la barque "*Endeavour*", résidant à Saint-Michel de Bellechasse, probablement le pilote Guillaume Lachance lui-même, portait à la connaissance des lecteurs du "*Canadien*", l'acte de bravoure accompli par le pilote Jos. Pelletier, de la Rivière-du-Loup :

"*La reconnaissance*" disait-il, "*me dicte le devoir de publier dans votre journal, si vous me le permettez, la conduite héroïque de l'intrépide marin, Joseph Pelletier, pilote* No. 84, *de la Rivière-du-Loup, à l'égard de la barque* "Endeavour", *commandée par le capitaine Walter Douglas, perdue dernièrement dans les glaces en descendant le fleuve. Cet équipage composé de quinze hommes, y compris le susdit commandant et le pilote Guillaume Lachance, était au Pot-à-l'Eau-de-Vie, le seul endroit où il avait pu débarquer, exposé au plus grand froid que nous ayons eu cet automne, et sans aucun espoir de pouvoir se rendre à la terre ferme, à moins d'être secouru par des personnes venant de la rive sud, chose qui était presque impossible, vu la grande distance qu'il y avait à traverser, et conséquemment à s'exposer à périr. Que cependant le susdit Pelletier, après avoir aperçu les signaux de détresse qui étaient faits le soir sur une éminence, entreprit avec quelques autres personnes qui ne purent se refuser à ses pressantes sollicitations, de traverser en canot l'espace de quatre lieues pour sauver la vie aux infortunés dont je faisais partie. Son zèle fut couronné de succès, et M. Pelletier parvint après beaucoup de travail, de fatigues et de dangers à nous arracher à une mort certaine. L'action est d'autant plus digne d'éloges que M. Pelletier fut le premier et presque le seul qui voulut courir le risque de l'entreprise.*"

Un tel endroit ne pouvait pas plus manquer de légendes que de drames.

Voilà près de cent ans, un homme de Cacouna, qui occupait le phare de l'Ile du Pot-à-l'Eau-de-Vie, en creusant près du rivage, trouva deux cadavres que l'on supposa être ceux de deux marins à cause de certaines pièces de vêtements restées intactes. Or, voici ce que l'on raconte à ce sujet.

Un capitaine anglais, ami d'un riche propriétaire de fermes qui demeurait à la Rivière-du-Loup, un débauché adonné à l'ivrognerie, en visite, un jour, chez son ami, sut, par de belles manières empruntées, capter la confiance d'Hélène, la jeune fille du "gentleman farmer", et celle de son ami. Il demanda même sa main qu'il allait probablement obtenir quand le père reçut une lettre l'informant de la conduite du capitaine qu'il congédia avec violence.

Le capitaine partit mais jura de se venger. Un mois se passa. On commençait à oublier les menaces qu'il avait proférées en partant quand, une nuit, le garçon fermier du père d'Hélène, étant sur la grève où il surveillait ses pêches, entendit tout à coup les cris de détresse d'une femme. Le jeune homme, que nous appellerons Pierre, reconnut la voix de sa jeune maîtresse, qui continuait toujours de crier : "Au secours! Au secours! . . ." En même temps, Pierre vit, dans l'ombre du fleuve, une chaloupe qui s'éloignait du rivage et d'où partaient les cris. L'embarcation était montée par deux vigoureux rameurs qui faisaient voler la chaloupe sur l'eau à la vitesse d'un oiseau.

Pierre courut à la maison de la ferme où il réveilla son père à qui il raconta ce qu'il venait de voir et d'entendre. Tous deux mirent à la hâte leur canot à la mer et partirent à force de rames. Déjà la chaloupe était loin. Toujours avec la même vitesse, elle gagnait l'Ile du Pot-à-l'Eau-de-Vie. Mais le canot filait plus vite. Bientôt il devança la chaloupe et doubla, peu après, un grand navire ancré au bout de l'îlot. Il passa inaperçu. Quelques minutes après, Pierre et son père furent sur le rivage rocheux du Pot-à-l'Eau-de-Vie. Ils avaient apporté un fusil. Tous deux en glissant dans l'ombre, se dirigèrent vers la maison du phare de l'île où ils voyaient de la lumière. S'étant cachés tout près, ils aperçurent par une fenêtre, à l'intérieur de la maisonnette, deux hommes et dans l'un d'eux, le capitaine anglais. Ils ne connaissaient pas l'autre. Les deux misérables parlaient, et Pierre et son père comprirent qu'ils s'entretenaient de l'enlèvement d'Hélène. Les deux hommes de l'intérieur, ayant jeté un regard par la fenêtre, le capitaine cria : "Les voilà et ils ont l'oiseau! A moi la partie!..." Puis tous deux se vidèrent de pleins verres d'alcool.

Pendant ce temps, la chaloupe abordait l'îlot. Pendant que l'un des deux matelots attachait la chaloupe, l'autre se dirigea vers la maisonnette. A ce moment, Pierre sortit de sa cachette et, suivi de son père, bondit vers le rivage, abattit d'un violent coup de crosse de son fusil le matelot qui était resté de garde à la chaloupe, et tous deux sautèrent dans cette dernière qu'ils éloignèrent du rivage à force de rames.

La jeune fille, à demie évanouie, en voyant Pierre et son père, croyant qu'ils étaient du complot, se mit à leur reprocher leur trahison :

"Mais nous sommes venus vous sauver, Mlle Hélène" dit Pierre; "comment avez-vous pu croire que nous étions avec ces lâches; tenez, voyez-les sur le rivage!..."

En effet, on vit sortir de la maison le capitaine portant un fanal et suivi de son compagnon et de l'autre matelot. On entendit : "By!..." Tous trois avaient tout à coup aperçu le corps du gardien de la chaloupe et constaté la disparition de celle-ci :

"Le diable serait-il contre nous?" cria, furieux, le capitaine.

"Yes! . . ." cria Pierre, de la chaloupe, en mettant son fusil en joue.

On entendit le bruit d'un corps tombant dans l'eau. Le capitaine avait payé son coup d'audace.

Deux heures après, Hélène était rendue à son père, heureux comme on le pense bien. Elle fut, dans la suite, dangereusement malade. Mais on la sauva à force de bons soins.

Plus tard, malgré la différence de situation, Hélène épousa Pierre, ayant refusé avec énergie toutes les autres propositions de mariage qu'on lui fit à la suite de son aventure. Elle fit le bonheur de son brave mari et de son père . . .

Poussons maintenant une pointe en arrière, sur l'Ile-aux-Lièvres; un mille en canot. Nous abordons sur une île abondamment boisée. Il paraît qu'on y a fait autrefois la coupe du bois, mais les documents manquent à ce sujet. Ce furent peut-être les hommes qui travaillaient dans ces chantiers qui, sans doute pour commémorer un événement tragique arrivé parmi eux, élevèrent sur le rivage une haute croix de bois que les vents renversèrent, qui fut avec les années recouverte de terre, et découverte, vers 1920, par des jeunes gens qui villégiaturaient à la Pointe de la Rivière-du-Loup, et qui faisaient de fréquentes excursions sur ces îles du large. Le pied de la croix était pourri quand on la découvrit. On l'éleva de nouveau quand même en attachant sa base à une souche. Mais le vent la culbuta encore sans doute, puisqu'on ne la voit plus.

C'est Champlain qui, lorsqu'il la découvrit en 1608, appela cette île l'Ile-aux-Lièvres, sans doute à cause de la quantité de ces léporidés qu'il y vit. Mais sait-on que l'Ile-aux-Lièvres à une histoire qui remonte beaucoup plus haut que Champlain? On puiserait même la première mention qui en a été faite au profond de la nuit des temps phéhistoriques . . . La découverte, en effet, de cette île remonterait à l'époque lointaine des merveilleux voyages des Scandinaves, d'Eric Le Rouge et de Thornfin Karlsefui qui auraient remonté le golfe et le fleuve Saint-Laurent. '. jusqu'à Montmagny, et auraient même passé un hiver à l'Ile-aux-Lièvres.

Voilà, certes, de quoi faire sourire les gens versés dans l'histoire et la géographie du pays. Et pourtant... Un des plus intéressants travaux géographiques qui aient vu le jour au sujet des découvertes des Scandinaves en Amérique dans la dernière année du Xe siècle est bien celui du professeur M.-P. Stensby, professeur de géographie à l'Université de Copenhague, travail publié en 1918. Dans cette étude, ce professeur décrit le voyage en Amérique en l'an 1000 de Thornfin Karlsefui, et d'après lui, le pays de Vinland ne serait autre que la région sud du fleuve Saint-Laurent, aux environs de Montmagny, à vingt milles de Québec. Voici la route suivie par l'expédition partie du sud du Groënland, telle qu'interprétée par M. Stensby.

Elle aurait tout d'abord remonté à une grande distance la côte occidentale du Groënland puis elle aurait cotoyé le Labrador jusqu'au Détroit de Belle-Isle où elle serait entrée dans le Golfe Saint-Laurent. Les navires auraient continué de longer la côte labradorienne et ils auraient enfin atteint l'embouchure du Saguenay, c'est-à-dire Tadoussac. La partie du Labrador qui est sur l'Atlantique reçut le nom de Hulluland : celle qui s'étend du Détroit de Belle-Isle au Cap Whittle fut désignée sous le nom de Markland. La partie nord de Terreneuve fut désignée sous le nom de Bjarney, c'est-à-dire l'Ile-de-l'Ours,, et le nom de Furdustrand aurait été appliqué à la partie de la côte du Labrador qui s'étend du Cap Whittle à la Pointe-des-Monts, et même jusqu'à la Pointe-aux-Vaches près de Tadoussac que Karlesfui désigna sous le nom de Kjalarnes. De ce dernier endroit, l'on remonta le fleuve et on atteignit l'Ile-aux-Lièvres où on hiverna. Cette île reçut le nom de Straumey et le fleuve celui de Straumfjord. En continuant de remonter le Saint-Laurent, on aurait enfin atteint Montmagny et le nom de Hop désignerait le petit bassin à l'embouchure de la Rivière du Sud.

Et voilà!... Sans doute, les Scandinaves ont dû connaître, durant leur hivernement à l'Ile "Straumey", ses deux voisines l'Ile-du-Pot-à-l'Eau-de-Vie et l'Ile Blanche, mais les Sagas n'en parlent pas. Nous connaissons l'histoire du Pot-à-l'Eau-de-Vie. Quant à celle de l'Ile Blanche elle est tout à fait inconnue; ou plutôt, elle n'en a pas. L'Ile Blanche fait partie des îles heureuses...

L'ILE-AUX-BASQUES

L'Ile-aux-Basques! . . . voici un nom qui nous fait sauter d'un bond presque dans la préhistoire canadienne.

C'est une petite île d'un mille et quart de longueur par quatre cents verges de largeur et dont la plus grande hauteur est de cent-cinquante pieds. Elle est située à la hauteur de l'embouchure du Saguenay, du côté nord, et côté sud, non loin des Trois-Pistoles.

Le 24 juin 1929, la Société Provancher d'Histoire Naturelle de Québec achetait de M. S.-C. Riou, avocat de la Rivière-du-Loup, cette historique petite Ile-aux-Basques. La Société tenait à en faire l'achat à cause de ses souvenirs historiques et pour en faire un refuge d'oiseaux. En effet, cette île, qui est très richement boisée, possède une faune qui a attiré l'attention des naturalistes. Parmi les oiseaux qui la fréquentent, on remarque le corbeau du nord, le pinson fauve, la fauvette rayée, tous oiseaux assez peu communs dans l'est du Canada.

Cette Ile-aux-Basques est très probablement le coin de terre du Canada dont l'histoire remonte au plus haut des temps.

L'Ile-aux-Basques fut d'abord baptisée Ile-de-la-Guerre par Alphonse de Saintonge, pilote royal sous François 1er. Ses contours apparaissent pour la première fois sur la mappemonde d'Harlecan en 1536, aussi sur celle de Descelliers en 1546, sur la mappe de l'Amérique du Nord publiée par Vallard en 1547, sur le planisphère de Descelliers en 1560, sur la mappe de Mercator en 1569, enfin, sur la carte de Samuel de Champlain "capitaine pour le Roy en la Marine", carte en son "vray méridien" faite par Champlain lui-même en 1632.

Sur la carte de la Nouvelle-France par N. Bellin, ingénieur hydrographe de la Marine sous le ministre Maurepas, 1744, l'Ile-aux-Basques et l'Ile-aux-Pommes sont nommées pour la première fois et bien repérées.

Voilà donc une petite île du fleuve Saint-Laurent qui a attiré de fort bonne heure l'attention des anciens cartographes et des découvreurs. Jacques Cartier en parle également dans les relations de ses voyages.

Disons qu'elle fut appelée Ile-de-la-Guerre parce que des sauvages de Donacona, — a raconté Donacona lui-même à Cartier — furent massacrés sur cette île par les indiens Toudamens, tribu des Etchemins qui habitait la rive sud, d'après Lighthall.

Pourquoi fut-elle appelée Ile-aux-Basques? Parce que les Basques, avant Cartier et du temps de Champlain, occupaient cette île pour y dépecer les baleines qu'ils capturaient à la hauteur du Saguenay et y extrayaient leur huile. Ces Basques ennuyaient même beaucoup le fondateur de Québec qui de concert avec la Compagnie de Montmorency chargea Raymond de la Ralde de les poursuivre et de les forcer à respecter leurs contrats.

Le Père Henri Nouvel, S. J., dans la *Relation des Jésuites*, parle d'une touchante mission qu'il fit dans l'Ile-aux-Basques. Ce missionnaire raconte, entre autres choses : "J'ai pris plaisir à visiter les fourneaux qu'ils — les Basques — y ont basty pour faire leur huyle. On y voist encore tout auprès de grandes costes de baleines qu'ils ont tuées."

Si aujourd'hui, l'on ne voit plus de ces "costes de baleines", on peut y constater encore trois des fourneaux en pierre que les Basques "ont basty" et qui sont très visibles aujourd'hui. La Commission des Monuments Historiques de Québec a fait placer sur la route nationale à Trois-Pistoles, une plaque sur laquelle on lit l'inscription suivante : "Sur l'Ile-aux-Basques, on voit les vestiges des fourneaux construits par les Basques. Le Père Nouvel et ses néophytes Papinachois se retirèrent sur l'Ile-aux-Basques, en 1664, pour se protéger des Iroquois."

En quittant les Ilets Saint-Jehan-Vieux Bic — lors de son second voyage en 1535-36, Cartier mentionna dans ses relations : — Biggar, archiviste en chef fédéral en Europe, page 114 :

"Nous appareillâmes dudit hable le premier de septembre pour aller vers le Canada. Et envyron quinze lieues du dit hable à l'ouaist surouaist, y a trois isles au parmy dudit fleuve le travers desquelles y a une rivière fort profonde et courante qui est le chemin du Royaume et Terre du Saguenay."

Par cette simple mention de Cartier, il est facile de reconnaître l'Ide-de-la-Guerre, l'Ile-aux-Pommes et l'Ile-Verte, toutes trois en effet, à la hauteur de l'embouchure du Saguenay.

Egalement dans la relation du second voyage du Découvreur du Canada, on lit ce qui suit : — Biggar, page 177 :

"Et fus par le dit Donacona montré au dit capitaine les peaux de cinq têtes d'hommes estendues sur des bois comme peaux de parchemins; et nous dit que c'étaient des Toudamens (Iroquois) de devers le Su qui leur menaient continuellement la guerre. Outre nous fut dit qu'il y a deux ans passés que les Toudamens les vinrent assaillir jusque dedans le dit fleuve à une "isle qui est le travers du Saguenay", où ils étaient à passer la nuit, tendans à aller à Honguedo (Gaspé) leur mener la guerre avec envyron deux cents personnes, tant hommes, femmes, qu'enfants lesquels furent surpris en dormans dedans un fort qu'ils avaient fait, où mirent

les dits Toudamens le feu tout alentour et comme ils sortaient les tuèrent tous, réserve cinq qui échappèrent."

M. J.-C. Taché, dans ses "*Trois Légendes de mon Pays*" prétend que ce massacre d'indiens raconté par le chef Donacona à Cartier eut lieu dans l'Ile du Bic. M. l'abbé J. Michaud soutient cette prétention dans son "*Histoire de la Métapédia*", tandis que feu Charles-A. Gauvreau, ancien député de Témiscouata, dans son opuscule "*Au Bord du Saint-Laurent*", prétendant rectifier l'erreur de M. Taché, soutient que ce massacre eut lieu dans l'Ile-Verte (1). D'autre part, le Dr D.-A. Déry, de Québec, veut que le massacre ait eu lieu en cet endroit. (2)

Cette Isle "qui est le travers du Saguenay" et dont parle Jacques Cartier a été parfaitement localisée comme étant l'ancienne Ile-de-la-Guerre, suivant la Boussole Géographique de Jean Fonte-

(1) Pour notre part, nous préférons donner pour théâtre à cet ancien massacre de Sauvages, cette île du Bic que l'on a appelée "l'Ilet-au-Massacre" précisément parce que la tradition veut que ce massacre ait eu lieu dans cet îlot. Nous adoptons ainsi l'opinion de M. J.-C. Taché et de M. l'abbé J. Michaud, laquelle est basée sur la tradition qui, dans l'occurrence, prouve autant que l'histoire qui, en somme, pour indiquer l'endroit où eut lieu ce massacre des Micmacs que raconte le chef Donacona à Jacques Cartier, se résume en ces mots : "...une île par le travers du Saguenay". Or, il y a beaucoup d'îles qui, en cet endroit du fleuve, sont "par le travers du Saguenay". Pourquoi le massacre n'aurait-il pas eu pour théâtre l'Ile-aux-Pommes qui est, comme les îles du Bic, comme l'Ile-aux-Basques, comme l'Ile Verte, "par le travers du Saguenay"? — L'Auteur.

(2) Le Dr D.-A. Déry, membre fondateur de la Société Provancher d'Histoire Naturelle dont il est un ancien président, a particulièrement étudié les Iles-aux-Basques et Razades qui appartiennent, comme l'on sait, à cette Société. C'est à lui que nous devons la plus grande partie des renseignements contenus dans l'histoire de l'Ile-aux-Basques et des deux Razades.

neau dit Alphonse de Saintonge, capitaine-pilote de François 1er. Or, l'Ile-de-la-Guerre telle que précisée par Alphonse de Saintonge, ne peut être autre que l'Ile-aux-Basques.

Dans sa *"Cosmographie avec Cartier et Régime du Soleil et du Nord"*, complétée le 24 mai 1544 — Appendice 2, page 292, *"Voyages de Jacques Cartier"*, par Biggar, — Alphonse de Saintonge dit :

"L'Isle de Raquelay — L'Ile du Bic — et l'entrée du Saguenay sont l'est et l'ouest, l'Ile-de-Raquelay et l'Ile-de-Guerre sont l'est norest et ouest surouest et y a en la route 12 lieues."

A la page 293 du même ouvrage, on lit encore :

"L'entrée du Saguenay et l'Ile-de-la-Guerre sont nord norouest et su suest; et y a de l'un à l'autre trois lieues."

Preuve de la justesse des observations faites par ce pilote consciencieux qu'était Alphonse de Saintonge, l'Ile du Bic git dans le fleuve par le 48ème degré 25, et Saintonge, avec les primitifs instruments du temps, donne 48 degrés ½ de la hauteur du Pôle arctique.

Or, c'est dans ces parages que longtemps avant Jacques Cartier et du temps du Découvreur comme, plus tard, du temps de Champlain, les Basques venaient chasser la baleine. Dans *"Gens de Mer"* publié dans le *"Canada Français"* — 1888 — par feu le Dr N.-E. Dionne, on lit ce qui suit :

"Vers 1620, les Basques, "gens sans aveu" étaient rois et maîtres dans le Saint-Laurent, à la hauteur du Saguenay; traite à la fourrure illégale, chasse à la baleine avec felouque armée, à tel point que Champlain en était fort ennuyé. La Compagnie de Montmorency chargea de concert avec Champlain, Raymond de la Ralde de faire respecter leur charte et il se mit à leur poursuite."

Dans son *Histoire de la Nouvelle France*, le Père Charlevoix dit : — Vol. 5, page 97 :

"Tout ce pays — les parages du Saguenay, — est plein de marbre mais sa plus grande richesse serait la pêche à la baleine. En 1705, à la fin du mois d'août, étant mouillé avec le "Héros" *dans ce même endroit, — Tadoussac, — je vis quatre de ces poissons qui, entre tête et queue, étaient presque la longueur de notre vaisseau. Les Basques ont fait autrefois cette pêche et on voit encore sur cette isle qui porte leur nom et qui est un peu plus bas que l'Ile-Verte, des restes de fourneaux et des costes de baleines."*

Les Basques abandonnèrent, dit-on, la pêche à la baleine pour s'adonner exclusivement au commerce des pelleteries qui demandait moins de dépenses, moins de fatigues, où l'on courait moins de dangers et dont les profits étaient plus considérables et plus prompts.

Il serait possible aussi que les Basques aient abandonné cette chasse, du moins dans les parages du Saguenay, pour la bonne raison que les baleines elles-mêmes avaient, en partie, quitté ces lieux. Ils étaient pourtant si bien équipés sur l'Ile-aux-Basques et la chasse y était si facile. En effet, les baleines, tuées à la hauteur du Saguenay, étaient à peu près entraînées par le courant jusque dans une anse de l'île où l'on n'avait ensuite qu'à les dépecer.

La baleine a-t-elle été quelque peu éloignée des parages de l'Ile-aux-Basques par l'espadon? Ce serait possible. Ce poisson acanthoptère, que l'on ne voit nulle part, ni dans le fleuve, ni dans le golfe, faisait au temps du Père Charlevoix, une guerre cruelle aux baleines qu'il forçait à fuir au loin quand il avait percé le dos du cétacé de son redoutable éperon. Le Père Charlevoix dans son "*Journal d'un Voyage failt par ordre du Roy dans l'A-*

mérique Septentrionale" publié en 1721, décrit même un combat entre une baleine et un espadon. Il prétend que le combat d'une façon générale, dure "jusqu'à ce que l'espadon perde de vue la baleine qui bat toujours en retraite et qui nage mieux que lui à fleur d'eau."

Quoiqu'il en soit, les Basques abandonnèrent les parages du Saguenay et il n'apparaît pas qu'ils aient continué leur chasse dans le Golfe ou ailleurs dans le fleuve, puisque, plus tard, des droits de pêche exclusifs à la baleine ont été concédés dans le Golfe non plus aux Basques, mais à des Canadiens, entre autres, à Hilaire Brideau, en 1733, par l'intendant Hocquart, et en 1747, à M. de La Fontaine de Belcour, membre du Conseil Supérieur, homme de grande entreprise, mais qui manquait d'esprit de suite dans ses nombreux projets et qui obtint de MM. de la Jonquière et Bigot, les droits exclusifs de la pêche à la baleine "avec des rets" sur la côte du Labrador.

Mais revenons à notre petite Ile-aux-Basques.

*

* *

Un autre souvenir historique d'un ordre différent s'y rattache.

L'événement nous est raconté par le père Henri Nouvel, S. J., l'un des plus héroïques missionnaires jésuites de cette partie du Domaine du Roy, qui, dans la *Relation des Jésuites*, de 1644, — page 10, raconte :

"Le 22 avril, les glaces ayant fondu en partie, nous allasmes par terre où nous avions laissé nostre chaloupe. Lorsque nous entrasmes dans les bois, nous la trouvasmes toute couverte de neige. Il fallut trois jours pour la mettre en état. En suyte de quoi, nous nous embarquasmes pour l'Isle aux Basques où nous arrivasmes au travers des glaces, dans

un jour. Cette isle qui n'est esloignée du costé du sud que de 2 lieues et de sept du costé du nord est bien agréable. Elle n'a qu'une lieue de longueur et demi-lieue de largeur; elle porte le nom de l'Isle aux Basques à raison de la pesche de baleines que les Basques y faisaient autrefois. J'ai pris playsir à visiter les fourneaux qu'ils y ont basty pour faire leur huyle, on y voist encore tout près de grandes costes de baleines qu'ils y ont tuées.

"Et ce fut à cette isle où la Providence de Dieu nous conduisit pour y passer la quinzaine de Pâques et où nos sauvages ont donné des marques de leur piété. A peine eus-je marqué un lieu pour y dresser une chapelle que d'abord les hommes courent à leurs haches pour couper du bois nécessaire à la fabriquer et les femmes et les filles ramassent les branches de sapin pour la paver, tapisser et couvrir. Nous n'eusmes besoin que d'un jour pour la mettre en estat d'y faire nos prières.

"Le Jour de Pâques au midi, Il y eut grand festin à la sagamité faite de blé d'Inde bouilli que le père avait envoyé quérir sur l'Isle-Verte, laissé là au commencement de l'hiver, de graisse et de viande d'orignal fumé. On y mangea aussi un paquet de langues d'orignal, don d'un sauvage au père. Après chansons, sermon, harangues et réjouissances, il fallut sortir de l'Isle.

"Mais avant que de sortir de l'Isle aux Basques, pour passer du costé du Nord, je rendys les derniers devoirs au corps d'une petite fille qui estoit morte depuis deux mois. Son père qui était Montagnez fut bien aise qu'elle fut ensevelie dans nostre chapelle. et devant une grande Croix que nous avons plantée, vendredy Saint, vis-à-vis la porte."

Et le Père Nouvel, en route pour le Pays des Papinachois, sur la côte nord, continue :

"Ayant laissé les Montagnez qui avaient hiverné avec nous, dans l'Isle des Basques, je passay du cos-

té nord avec les Papinachois, à la faveur d'un beau jour que Dieu nous donna pour faire nostre traite d'environ sept lieues. Nous abordasmes à Esseigniu —les Escoumins — rivière célèbre à cause du grand nombre de saulmons qu'on y prend dans la belle saison de pesche."

Le Père Henri Nouvel fut l'apôtre de cette partie du pays qui devait comprendre, un peu plus tard, la Seigneurie des Trois-Pistoles, qui a été concédée à Denis de Vitré, le 6 janvier 1687, spécialement pour la pêche, avec les îles des environs, y compris l'Ile-aux-Basques. Le Père Nouvel fit à l'Ile-Verte une importante mission au mois de novembre 1663, alors que cette île n'était qu'un endroit de pêche et de chasse connue des sauvages seuls, malgré que le Père Gabriel, un autre missionnaire Jésuite, y eut fait quelques courses apostoliques avant le Père Nouvel.

Quoiqu'il en soit, quand le Père Nouvel y arriva, le 24 novembre, 1663, il y trouva soixante-huit sauvages "tant Papinachois que d'autres nations" qui étaient enfermés dans un fort de pieux à cause de la découverte qu'on avait faite d'un "cabanage" d'Iroquois, non loin de là, sur la terre ferme. Cette mission sur l'Ile-Verte dura dix jours et le Père Nouvel raconte qu'il y éprouva de grandes consolations, ayant baptisé six enfants et un capitaine Papinachois "dans une petite chapelle qu'on y dressa."

*

* *

Maintenant à quand remonte la colonisation de cette partie de la Nouvelle-France. Voici quelques notes à ce sujet, extraites du *"Bulletin des Recherches Historiques"*, numéro d'août 1918 :

"Le 6 janvier 1887, MM. de Denonville et Bochart de Champigny accordaient à M. Denys de

Vitré "deux lieues de front le long du fleuve Saint-Laurent du côté du sud à prendre depuis la concession du sieur de Villemay (suivant son titre de l'Ile-Verte) en descendant le dit fleuve Saint-Laurent, la rivière des Trois-Pistoles comprise et les îles qui se trouvent dans les deux lieues de la présente concession sur deux lieues de profondeur, même l'Ile-aux-Basques, si elle se trouve dans la dite quantité concédée."

Le premier titre de propriété de l'Ile-aux-Basques date donc de 1687. La concession de la seigneurie des Trois-Pistoles était faite en fief, seigneurie et justice, selon les conditions ordinaires du temps. Le bref de confirmation de cette nouvelle seigneurie fut donné par le Roi le 1er janvier 1688. On l'appelait d'abord la seigneurie de la Rivière Trois-Pistoles, mais elle est devenue la Seigneurie des Trois-Pistoles.

Le 13 novembre 1688, M. de Vitré louait sa propriété, aux charges clauses et conditions portées dans son titre de concession, à Denis Riverin, directeur de la Compagnie du Nord, demeurant à Québec, "moyennant le prix et somme de cent livres de rente annuelle que l'acheteur s'engageait à payer par chacun an au vendeur en son hôtel à Québec." Le contrat fut passé devant Mtre Rageot et le loyer devait durer neuf années consécutives.

Le 15 mars 1696, M. de Vitré échangeait sa seigneurie des Trois-Pistoles avec Jean Rioux, habitant de l'Ile Saint-Laurent, (Ile d'Orléans), pour sa terre et habitation sise et située en l'Ile Saint-Laurent, paroisse Saint-François, de trois arpents de front sur le fleuve Saint-Laurent sur toute sa profondeur qu'elle pouvait avoir jusqu'au milieu de l'Ile. M. de Vitré cédait sa seigneurie avec tous les droits et obligations de l'acte de concession du 16 janvier 1687. Il s'engageait, en outre, à donner à Rioux une chaloupe biscaienne avec ses agrès, cables, voiles, grappins, prête à faire voile pour aller au dit lieu dans la rivière Trois-Pistoles. Cet acte d'échange fut passé devant Mtre Chambalon à Québec, le 16 mars 1696.

Le nouveau propriétaire de la seigneurie de Trois-Pistoles arriva à ce dernier endroit le 10 juin 1697 pour y demeurer avec sa femme et ses fils. Il fut le premier colon et le fondateur de Trois-Pistoles.

L'Ile-aux-Basques porte le numéro 54 du cadastre seigneurial de feu Eloi Riou, seigneur primitif de Trois-Pistoles. Charles-H. Têtu & Cie fut le premier censitaire du seigneur Riou avec rente annuelle d'un louis, dix chelins et six deniers, ce qui en monnaie actuelle, représente $6.10. Mais la Compagnie Têtu transféra l'Ile-aus-Basques à Magloire Dubé, de Trois-Pistoles. Celui-ci décida d'y établir une ferme avec maison et grange. Des animaux domestiques, vaches et moutons, y furent transportés et un M. Bernier fut le fermier de Magloire Dubé. Bernier y installa sa famille et y hiverna deux années. La maison était bâtie au "bout d'en haut" qui était défriché. Pour des raisons que l'on ne connaît pas, cette ferme fut abandonnée. Jusqu'en 1900, on allait visiter la maison de l'Ile-aux-Basques. C'était une grande construction blanche au toit en bardeaux peints en rouge. Elle servit longtemps de refuge aux chasseurs qui y venaient à l'automne. On y voit encore l'emplacement que la brousse envahit de jour en jour de même que la partie défrichée de l'île.

Après Magloire Dubé, les divers propriétaires de l'Ile-aux-Basques ont été Alice Gauvreau, de Saint-Jean-Baptiste de l'Ile-Verte, épouse séparée de biens d'Elias Mailloux. L'Ile fut ensuite vendue, le 27 juin 1888, par le shérif, et Damase Rossignol de la Rivière-du-Loup en devint le propriétaire. Ce dernier la revendit à J.-Alphonse Lavigne. de Trois-Pistoles, le 5 septembre 1888; elle fut achetée de M. Lavigne par Louis Paradis, le 24 janvier 1907; puis, le 29 janvier 1907, elle fut vendue par M. Louis Paradis, à M. S.-C. Riou, avocat de la Rivière-du-Loup.

Enfin, le 24 juin 1929, M. S.-C. Riou vendait l'Ile-aux-Basques à la Société Provancher d'Histoire Naturelle de Québec. La vente était payable aux héritiers de feu Eloi Riou, ancien seigneur de Trois-Pistoles. Par un ordre en conseil passé par le Conseil Exécutif de la province, au mois de juillet de la même année, l'Ile-aux-Basques échappait à toute tentative de prospection au point de vue minier.

Par une coïncidence que nous tenons à signaler, l'abbé Provancher, patron de la Société du même nom qui a acquis l'Ile-aux-Basques, a visité plusieurs fois cette île, alors qu'il était curé de Saint-Jean-Baptiste de l'Ile-Verte.

Nous avons déjà rapporté que la Commission des Monuments Historiques de Québec a posé sur la route de Trois-Pistoles, une plaque signalant aux passants la valeur historique de l'Ile-aux-Basques. Nous ajouterons que les fourneaux des Basques que l'on voit dans l'Ile sont très bien conservés et qu'ils devraient être un objet de curiosité remarquable pour les touristes. Il n'y a pas de doutes que des fouilles dans cette petite île du Saint-Laurent conduiraient à la découverte d'intéressantes reliques dont l'origine remonte à la découverte du Canada. Aussi bien la pose d'une plaque historique dans l'Ile même s'impose si nous voulons attirer l'attention de nos visiteurs dans cette partie trop ignorée de la province.

LES ILES RAZADES

Avec les Razades, les deux Razades, celle d'en haut et celle d'en bas, et avec l'Ile-aux-Basques, nous sommes dans le domaine de la Société Provancher d'Histoire Naturelle de Québec. Les Razades font partie du bout du fleuve qui baigne Rimouski et les Trois-Pistoles. La Razade d'en haut a une superficie de vingt acres à marée basse et sa plus grande élévation est de dix-sept pieds tandis que la Razade d'en bas est presque au niveau de l'eau et à peu près de la même superficie que sa soeur la Razade d'en haut. Ces îles sont situées vis-à-vis la ligne de démarcation de Saint-Simon et des Trois-Pistoles. On compte un mille et demi entre les deux îlots qui sont à un mille et quart de la terre ferme.

La Razade d'en haut a fait partie, en premier lieu, de la seigneurie des Trois-Pistoles concédée, le 14 juin 1702, à Claude de Bermen, sieur de la Martinière, par le Chevalier Callière et Bochart Champigny.

La Razade d'en bas, cadastrée dans la paroisse de Saint-Simon, faisait partie, au début, de la seigneurie de la Baie des Hahas, ou de Nicholas Riou, qui fut concédée, le 6 avril 1751, par le Marquis de la Jonquière, gouverneur de la Nouvelle-France, à Nicholas Riou.

C'est le 21 janvier 1927 que la Razade d'en haut fut vendue à la Société Provancher par Charles-François Rioux, employé civil, demeurant à

Limoilou, agissant tant à son nom personnel qu'en sa qualité de tuteur de ses six enfants, tous alors propriétaires indivis de cette île qui porte le numéro 666 du Cadastre officiel de la paroisse des Trois-Pistoles, comté de Témiscouata. Le prix de l'îlot, libre de toute hypothèque, était de $500.00. Le contrat de vente fut passé entre Charles-François Rioux, tuteur, Jean-Baptiste Eugène Frenette, subrogé tuteur, et Charles Rioux, fils de Charles-François Rioux, d'une part, et la Société Provancher représentée, d'autre part, par le Dr D.-A. Déry, alors président, et Louis-B. Lavoie, secrétaire-trésorier de la Société, devant le notaire R.-C. de la Chevrotière.

A peu près trois mois plus tard, le 6 avril 1927, la Société Provancher devenait propriétaire de la Razade d'en bas grâce à un don que lui faisait la "Brown Corporation" par le ministère de son gérant, M. W.-R. Brown, et d'après une résolution passée par le bureau de direction de cette compagnie industrielle adoptée le 28 mars 1927 devant le notaire Reginald Meredith, membre de la Société Provancher. Il fut signé, d'une part, par M. W.-R. Brown et, d'autre part, par M. George-M. Mitchell, et Louis-B. Lavoie, respectivement président et secrétaire-trésorier de la Société Provancher, autorisés à cette fin, par une résolution du bureau de direction de la société passée le 24 mars 1927.

Le don était fait à la condition expresse que la dite île sera employée comme sanctuaire d'oiseaux et de faire les dépenses nécessaires pour leur protection, sans quoi l'île reviendra à la "Brown Corporation" sans aucune formalité légale.

D'après un rapport d'une étude faite en 1929 par le Fr. Marie-Victorin, sur l'Ile-aux-Basques et sur les deux Razades, la Razade d'en bas est caractéristique du côté florule en ce que cette dernière est parfaitement reconnaissable : florule des rochers insulaires du Saint-Laurent livrés aux oiseaux. Comme l'Ile-aux-Basques, lit-on dans ce rapport, la Razade d'en bas doit sa forme aux lits de rochers palozoïques redressés vers le nord-est et plongeant dans le sud-ouest, lits, qui dans les deux cas, sont les dernières traces émergées du grand système apalachien. L'îlot est entouré d'une ceinture de plantes halophytiques ordinaires dans cet habitât. Quant à la Razade d'en haut, d'après le Fr. Marie-Victorin, elle ne présente pas de zonation bien marquée.

Mais si les Razades sont si bien vues des amateurs d'oiseaux et des oiseaux eux-mêmes, et aussi des botanistes, elles ne le sont pas autant des marins. Leurs parages sont, en effet, plutôt dangereux surtout pour les marins peu expérimentés dans la navigation du Saint-Laurent. Le peu d'élévation de ces îlots peut leur donner l'apparence de récifs à fleur d'eau. C'est, d'ailleurs, à leur peu d'élévation au-dessus de l'eau, qu'elles doivent leur nom de "Razades" — de "Ras" — courant violent au ras de l'eau. L'origine du nom peut aussi venir de "rasade" : liquide qui remplit un vase jusqu'au bord. Ici, en effet ,l'eau emplit les bords des îlots. Avec le temps on aurait remplacé le "s" par un "z"; et voilà tout. Razade viendrait aussi de la ressemblance de ces îlots à fleur d'eau avec ces fleurs de broderie en relief ouvrées spécialement par les sauvagesses, en particulier sur les mocassins. Mais il ne faut pas demander trop d'explications sur l'origine des noms dont nos ancêtres baptisaient les accidents géographiques qu'ils rencontraient.

Toujours est-il que naviguant dans ces parages, les navigateurs doivent être bien prudents et suivre attentivement toutes les instructions nautiques. On dirait que la nature a voulu que le domaine consacré aux oiseaux par la Société Provancher soit aussi inaccessible que possible aux humains. De ces îlots à l'Ile Verte, la côte sud est bordée de larges battures découvertes à mer basse et de hauts fonds.

On ne nous pardonnerait pas de terminer cette rapide topographie maritime de cette partie du fleuve sans rappeler les curieux phénomènes qui apparaissent dans ces parages et qui sont des mirages étudiés en particulier par l'amiral Bayfield et par le Dr William Kelly qui a donné à ce sujet, le 4 février, 1832, une fort intéressante causerie devant la "Société Littéraire et Historique de Québec". Ces mirages seraient les résultats du contact de l'air plutôt chaud avec la surface froide de l'eau; car c'est surtout durant les mois de juillet et d'août qu'on peut observer le phénomène aux endroits généralement où la mer est haute et, en toute saison, entre l'Ile Rouge et le Bic. Il se produit par beau temps, quand le ciel est clair et que dans l'air calme ne souffle pas la moindre brise. Ces mirages se forment et se défont sans arrêt, faisant tour à tour apparaître et disparaître leurs multiples paysages trompeurs : îles, lisières de forêt, pitons, plateaux, navires qui montent ou descendent alternativement.

Et ce coin générateur de si splendides tableaux dus au mirage n'a pas seulement été étudié par les savants; il peut être admiré tous les jours de la belle saison par les profanes et, en particulier, les navigateurs. On conçoit facilement à quel point ces spectacles sont de nature à rendre encore plus pittoresque ce paysage d'eau qui s'étend dans les parages du domaine de la Société Provancher. C'est une attraction qui a frappé tous ceux qui ont eu la chance de s'y trouver conviés. Encore quelques mots de la navigation en cet endroit.

Les navires qui remontent le fleuve, parvenus au Bicquet, doivent prendre leur alignement sur le phare de l'Ile-Verte ou de l'Ile-Rouge, et ne pas dévier vers le sud; c'est-à-dire, passer au large des Razades et de l'Ile-aux-Basques.

On a enregistré plusieurs naufrages de plus ou moins d'envergure, peut-on dire, dans les environs des Iles Razades et nous ne voulons rappeler que le dernier en date, celui de la goélette du capitaine Rioux en novembre 1899. L'embarcation s'est échouée sur la Razade d'en bas et son capitaine se noya. On a enregistré aussi le naufrage du navire le "*Cerf*" qui a péri, en 1749, à l'Islet-au-Flacon, près du Bic.

Avant que la Société devint propriétaire des Iles Razades, en 1922, les directeurs conçurent le projet d'ériger une croix de pierre sur la Razade d'en haut. Le 31 juillet 1831, le projet était un fait accompli. Depuis on voit s'élever sur un versant de la Razade d'en haut un monument qui a une histoire. Il y avait là, à partir de 1840, une croix commémorative en bois qui rappelait un événement tragique survenu en cet endroit en 1839. Cette croix, à demi pourrie, en 1887, fut remplacée au mois d'août de cette année-là par une autre également en bois qui fut bénie par le chanoine D. Vézina, alors curé des Trois-Pistoles. En 1927, un groupe de citoyens des Trois-Pistoles et de directeurs de la Société Provancher prirent l'initiative de remplacer de façon permanente cette croix de bois par une croix de pierre. On préleva à cette fin une souscription qui se montra généreuse et comme nous venons de le rappeler, le 21 juillet 1931, le monument était terminé. Un comité d'organisation avait été formé au prélable sous la direction de M. le chanoine Joseph-Elzéar Pelletier V. P. et ce comité avait chargé M. Héliodore Laberge, architecte de Québec, de préparer les plans de cette croix.

Le monument complet, tel qu'on peut le voir aujourd'hui, mesure quatorze pieds de hauteur et comprend un piédestal qui porte une croix taillée dans une seule pierre. Il s'élève près de la vieille croix de bois de 1887. Une plaque de bronze incrustée dans la pierre porte l'inscription suivante : "Nos pères, partis à la dérive sur les glaces en chassant le loup marin, atterrirent providentiellement sur cette île, le 25ème jour de décembre 1839. Hommages de leurs descendants".

C'est en effet, le souvenir de cette tragédie que rappelle le monument de la Razade d'en haut. Le matin du 24 décembre 1839, les habitants des Trois-Pistoles aperçurent les glaces du fleuve en avant de leur village, littéralement couvertes de loups marins. Quels beaux coups de fusil en perspective! La chasse s'organisa et, en un instant, toute la population mâle des Trois-Pistoles était sur la glace à la chasse. Ce fut pendant plusieurs heures un véritable massacre. Dans l'après-midi, plus de sept cents bêtes gisaient sur la glace. On se préparait à charger ces bêtes sur des traîneaux qui s'étaient rangés sur le rivage quand tout à coup une clameur farouche s'éleva sur la rive. On ne s'était pas aperçu pendant le massacre que le vent de terre avait sournoisement détaché la glace qui s'était mise à dériver vers le large entraînant hommes et bêtes. La nappe mouvante s'éloigne avec rapidité. Bientôt la situation apparaît désespérée aux malheureux chasseurs. C'est la mort qui les attend dans la froidure, dans la nuit du large. Sur le rivage, les femmes et les enfants, et le curé en tête portant la croix, prient avec ardeur, pendant que la cloche de l'église mêle sa grosse voix d'airain aux autres. Soudain, durant la nuit, le vent changea de direction. La banquise sembla s'arrêter dans son mouvent d'aller. Bientôt elle heurta une pointe de rocher et s'arrêta tout à fait. Le rocher était celui qu'on appelait la "Petite Razade". Tout le monde était sauvé. Pas un seul homme ne manquait à l'appel. Tous purent, le lendemain, regagner la terre ferme, et Dieu sait avec quels transports de joie ils furent reçus au village.

Et voilà l'événement tragique, mais qui aurait pu l'être davantage, que rappelle la Croix des Razades.

La Société Provancher a fait, on le sait, des deux Razades et de l'Ile-aux-Basques, un sanctuaire d'oiseaux de mer et de grève. La colonie des Razades est l'une des plus importantes du Saint-Laurent. Au mois de juin 1931, le Dr Harrisson-L. Lewis, officier en chef du gouvernement fédéral chargé de l'observance de la loi concernant la conservation des oiseaux migrateurs, dans un rapport qu'il rédigeait sur une visite qu'il avait faite de l'Ile-aux-Basques et des deux Razades, en compagnie de quelques directeurs de la Société Provancher et de M. Napier Smith, ornithologiste de Montréal, disait : "La concentration des nids de canards eiders sur les deux Razades est le plus dense pour les oiseaux de cette espèce nichant en groupe aussi nombreux que j'ai jamais vu nulle part.". A cette occasion, le Dr Lewis avait compté sur les deux Razades 679 nids de canards eiders d'Amérique et 613 nids de goëlands argentés, soit 1,292 nids recensés sur ces deux îles seulement. Le Dr Lewis disait encore en conclusion de sa visite : "Les conditions favorables observées sont sans aucun doute dues aux efforts de la Société Provancher pour la protection d'oiseaux de si grande valeur sur ces îles et dans les environs."

Chaque année, en effet, la Société Provancher couvre son domaine d'une sollicitude toujours de plus en plus empressée. Depuis qu'elle est devenue propriétaire de ces îles, il ne se passe pas un été qu'un groupe de ses directeurs aille en faire une visite minutieuse, voyant à tout ce qui peut servir le confort de ses protégés ailés, prenant les mesures nécessaires pour écarter les dangers qui peuvent les menacer. D'année en année, la protection est rendue plus sévère. De plus, tout en prenant des mesures pour protéger les oiseaux, la Société Provancher a cru qu'il était sage de fournir aux naturalistes les moyens d'étudier les oiseaux, et c'est pourquoi elle a établi des héronnières et des tours d'observation où sont déjà allés étudier des ornithologistes de renom. Des études pratiques se poursuivent, chaque été, sur les colonies des Razades. Et sous l'allant de ce bel enthousiasme, on ne pouvait oublier de pratiquer l'étiquetage des oiseaux migrateurs, ce qui consiste, comme l'on sait, à entourer la patte d'un oiseau d'un anneau en aluminium portant un numéro matricule et de le lâcher pour sa migration annuelle. Le profane devine que le but de cette opération est de constater si les oiseaux retournent au lieu de leur naissance après leurs longues pérégrinations d'hiver. C'est le 14 juillet 1925 que la Société fit sa première expérience d'étiquetage grâce au Dr D.-A. Déry, membre de l'"American Bird Banding Association" qui communique les nouvelles des résultats de l'étiquetage. Chaque année, grâce à cet étiquetage, de nombreux retours sont constatés. On a matriculé depuis 1925 des milliers d'oiseaux. Les autorités d'Ottawa et de Washington suivent avec un grand intérêt ces expériences d'étiquetage dans le domaine aquatique de la Société Provancher.

Enfin, rappelons qu'en 1935, la Société Provancher décida de tenter l'expérience de la cueillette de l'édredon des nids des canards eiders sur les Razades. Elle obtint à cette fin la permission du Service des Parcs Nationaux du Ministère de l'intérieur. On fit une première récolte en juillet de cette année-là et on réussit à recueillir dix livres de duvet à l'état brut ce qui était un premier succès qui s'est accentué chaque année depuis.

Et ce n'est pas l'un des moins intéressants côtés de ces jolies Iles Razades.

L'ILE-AUX-POMMES

Pour l'amour de Dieu et par respect pour le bon sens, qu'on n'aille pas, obéissant à cette manie ridicule d'angliciser les vieux noms français de nos accidents géographiques, qu'on ne s'avise pas, dis-je, de traduire "Apple Island" notre Ile-aux-Pommes au nom si ancien que Montcalm en parle dans son journal et explique même son nom. "Apple Island", non seulement ferait disparaître un bon vieux nom français consacré par l'histoire et par l'usage mais détruirait même la signification du nom. Car de pommes — apples — il n'est nullement questions dans cette Ile-aux-Pommes, ni de "McIntosh", ni de "Baldwin", ni de "Fameuses". Pas plus de vergers que sur la main dans l'Ile-aux-Pommes! Mais toute l'île est couverte d'un petit fruit rouge, l'airelle ponctuée — "vaccinum vitis" pour messieurs les savants — "cranberry", pour les Anglais, et pour les gens du bas de Québec, "pommes de terre".

De là, de ces petites "pommes de terre" le nom de cette île connue ainsi du temps du régime français.

Rampant en épais tapis parsemés de petites fleurs blanches et rouges, puis de jolis petits fruits d'un rouge vif, gros comme une gadelle, la "pomme de terre", en effet, couvre toute cette île qui est située entre l'Ile Verte et l'Ile-aux-Basques, en face de Saint-Eloi de Kamouraska et, du côté nord, vis-à-vis l'entrée du Saguenay.

L'Ile-aux-Pommes mesure un mille de longueur par six arpents de largeur. Elle est de formation shisteuse — tuf. — Il n'y a à bien dire pas d'arbres. Ou plutôt on en voit qui ont peut-être plus d'un siècle mais qui ne dépassent pas trois pieds de hauteur: autant dire des arbustes. Le défaut à peu près complet d'humus et aussi les vents violents qui balayent continuellement l'île empêchent toute végétation d'atteindre plus haut que la pointe des rochers. Le sol de l'île est couvert en grande partie d'herbes sauvages parsemées de ces baies rouges dont nous venons de parler. Le tout est d'une remarquable beauté. On voit aussi sur l'île le cornouiller du Canada, ou "quatre-temps", le percet, "camarine noire", — empetum negrum — le genevrier qui y pousse en abondance. Le Frère Marie-Victorin a fait l'inventaire de la flore de l'Ile-aux-Pommes et l'a trouvée très riche.

L'absence d'arbres permet, de l'île, une vue circulaire grandiose : au nord, l'entrée du Saguenay, Tadoussac, les Bergeronnes — "Bergère Anne", comme indique une vieille carte — les Escoumins, l'Ile-Rouge; au sud, le Gros Cacouna, l'Ile-aux-Hérons, Saint-Jean-Baptiste de l'Ile Verte, Saint-Eloi, Trois-Pistoles, Saint-Simon, et même, dans le lointain, l'Ile du Bic.

Inutile de dire que dans ces conditions, la vie sur l'Ile-aux-Pommes est belle et agréable. Il y a les fruits délicieux, les jolies fleurettes, la vue d'un panorama magnifique — on y peut distinguer sept clochers d'église, — un paysage d'eau incomparable. Et il y a aussi les oiseaux; des oiseaux de toute nature, de mer et de grève, qui y font un séjour assez prolongé. On y voit la maubèche — alouette — le corbigeau, le pluvier, le "tournepierre", le "chevalier", le courlis de la Baie d'Hudson, le canard noir, le canard eider, ou moniac, etc. Les lois de protection des oiseaux migrateurs protègent les oiseaux de l'Ile-aux-Pommes l'année durant.

Le Dr Stanislas Gaudreau, de Québec, propriétaire actuel de l'Ile-aux-Pommes, avec une grâce charmante, nous a fourni tous ces intéressants renseignements sur son île. Il en a ajouté encore bien d'autres, par exemple, sur son status, oserions-nous dire.

Avant 1855, nous révèle-t-il, l'Ile-aux-Pommes faisait partie de la seigneurie de l'Ile Verte. A cette date elle fut vendue à Anselme Bélisle par le seigneur de l'Ile Verte, Charles Bertrand dont le papier terrier indique qu'il avait alors quatre-cent-quinze censitaires. Dans le seul Rang du Bord-de-l'Eau, on en comptait cent-quarante-deux. Comme l'indiquent les différents actes de vente, l'abrégé du Cadastre, le Livre de Renvoi déposé au Parlement de Québec, les rapports de Siméon Lelièvre, commissaire qui a clos le Cadastre en 1858, le rapport de l'arpenteur Doucet qui a arpenté les différents îlets qui forment le groupe de l'Ile-aux-Pommes, le nom d'Anselme Bélisle apparaît partout comme propriétaire de l'Ile-aux-Pommes.

En 1711, Jean-Baptiste Côté, de l'Ile d'Orléans, échangea ses terres pour la seigneurie de l'Ile Verte avec le sieur Niort de La Noraye alors propriétaire de cette seigneurie depuis 1704. Dès 1830, les héritiers de Jean-Baptiste Côté, propriétaire indivis de la seigneurie, avaient pour la plupart vendu leurs droits seigneuriaux à Régis Garon, Louis Bertrand et, plus tard, Charles Bertrand. Anselme Bélisle devint propriétaire de l'Ile-aux-Pommes dès 1855. Il en eut la propriété pendant quarante-cinq ans, jusqu'en 1900 alors que la propriété passa aux mains de ses héritiers, petits-enfants, William et Emma Bélisle, de 1900 à 1927, soit pendant vingt-sept ans, alors qu'en cette dernière année, le Dr Stanislas Gaudreau, de Québec, en devint propriétaire et l'est encore aujourd'hui — 1940. — Il y a donc quatre-vingt-cinq ans que l'Ile-aux-Pommes ne fait plus partie de la seigneurie de l'Ile Verte.

La propriété de l'Ile-aux-Pommes a été incontestablement confirmée au Dr Gaudreau par un jugement du juge J.-H. Lemay rendu en juillet 1938 à la suite d'un procès intenté, un an auparavant, par les héritiers du seigneur Jean-Baptiste Côté, ancien propriétaire de l'île. Les demandeurs en appelaient d'un jugement rendu par le juge Fiset qui condamna un nommé Lévi Levesque, de l'île Verte, pour "trespassing". Arrêté en septembre 1937, Levesque avait soutenu en défense que les véritables propriétaires de l'Ile-aux-Pommes lui avaient permis de circuler. Les personnes de qui il prétendait avoir obtenu cette permission contestèrent les droits du Dr Gaudreau. Mais le juge J.-H. Lemay rejeta leur prétention. Il déclara que le plaignant avait depuis longtemps prouvé sa possession que Levesque connaissait et qu'il détenait ses titres de propriété en vertu de documents, d'actes et de contrats remontant à plus de dix années; que ces titres lui furent conférés par des personnes qui les détenaient elles-mêmes et leurs auteurs depuis 1855.

L'Ile-aux-Pommes a des havres magnifiques pour petits bateaux. Ils assèchent tout à fait à marée basse. Ces petits ports de l'Ile-aux-Pommes étaient bien connus des pilotes du Saint-Laurent avant leur incorporation. Après avoir, pendant de longs jours, fait jusqu'au fond du golfe, pour ainsi dire, la chasse aux grands voiliers qu'ils s'offraient à conduire à bon port, les pilotes de Québec arrêtaient se reposer à l'Ile-aux-Pommes. Anselme Bélisle y avait une maison confortable où rien ne manquait en provisions. C'est là qu'on eût entendu des histoires fantastiques sur la vitesse des navires qu'ils conduisaient et autres exploits. On y devait aussi parler politique, comme tout bon québécois. Puis, lestés et reposés, les pilotes retournaient à leur chaloupe, continuant de rechercher jusqu'à parfois l'Anticosti "leurs clients" sortant de la "mer ténébreuse".

Un contemporain des Dumas, des Petitgrew et des Paquet de la région disait au Dr Gaudreau qu'il avait compté jusqu'à quinze chaloupes à la fois à l'Ile-aux-Pommes.

C'est à l'époque de l'arrivée de la flotte des voiliers du printemps et au mois d'août que la "cabane" d'Anselme Bélisle connaissait le plus d'animation. Aux pilotes se joignaient alors les capitaines de ces voiliers qu'un jour de la fin de mai, de l'Ile-aux-Pommes, on voyait apparaître, toutes voiles dehors, comme émergeant du Bic, ainsi qu'un volier de mouettes. Ces navires à voiles venaient alors charger du bois provenant des chantiers Têtu et MacKenzie aux Trois-Pistoles. Ils ancraient dans les parages de l'Ile-aux-Basques, où l'on transportait, sur des "alèges" le bois qui sortait de la rivière des Trois-Pistoles. Le soir, les capitaines allaient se ravitailler chez Anselme Bélisle, à l'Ile-aux-Pommes. Le chargement de ces voiliers durait une moyenne de trois semaines. Au mois d'août, nouveaux "voliers de voiliers", à l'horizon du Bic: et le "ravitaillement" recommençait à l'Ile-aux-Pommes.

Ces chaloupes des pilotes de ce temps-là, aimons-nous à rappeler en passant, mesuraient de 20 à 24 pieds de longueur et n'étaient pas pontées. Mais dans la carène se trouvait une espèce de coffre qui épousait les formes de la chaloupe et qui était parfaitement étanche. Le pilote et son apprenti pouvaient y coucher la nuit. En cas d'accident, ce coffre, mis à la mer, pouvait servir de chaloupe de sauvetage.

Anselme Bélisle, fils, qu'on surnommait "Coucou", a habité l'île, en véritable ermite, pendant au delà de trente ans .Il y passait tous les étés, de mai à novembre. Il était plutôt pauvre, mais il savait royalement faire les honneurs de "son île". Il y mettait, sans la moindre ostentation, des manières de véritable homme du monde; une cordialité irrésistiblement engageante.

"Coucou" Bélisle est mort à un âge très avancé. Il était connu de toute la côte sud. Comme son père, il reçut pendant des années, dans la maison de l'Ile-aux-Pommes, pilotes et capitaines de voiliers. Un jour, au mois d'août 1875, un navire européen chargé d'immigrants de toute nationalité fit naufrage, au cours d'une tempête, dans les parages de l'Ile-aux-Pommes. Il y avait nombre de malades à bord, et, comme on ne pouvait les transporter immédiatement à la Grosse Ile, aux hôpitaux de la Quarantaine, l'Ile-aux-Pommes fut, pour ainsi dire, transformée en un hôpital que dirigea pendant un peu moins de trois semaines "Coucou" Bélisle qui fut, du reste, plus tard, dûment indemnisé pour son hospitalité, par les autorités fédérales. Mais "Coucou" Bélisle, fort généreux et hospitalier, n'en demandait pas tant. D'ailleurs, il faillit se récompenser lui-même en cette occasion, par la fin d'une idylle qu'il eut . . . l'intention d'ébaucher avec une délicieuse naufragée, hébergée comme les autres sous les tentes dressées sur l'île. Mais si "Coucou" Bélisle était célibataire, même endurci, la naufragée, une Hongroise, ne l'était pas. Et l'idylle finit, comme on dit à la campagne, "d'en par là."

On connaissait l'Ile-aux-Pommes sous le régime français. Le général Montcalm en parle dans son journal, en date du 7 mai 1756. Il écrit : "Nous avons appareillé sur les quatre heures du matin. Nous avons rangé à babord l'Ile aux Basques; elle a pris ce nom de ce qu'on y faisait autrefois la pêche aux baleines. On y voit encore d'anciens fourneaux pour en tirer l'huile. Sur le midi, y ayant calme, nous avons mouillé par le travers de l'Ile-aux-Pommes, où il n'y a aucune habitation; on l'appelle ainsi à cause de la quantité étonnante d'une plante rampante qui produit un petit fruit rouge ressemblant pour la figure à ce que l'on connait sous le nom d'azérole. Ce fruit est, dans sa maturité, d'un goût délicieux, très estimé des sauvages et des Canadiens. On y fait une bonne liqueur. Sur les trois heures, nous avons appareillé..."

Avant de quitter cette charmante et pittoresque Ile-aux-Pommes, nous aimons à donner, à titre documentaire, un bref historique des différentes transactions dont fut l'objet la seigneurie de l'Ile Verte dont firent partie l'Ile-aux-Pommes et plusieurs des îles adjacentes :

Le 27 avril 1684; acte de concession de messieurs Lefebvre de la Barre et de Meulles, gouverneurs et intendants de la Nouvelle-France aux Sieurs Augustin Rouer de la Cordonnière et Louis Rouer d'Artigny, fils du Sieur Rouer de Villeray, d'une étendue de deux lieues, prés et bois, de front, sur le fleuve Saint-Laurent sur deux lieues de profondeur, îles et îlets compris.

Le 5 avril 1689; acte de concession du marquis de Denonville et de Jean Bochard Champigny, gouverneur et intendant de la Nouvelle-France, au Sieur Rouer de Villeray, premier conseiller au Conseil Souverain pour son fils, le Sieur Rouer d'Artigny, et au Sieur Charles Aubert de la Chesnaye, marchand bourgeois, de l'étendue de terre qui se peut rencontrer entre leurs concessions, etc.

Le 24 mai 1689; acte de ratification par Sa Majesté de la concession accordée aux Sieurs Rouer de la Cordonnière et Louis Rouer d'Artigny, par Messieurs de la Barre et Demeules, le 27 avril 1684.

Le premier mai 1701: acte d'échange entre Louis Rouer d'Artigny et Pierre de Niort, Sieur de la Minotière, par lequel ledit Sieur d'Artigny cède et transporte au dit Sieur Niort de la Minotière sa terre, fief et seigneurie de l'île Verte, etc.

Le 11 mars 1702: acte de foi et hommage de Pierre Niort, etc.

Le 13 février 1723: acte de foi et hommage de Jean-Baptiste Côté, pour le fief et seigneurie de l'Ile Verte, qu'il a acquise par acte d'échange avec le Sieur Niort Lanoraie, reçu par le notaire Cétière, contre des terres situées dans l'Ile l'Orléans, le 14 février 1711.

En 1805 commence le démembrement de la seigneurie.

Vers 1830, les descendants de Jean-Baptiste Côté avaient, pour la plupart, vendu leurs droits seigneuriaux à Régis Garon, Louis Bertrand, et, plus tard, à Charles Bertrand.

LES DEUX PILIERS

Dans la revue des îles qui font partie de la chaîne des Iles-aux-Oies, aux-Grues et autres, on aurait tort de ne pas s'arrêter aux îlots connus sous les noms de "Pilier-de-Pierre", "Pilier-de-Bois" et "Roche-à-Veillon" que l'on aperçoit vis-à-vis l'entrée de la Rivière Port-Joli. L'Ile du Pilier-de-Pierre est à trois bons milles de la rive sud. C'est ce dernier îlot qui est le principal des trois que nous venons de nommer.

Le phare qu'il porte datera en 1943 de cent ans. L'îlot mesure 1,800 pieds de longueur par à peu près 200 de largeur. En face du Pilier-de-Pierre, au bord du chenal sud, se trouve la Roche-à-Veillon dont le phare en ciment fut construit en 1905; le premier était en bois et remontait à 1876. Depuis 1928, le Ministère de la Marine ne maintient plus de gardien sur la Roche-à-Veillon. Le phare est maintenant pourvu d'une lumière à gaz qui éclaire en permanence. Le dernier gardien de ce phare fut Arthur Leblanc, de Saint-Jean Port-Joli, qui chaque printemps, durant vingt-trois ans, a gagné son îlot d'où il ne partait que tard à l'automne pour retourner sur la terre ferme. La Roche-à-Veillon est un îlot beaucoup plus petit que le Pilier-de-Pierre et que le Pilier-de-Bois. Il disparaît même à peu près complètement à marée haute. On ne voit plus alors que le phare et le sommet du rocher.

A la Traverse de Saint-Roch, neuf milles en aval du Pilier-de-Pierre, on pouvait voir, voilà quelques années, la cage de Saint-Roch construite sur un quai au bord du chenal. Les glaces emportèrent, un printemps, ce bloc que le gouvernement ne cessait plus de réparer et sur lequel ne se risquait plus de gardien. Un bateau-phare fut substitué à la lumière fixe. Les glaces avaient emporté de la même façon, en 1905, la cage de la Traverse d'en bas, à deux milles et demi à l'est de la cage de Saint-Roch.

Un journaliste de Québec, M. Gérard Ouellet, originaire de Saint-Jean Port-Joli, à la suite d'une excursion de vacances qu'il a faite au Pilier-de-Pierre a écrit de très intéressantes notes qu'il avait recueillies du gardien du phare à cette époque, M. Antonio Bourgault. Nous aimons à puiser dans ces notes et nous citons M. Ouellet :

"Antonio Bourgault me racontait", note M. Ouellet, "que la position de gardien du phare de la Roche-à-Veillon, entre autres, n'était pas toujours sans émotion. Ainsi, le 25 octobre 1926, Arthur Leblanc fut retenu prisonnier dans sa cabane par une tempête de vent d'ouest qui souffla durant vingt-quatre heures consécutives. Preuve que l'ouragan était bien conditionné, les vagues empêchaient de voir le Pilier et la Roche située pourtant à peu de distance. Bien plus, lorsque Leblanc put enfin mettre le nez dehors il constata qu'il ne restait plus un seul bardeau aux murs de son abri; les clous avaient été coupés comme avec des ciseaux à froid. A maintes reprises alors, il faut bien le dire, le pauvre gardien avait cru sa dernière heure venue. Il mourut cependant dans son lit durant l'hiver de 1928-29. Bien que sans danger, la situation n'était pas très gaie, non plus, au phare principal."

A quatre milles au nord du Pilier-de-Pierre se trouve la fameuse Batture-aux-Loups-Marins illustrée par les récits de Philippe-Aubert de Gaspé.

Cet endroit est, depuis plusieurs années, loué à un sportman américain du nom de Adam qui y vient faire la chasse aux canards, chaque année. Il a construit là une magnifique résidence.

Un mot encore sur le phare du Pilier-de-Pierre. C'est une tour en pierre d'Ecosse d'une hauteur de soixante-cinq pieds et dont le sommet est à 125 pieds au-dessus du niveau de l'eau. Plusieurs prismes enchassés dans du cuivre constituent les réflecteurs de cette lumière qui fut fabriquée en France.

On peut trouver des choses intéressantes aux alentours du phare. Ainsi, au sommet du rocher, à l'est, on voit une sculpture — "figure head" — qui ornait, jadis, la proue d'un navire dont on ne sut pas la nationalité et qu'on suppose avoir péri dans ces parages. On dirait la tête d'un Hindou. Cette sculpture fut trouvée sur les battures de l'Ile-aux-Oies et fut placée au Pilier. Le Pilier-de-Pierre a son cimetière mais il n'y repose qu'un cadavre, celui d'un marin trouvé près de l'îlot, il y a plusieurs années. En 1937, on trouvait là aussi le cadavre d'un Polonais qui, avec un compagnon, s'était évadé d'un navire qui passait au large. Le compagnon, plus heureux, fut recueilli vivant sur un rocher de l'Ile-aux-Oies.

"Il ne croît pas d'arbres sur le rocher du Pilier-de-Pierre", rapporte M. Ouellet, "mais une petite vache canadienne pourrait y trouver sa subsistance encore qu'une chèvre y serait mieux à sa place. A propos de vache, M. Babin en avait une au Pilier. Arthur Fournier nous raconte qu'un beau matin la vache disparut, partie à la nage vers son pays d'origine. Malheureusement, la pauvrette avait trop présumé de ses forces. On ne la revit jamais plus. C'était un peu l'histoire de la petite chèvre de M. Séguin, les flots prenant la place du loup, dans le cas qui nous occupe. La tradition veut même qu'une autre vache de Damase Babin ait tenté la même aventure et qu'elle ait réussi."

Et cette aventure de laitière nous rappelle celle que nous rapportons dans l'histoire de l'Ile-aux-Oeufs, de la vache du gardien qui fut aussi heureuse dans son escapade que celle du gardien du Pilier dont la tradition nous rapporte le succès.

Ce Damase Babin dont M. Ouellet nous parle était gardien du phare du Pilier-de-Pierre vers 1860. Ses devanciers immédiats étaient deux Anglo-Saxons, Hall et Ross, qui, en automne, périrent en regagnant la terre ferme. Damase Babin mourut en avril 1880 à la Pointe-au-Père où il était allé chercher un vaisseau qu'il devait conduire à Québec. Son fils, du même prénom que lui, lui succèda au phare et mourut en 1901. Lui succèda Octave Leclerc qui confia la garde du phare à ses deux fils, dont un, Joseph, devint l'unique gardien en 1912 et à qui succèda son fils, Eugène. Dix ans plus tard, ce fut Francis Giasson qui remplaça Eugène Leclerc en 1926. Enfin, vint le dernier et actuel gardien du phare — 1940 — Alphonse Bourgault, frère des fameux sculpteurs sur bois, de Saint-Jean Port-Joli. Lui-même, Alphonse Bourgault, n'est pas "wood carver", mais il excelle dans la confection des navires miniatures : goélettes, bricks, paquebots, etc.

Il y eut maints naufrages dans les parages du Pilier-de-Pierre. On mentionne, entre autres, celui de la goélette du capitaine Omer Bélanger, des Trois-Pistoles, sur la Roche-à-Veillon, en octobre 1928. Les naufragés furent recueillis par Antonio Bourgault. On rapporte aussi la noyade tragique de Frédeline Francoeur survenue un dimanche de juillet 1905 alors qu'elle partit du quai de Saint-Jean Port-Joli, sur une chaloupe conduite par un nommé Chouinard, pour aller rejoindre son mari, gardien du phare de la Roche-à-Veillon. Un coup de vent fit chavirer la chaloupe sous laquelle la malheureuse resta prisonnière. Son compagnon atterrit sain et sauf sur un radeau improvisé, dans une anse, à un mille de Saint-Jean Port-Joli.

Et nous terminons avec cette tragédie l'histoire du Pilier-de-Pierre.

Quant au Pilier-de-Bois, il n'a rien de bien intéressant ni de caractéristique. L'îlot est situé au nord du Pilier-de-Pierre. Pourquoi ce nom: Pilier-de-Bois? C'est à cause de petits bouquets d'arbres et d'arbustes que l'on y voit, tout simplement. Le Pilier-de-Pierre n'est fait que de rochers. Le Pilier-de-Bois est un des endroits favoris d'oiseaux aquatiques qui survolent constamment l'îlot où ils vont déposer leurs oeufs. Naguère, les gamins de Saint-Jean Port-Joli aimaient à s'y rendre pour la cueillette des oeufs de goélands.

L'ARCHIPEL DE KAMOURASKA

Dès l'époque du régime français, les îles de l'Archipel de Kamouraska furent reconnues comme très giboyeuses et centre de pêcheries de grande richesse. Pendant même plusieurs années les autorités installèrent sur l'Ile Brulée un système de signalisation qui était, comme l'on s'en doute, une espèce de replique moderne des anciens signaux de feu dont se servaient les sauvages des premiers temps de la colonie; quelque chose comme la Voix des Tams-Tams des nègres de l'Afrique occidentale et qui fut comme la première langue universelle. Ces signaux cependant n'affectèrent en rien le caractère essentiellement cynégitique et halieutique de l'Archipel de Kamouraska.

Non seulement les conditions halieutiques rendent ces iles fameuses, mais les grands voliers migrateurs qui s'arrêtent là tous les ans, dans leur course vers le sud, ajoutent encore à la richesse et à la beauté de ces iles et ilots qui sont de ce fait un endroit de chasse d'une haute réputation.

Les régistres de l'Intendence nous apprennent qu'au "15em juillet 1694", le gouverneur de Frontenac, voulant récompenser le sieur de La Durantaye pour ses actes de bravoure et sa conduite devant l'ennemi, lui concéda, par lettres patentes, la seigneurie de Kamouraska. Depuis lors jusqu'à une époque plutôt récente, les petites iles de l'archipel ont fait partie du domaine seigneurial. Elles en étaient comme des ornements. Si bien que leur histoire tout au long de deux siècles et demi, s'indentifie avec celle du Seigneur qui en faisait sa réserve de pêche et de chasse et où toujours il recevait princièrement ses invités, à l'instar de tous les seigneurs canadiens.

Comme le sieur de La Durantaye ne s'était pas enrichi au métier de la guerre, il n'habita jamais en permanence ses terres du domaine, en face des iles. Aussi, le 16 mai 1755, faisait-il don de l'archipel à son fils, Charles-André, qui, le même jour, par-devant le notaire Kerverzo, concéda lui-même ses droits de "pêche à la baleine ou autres", sur les iles de Kamouraska, au fameux curé Paulier, de Sainte-Anne de la Pocatière en société avec le curé Plante, de la paroisse de Kamouraska.

Les annales du bas du fleuve font souvent allusion à ce curé Paulier qui était reconnu dans toute la région et, pour son malheur, jusqu'à Québec, comme un homme d'affaire de trop haute réputation. C'est que l'évêque de Québec ne l'entendait pas du tout de cette oreille-là. Il craignait que les intérêts temporels des profits à réaliser dans l'industrie de la pêche ne lui fassent négliger ses devoirs apostoliques. Ce qui était d'autant plus à craindre, d'ailleurs, que notre abbé-homme d'affaires ne semblait pas attacher outre mesure une profonde attention à la discipline ecclésiastique, profitant du fait que sa paroisse était éloignée de bien des milles du chef-lieu du diocèse. Aussi, interprétait-il à sa façon les ordres de ses supérieurs. C'est ainsi qu'en 1755, au grand désespoir de l'évêque, il engageait le curé Plante à participer à son entreprise de pêche et louait pour neuf ans les droits de pêche dans les îles de Kamouraska, acceptant de verser le 20ième des revenus au bailleur. Mais revenons au seigneur de Kamouraska.

Les héritiers du sieur de la Durantaye ne semblent pas avoir été plus heureux en affaires que leur prédécesseur. Ce n'est qu'après 1760 que l'on peut voir une manifestation tangible de la prospérité de la seigneurie, sous la forme d'un manoir que fait construire Marie-Louise Pagé dit Quercy. Le manoir s'élevait sur le domaine, en face des îles. Il fut habité pendant quelques années, par la seigneuresse et ses deux filles.

Dans la suite, ce manoir jouira, dans tout le district, d'une brillante réputation, grâce aux fêtes resplendissantes qu'y donnèrent les seigneurs Taché dont quelques-uns, à la vérité, se distinguèrent plus par leur goût du luxe, de la "grande vie", des parties de plaisir, que par leur esprit de travail et leur sens des affaires . . .

Toujours d'après la chronique, on raconte que Pascal-Jacques Taché, arrière petit-fils de Louis Joliet, "bourgeois du Saguenay" pendant vingt-deux ans, décida un jour, d'aller voir son père à Québec. Il entreprit le voyage en canot en suivant la côte nord du Saint-Laurent après avoir laissé le Saguenay. Mais pour revenir, il préféra la rive sud qu'il projetait de suivre jusqu'à la Rivière-du-Loup pour, de là, traverser à Tadoussac.

Il ne devait jamais arriver à destination, c'est-à-dire à Chicoutimi.

Un soir, il s'arrêta à Kamouraska pour y passer la nuit. Il alla frapper à la porte du manoir seigneurial qui était alors habité par une vieille dame qui avait une fille à marier et qui ne devait, sans doute, pas dédaigner de voir couler le sang de Louis Joliet dans les veines de ses petits-fils, car la réception qu'elle fit à Pascal-Jacques Taché dépassa de beaucoup les bornes de la vieille politesse française. D'une amabilité à une autre, Pascal Taché fut tout à fait chez lui; il avait ses appartements en permanence au manoir, fréquenta les îles et, finalement, épousa la fille. En définitive, il hérita du manoir, des îles et de la seigneurie.

Alors commença pour de bon la "bonne vie de chateau." Des dîners pantagruéliques y furent donnés, des réceptions, des piques-niques sur les îles furent organisés dont les échos se répercutèrent dans toute la région, jusqu'à Québec. Pendant nombre d'années, ce coin de terre sera comme le centre de la vie sociale dans le bas du fleuve. Que d'intrigues, que d'histoires s'y découlèrent et que de légendes y planèrent. Mais le règne de la famille Taché devait se terminer par une tragédie. Vers le milieu du siècle dernier, le dernier seigneur de Kamouraska fut assassiné, un soir d'hiver, dans sa carriole, alors qu'il revenait au manoir d'une promenade. L'assassin était l'amant de sa femme. Longtemps, les vieux paysans de Kamouraska se racontaient, dans les foyers, les faits et gestes de la famille Taché dont le souvenir hantait l'imagination des habitants de la région.

Comme leurs prédécesseurs dans la seigneurie, les seigneurs Taché étaient trop grands seigneurs pour concéder leurs îles aux fins de culture. Ce n'est qu'au dix-neuvième siècle que ces îles furent détachées du domaine. Des cultivateurs s'y établirent, en particulier sur l'île-aux-Corneilles. Un phare fut édifié sur la Grosse-Ile. Quant à l'île-Providence — ou Trinité — à l'Ile-au-Patin, l'île-aux-Harengs et l'Ile-Brulée, elles restèrent toujours un domaine de chasse et de pèche, célèbres chez tous les cynégistes et les halieutistes du bas du fleuve. Joseph Bouchette, dans son ouvrage "Typographical Dictionnary of the Province of the Lower Canada", édité à Londres en 1832, en parle avec admiration comme endroit de chasse et de pêche.

Par ailleurs, tous ceux qui s'intéressent à ce groupe d'îles qui ont conservé, au milieu d'un monde où le progrès poursuit sa bruyante marche, leur aspect sauvage, riche de toutes les richesses de la nature, reliront toujours avec plaisir les vivantes chroniques qu'Arthur Bruies, oubliant la politique, les Zouaves Pontificaux et même l'évêque de Montréal, écrivait sur ses journées de vacances à Kamouraska et sur les îles d'en face.

La Grosse-Ile est la principale de ce groupe d'îles et d'îlots. Elle a un mille et demi de longueur par à peu près trois quarts de mille de largeur. Elle est très élevée au-dessus du niveau de l'eau et surmontée d'un phare — le phare No 1156 — construit en 1862 et qui possède un feu puissant tournant toutes les sept secondes. La tour est haute de quarante pieds, attenante à la maison du gardien. Celui-ci fut pendant plusieurs années un nommé Leclerc qui fut remplacé par J. Gosselin. Le gardien actuel — 1940 — M. Auguste Langelier, a été nommé en avril 1937 et s'y installait le 27 en même temps que son assistant, Cyrias Ouellet. MM. Langelier et Ouellet furent victimes en 1938 d'une terrible aventure que nous racontons plus-loin.

La Grosse-Ile est à peu près à quatre milles de la terre ferme, à l'est du village de Kamouraska. Elle est aussi à l'est de l'Ile-de-la-Providence qui est à deux milles de la rive sud. En face de cette dernière île, on voit l'Ile-Brûlée qui est un endroit de chasse. Enfin, entre la Grosse-Ile et l'Ile-de-la-Providence, on voit l'Ile-aux-Patins où réside un pêcheur du nom de Ouellet qui y possède une pêche fructueuse. Ajoutous qu'une autre île de peu d'étendue, l'Ile-aux-Corneilles, se trouve juste en face du village de Kamouraska.

L'Ile-de-la-Providence mesure un demi-mille de longueur par 500 verges de largeur. On y voit une jolie maison qui est le "Club Sarcelle" appartenant à un groupe de citoyens de Québec dont le principal est M. Johan Beetz, surintendant du Service Provincial de l'élevage du renard, qui passe là une partie de l'été avec sa famille. Les droits de chasse sur l'Ile-de-la-Providence, l'île-Brûlée et sur les rochers, que l'on voit de chaque côté de ces deux îles, appartiennent au "Club Sarcelle".

A l'ouest de l'Ile-Brûlée, il y a un autre rocher avec passage d'une centaine de verges entre l'île et ce rocher. Du côté de la Grosse-Ile et de l'Ile-Brûlée, l'eau du fleuve est profonde d'une quarantaine de pieds et les parois de ces îles sont si abruptes que des navires peuvent y accoster comme à des quais à eau profonde. Le courant du fleuve y est très violent.

Ces îles et ces rochers de Kamouraska fourmillent, peut-on dire, d'oiseaux aquatiques, surtout des canards et des outardes. C'est l'un des coins favoris du paradis laurentien des chasseurs. Revenons à la Grosse-Ile.

En 1938, M. Auguste Langelier était gardien du phare de cette île. Dans la nuit du 10 au 11 décembre de cette année-là, navigateurs et gens de la côte ne furent pas sans s'étonner de constater que les feux du phare de la Grosse-Ile ne brillaient pas comme de coutume. On avertit aussitôt l'agent du Département de la Marine à Québec que quelque chose d'anormal se passait sur la Grosse-Ile de Kamouraska où l'on savait le gardien toujours fidèle à son poste, de même que son assistant. L'agent de Québec, M. B.-J. Kaine, dépêcha aussitôt le "Saurel", capitaine Oscar Mercier, à la Grosse-Ile où le navire parvenait dans la nuit du 14. Mais à cause du gros temps du nord-ouest qui soufflait à ce moment et de la forte mer qui battait les rivages de l'île, il ne fut pas question d'approcher ni même de mettre une chaloupe à la mer. Le capitaine Mercier attendit une accalmie qui survint vers minuit. Il mit aussitôt à la mer un canot-automobile commandé par le second, le capitaine Antoine Mercier. Avec peine et misère, les marins du "Saurel" réussirent à atterrir à l'Ile en pleine nuit. On grimpa au phare. Dans la chambre de veille, on trouva le gardien, M. Auguste Langelier étendu sur un grabat, inconscient à demi-mort, et à l'étage supérieur, on découvrit l'assistant, Cyrias Ouellet, à peu près dans le même état. Dans la nuit même, tous deux furent transportés sur le "Saurel" puis de l'autre côté du fleuve, à la Malbaie où ils reçurent les soins d'un médecin de l'endroit et les consolations spirituelles du curé de la Pointe-au-Pic. Un peu plus tard, MM. Langelier et Ouellet purent être transportés à Québec où ils furent hospitalisés à l'Hôtel-Dieu. Tous deux purent bientôt retourner dans leur famille. M. Langelier à Saint-Bruno de Kamouraska et M. Ouellet à Kamouraska.

Par une étrange coincidence, MM. Langelier et Ouellet tombèrent malades en même temps, probablement empoisonnés par quelques aliments contaminés. Ils se soignèrent l'un l'autre tant qu'ils eurent assez de force et bientôt ils n'en eurent plus suffisamment pour aller chercher de l'eau au fleuve. Toutefois, jusqu'à la dernière limite de ses forces, M. Langelier put faire fonctionner la lumière du phare. Pendant deux jours, lui et son assistant purent gravir à tour de rôle les quelque soixante-quinze marches de l'escalier qui conduisait au sommet de la tour et à mettre en marche le dispositif qui faisait tourner la lumière. Dans la nuit du 10 au 11 décembre les feux ne brillèrent pas. Le secours, on l'a vu, arriva dans la nuit du 14 alors qu'on trouva les deux hommes à la dernière extrémité. Plus tard, à l'Hôtel-Dieu, M. Langelier raconta ce qu'il ressentit quand arriva le secours.

"A ce moment", dit-il, "j'étais à demi-inconscient. J'avais bien entendu le bruit d'un moteur mais ce bruit disparut bientôt et je crus que les oreilles me bourdonnaient. Tout à coup la porte s'ouvrit et le capitaine Caron me cria: "Nous venons te chercher; sois tranquille, nous allons bien te soigner". Vous dire l'émotion que j'ai ressentie alors est impossible. Cela m'a saisi au coeur et j'ai failli avoir une syncope.

"On me roula dans les couvertures. On alla chercher mon compagnon qui était à l'étage supérieur et on nous transporta à bord de la chaloupe. Je n'ai rien vu du trajet".

Et voilà comment l'histoire, très courte, de la Grosse-Ile de Kamouraska, comme celle d'à peu près toutes les autres îles laurentiennes, se termine par une tragédie.

L'ILE DU BIC

"Sous le régime français," écrit J.-Ed. Roy, "les vaisseaux, en entrant dans le fleuve, venaient reconnaître l'Ile du Bic, puis cinglaient vers Tadoussac".

C'est laisser entendre que l'Ile du Bic a joué un rôle important dans notre histoire, particulièrement sous le régime français. Sa situation, à l'entrée du fleuve Saint-Laurent, en faisait une station navale avantageuse. Des flottes entières y ont fait escale à l'époque de toutes les guerres qui ont accompagné les différents sièges de Québec. Les vaisseaux marchands également y venaient ancrer. Les missionnaires, qui parcouraient cette partie du fleuve avec les sauvages qui les conduisaient dans leur canot d'écorce, avaient fait de cette île un lieu de ralliement. Dès 1635, d'après le *"Journal des Jésuites"* on voit des missionnaires à l'Ile du Bic. On y a vu, en particulier, les Pères Albanel, Henri Nouvel, Jean-Baptiste de La Brosse, jésuites, le Père Ambroise Rouillard, Récollet, qui a exercé son apostolat dans ces parages pendant plus de quarante ans.

L'Ile du Bic donc, dès les premières années de la colonie laurentienne, a joui d'une importance plus que secondaire. Elle est située à trois milles au nord-est du Cap à l'Orignal, entre les 48o 23' et 48o 25' lat. N. et 68o 50' long. O. Elle s'étend du S. O. au N. E. Elle mesure trois milles de long et un mille de large. C'est une île plate. La cime des arbres est à 180 pieds au-dessus de la marée haute. Elle est entièrement formée de schiste vert et rouge, sauf deux petites bandes de conglomérat de cinq pieds de large placées perpendiculairement l'une par rapport à l'autre à l'extrémité nord-est de l'île. L'île est couverte de bois de valeur commerciale; une bande d'une largeur d'un tiers de mille a été ravagée par un feu de forêt vers 1922. Cette bande part du nord-ouest de l'île, se dirige vers le sud-est jusqu'au centre où elle tourne brusquement à angle droit vers le nord-est où elle s'étend sur une longueur d'un mille. Deux forts ruisseaux se déchargent à l'extrémité S. O. de l'île qui est découpée en de nombreuses anses. On y voit quelques lacs de petites dimensions. Il y a autour de bons mouillages dont l'un à l'abri des vents du S. O., par cinq brasses de profondeur, à l'est de l'île, à moitié chemin entre l'Anse-à-Côté et la plus orientale des roches du Récif Sud-Est; un autre, à l'abri des vents du N.-E., par huit brasses, à un mille au sud-ouest de l'extrémité ouest de l'île.

Jean-Alphonse de Saintonge, pilote de Roberval, la nomme Ile Raquelay, mot qui vient, croit-on, de "racquel" qui signifie écueil, comme l'attestent les deux phrases suivantes extraites du journal de Jacques Cartier : "...lequel pareillement leur fict assez bon racquel..." "...lesquelles après être arrivez es navires fit le capitaine bon racquel..." L'hypothèse de Michaud qui fait dériver ce mot de "racage" ou "raquage" terme de marine qui désigne le collier qui relie la vergue au mât, semble peu recommandable.

L'Ile du Bic a été le théâtre de plusieurs événements historiques et de maints naufrages. Sous le gouverneur Haldimand qui, on le sait, a laissé un assez mauvais souvenir au Canada, l'abbé François Ciquard, prêtre Sulpicien, y fut fait prisonnier et laissé sous bonne garde. Voici comment l'abbé Joseph D. Michaud, raconte l'incident dans *"Le Bic, les Etapes d'une paroisse"*.

"L'abbé Ciquard, comme tant d'autres prêtres français, avait émigré au Canada malgré la défense du gouvernement impérial. Le 22 mai, 1793, il arrivait à Montréal, déguisé en marchand. Arrêté par les officiers d'immigration, il fut envoyé à la Malbaie où le premier bateau devait le prendre et le rapatrier. Mais le zélé missionnaire ne l'entendait pas de cette façon. Voulant à tout prix rester dans ce pays, il trompe la surveillance de ses gardes, prend la fuite à travers la forêt et retourne à Montréal. Il est arrêté de nouveau, le 13 juillet, sur l'ordre du gouverneur et déporté sur l'île du Bic où un peloton de policiers le garda jusqu'au 20 août de la même année. Alors, on le renvoya en France d'où il fut exilé en Angleterre par la Révolution Française. Mais l'abbé était d'une ténacité peu ordinaire. En 1791, on le retrouve à Fredericton, Nouveau-Brunswick, où il exerça son ministère pendant quelques années. Il décéda à Montréal en 1824."

Rappelons d'autres incidents historiques et quelques naufrages.

En 1676, le Père Boucher, s. j. accompagné de quelques confrères et matelots, fit un naufrage qu'il relate ainsi dans les "*Relations*" :

"Nous estions au sud de la pointe de l'isle du bik, entre trois islets de rochers. La mer étoit si grosse et les coups si fréquens que l'équipage étoit obligé de demeurer dans la chambre. Enfin un coup de mer plus rude que les autres ayans tout renversé à fond de cale et deux matelots ayans été commandé pour y aller sappercurent que nous estions à la coste et se mirent à crier terre terre nous sommes perdus chakun sorte de la chambre. On jette l'ancre nous nous trousvasmes heureusement mouillés à quinze brasses d'eau, il ne fallait plus que l'espace d'un miserere pour être perdu sans retour."

L'abbé Michaud prétend que ce naufrage eut pour théâtre l'écueil que les navigateurs apppellent

"East Cliff", sis à quelques arpents en deça de la pointe est de l'île. Et ce serait là qu'eut lieu un autre naufrage vers 1875. Un gros navire à voiles en route pour l'Europe vint s'y perdre avec une cargaison de blé prise à Québec. Un peu auparavant, en 1870, trois transatlantiques, au cours d'une violente tempête, vinrent se briser à l'autre extrémité de l'île du Bic, sur l'écueil "West Cliff". Puis, plus près de nous, en 1919, le *"Germanicus"*, vaisseau pris aux Allemands pendant la guerre de 1914-18, alla aussi s'échouer sur le "West Cliff". Perte complète.

Il y eut bien d'autres naufrages dans les environs de l'Ile du Bic, comme de l'Ile Saint-Barnabé et du Bicquet. A part les deux écueils dont nous venons de parler, il ne faut pas oublier de mentionner le fameux récif "Alcide" sur lequel, dit M. l'abbé Michaud, "plane un voile de mystère et un monde de légendes. Si l'on entend des plaintes sur les bords de la Baie des Ha! Ha! qui l'avoisine, la légende prétend que ce sont les gémissements des nombreux naufragés qui vinrent trouver la mort sur ces rochers."

Le récif "Alcide" est situé à l'ouest de l'île. Il y a deux opinions sur l'origine de ce nom. D'une part, il rappelait le souvenir du vaisseau du roi. l'*"Alcide"* qui, sous le régime français, se brisa, avec le *"Lys"* dans le fleuve Saint-Laurent. D'autre part, on dit que ce nom aurait été celui d'un brick français qui vint périr dans ces parages alors qu'il remontait le Saint-Laurent sous le commandement du pilote Joseph Lavoie, de Sainte-Luce.

Et puis, il y a l'histoire des canons de l'Ile du Bic. Vers 1860, pas moins d'une douzaine de canons furent trouvés à la pointe est de l'île par deux citoyens du Bic, Prudent Blanchette et son fils "Boucan". Ils gisaient sous plusieurs brasses d'eau et étaient remplis de graviers et de sel. Ces reliques furent cachées sur l'île mais pendant une nuit les gens d'un voilier américain, ancré non loin de là, et qui avaient eu connaissance de la trouvaille, enlevèrent tout simplement les canons et s'en furent. Un seul échappa aux voleurs. Il eut mieux valu, à la vérité, qu'on l'eut dérobé avec les autres. On l'avait installé sur le Mont Saint-Louis qui, à cause de la vue magnifique qu'on embrassait de là, était comme le rendez-vous favori des gens du Bic. Au cours d'une manifestation bruyante marquant une visite épiscopale dans la paroisse, un jeune homme du nom de Jules Gagné eut l'imprudence de charger de poudre ce canon avant qu'il ne fut suffisamment réchauffé d'une première décharge. Le coup partit alors que le malheureux jeune homme, armé d'une barre de fer, introduisait la bourre dans la gueule du canon. La mort fut instantanée. Dans une autre circonstance, le canon se fendit sous une charge trop forte et ses éclats allèrent jeter la terreur dans le village où ils enfoncèrent le toit d'un hangar. Ce canon fut finalement remplacé, après qu'on en eut jeté les débris à la mer, par un autre qui fut moins meurtrier dans la suite. Ce nouveau canon provenait de la flotte de l'amiral Walker et avait été trouvé à l'île-aux-Oeufs où eut lieu, comme l'on sait, le désastre de l'amiral anglais.

Un peu d'histoire encore; puis une légende. En 1629, les trois frères Kirk, David, Thomas et Louis, huguenots français qui avaient passé au service du roi d'Angleterre, venaient sommer Samuel de Champlain de leur livrer Québec. Ils commencèrent par brûler l'établissement de Tadoussac puis, ils décidèrent d'arrêter les navires qui pouvaient venir de France ravitailler la colonie de Québec. David Kirk était chargé de cette mission. A la hauteur de Gaspé, il rencontra une escadre française commandée par le sieur de Roquemont qui alla se réfugier dans la baie de Gaspé. Là, de Roquemont envoya à Québec un canot pour avertir Champlain du danger qu'il courait. Le sieur Desdames commandait ce canot. Pendant le voyage de Desdames, un combat se livrait à Gaspé entre l'escadre du sieur de Roquemont et la flotte de David Kirk. Les vaisseaux français durent amener pavillon. Mais Desdames avait pu parvenir à Québec et avertir Champlain qui le renvoya attendre le sieur de Roquemont à l'Ile du Bic où il apprit le sort malheureux de l'escadre française. Ce désastre provoqua la capitulation de Québec, le 19 juillet 1629.

On sait que l'Ile du Bic devint la station officielle des pilotes du Saint-Laurent après la conquête; elle fut leur résidence pendant la saison de navigation. Jusqu'en 1780, elle avait été la propriété des seigneurs du Bic mais, cette année-là, le gouvernement s'en empara pour réaliser un projet du gouverneur Haldimand qui voulait faire de la baie du Bic un grand havre pour la marine marchande et militaire. Le capitaine Schanck et autres officiers du gouvernement vinrent prendre possession de l'Ile du Bic, au nom de la Couronne, au printemps de 1780. On avait projeté de grands travaux qui se bornèrent à la construction d'une humble maison qui servit de résidence aux pilotes pendant quelques années. Mais le gouvernement garda l'île pendant quatre ans.

En 1790, le gouvernement remit la seigneurie du Bic et l'île à la Marquise d'Albergatti-Vezza qui en était, auparavant, la seigneuresse et qui s'occupa de mettre l'île en valeur, l'ayant trouvée fort dévastée par les pilotes qui l'avaient en partie déboisée en vue de se procurer du bois de chauffage. Jusqu'en 1783, l'Ile du Bic n'eut pas d'autres habitants que les pilotes. Et c'est ici qu'entre un peu la légende. M. l'abbé Michaud raconte que vers 1850 un étranger à la mine suspecte et aux allures mystérieuses vint s'établir sur l'île avec sa famille. Il venait on ne sait d'où. On était convaincu qu'il fuyait la justice avec laquelle il aurait eu des comptes à rendre. Il voulait la tenir loin de lui. Il s'agissait sans doute d'une légende, prétend l'abbé Michaud, car l'étranger en question était un parfait honnête homme. Et M. l'abbé Michaud se demande : "N'était-ce pas elle — cette légende — qui a inspiré, il y a quelques années, le sujet d'un roman anglais dont le héros, un meurtrier, vivait sur l'Ile du Bic?"

Ce roman anglais serait *"The Keeper of the Bic Lighthouse"* de Miss Maud Ogilvy qui a, en effet, brodé un roman sur l'histoire d'un meurtrier qui se serait réfugié sur l'Ile du Bic, cet "étranger à la mine suspecte et aux allures mystérieuses". L'individu, fuyant la justice sur l'Ile du Bic, était forgeron de son métier. On dit que s'étant pris de querelle avec un de ses concitoyens qui était venu le provoquer jusque dans sa boutique, il lui avait plongé dans l'abdomen une barre de fer rougie au feu qu'il façonnait sur son enclume. Et voilà la légende...

L'Ile du Bic, comme, d'ailleurs, toutes les îles environnantes, fut toujours un endroit favori pour les chasseurs de gibiers aquatiques. Les anciens se rappellent que les lièvres, en hiver, et les canards, au printemps et en automne, y pullulaient.

Enfin rappelons que l'Ile du Bic, une fois revenue aux propriétaires de la Seigneurie du Bic, ceux-ci ne voulurent jamais la concéder pas plus que les autres îles qui faisaient partie de la seigneurie.

LES TROIS ILOTS DU BIC

L'Ilet-au-Massacre

M. Fulgence Charpentier, d'Ottawa, ancien journaliste, originaire de la région du Bic, a composé ce joli poème sous le titre de "*Les Trois Ilots du Bic*" :

J'ai vu le soleil d'or de vermeil et d'orange
Se coucher au-dessus des trois îlots du Bic,
Son orbe, à l'horizon, formait un disque étrange
Qui, dans la mer aux tons grenat, coulait à pic.

Et j'entendais vibrer des trompettes de cuivre,
Et des bugles d'argent et des cloches d'airain,
Qui chantaient la grandeur de lutter et de vivre,
Comme Wagner, et ses héros, dans "l'Or du Rhin."

L'haleine de la terre, où le foin et le baume
Se mêlaient aux odeurs ardentes du varech,
Composait un parfum subtil comme l'arôme
De l'encens qu'on offrait aux dieux sous le ciel grec.

Et j'ai compris pourquoi nos aïeux s'attachèrent
Au sol qui leur donnait de si profonds émois.
Toutes ces visions leur devinrent si chères
Qu'ils en ont oublié l'azur de l'air gaulois.

Car leurs yeux éblouis ont vu le disque étrange
Dans la nappe grenat des flots couler à pic,
Ils ont vu le soleil de vermeil et d'orange
Se coucher au-dessus des trois îlots du Bic.

Sans qu'il les nomme, le poète a sans doute voulu chanter de cette façon l'Ile-au-Massacre, le Bicquet et l'Ile Saint-Barnabé. Qui n'a jamais entendu parler de l'Ile-au-Massacre? Qui, de passage au Bic, n'a pas eu la tentation d'aller fouler le sol rocheux de cet îlot sauvage où, bien avant la fondation de la colonie laurentienne, s'est passée une tragédie, l'une des plus sombres de toutes celles qui ont marqué les luttes séculaires entre tribus indiennes habitant le Canada.

La tradition, en effet, nous dit que sur cet îlot, il y a plus de quatre siècles, à l'époque du second voyage de Jacques Cartier, une armée de féroces Iroquois ont égorgé plus de deux cents Micmacs, hommes, femmes et enfants, de la nation souriquoise et de la race algonquine. Comme il arrive pour ces événements lointains de l'histoire de notre pays, il y a ici de l'histoire et de la légende. L'histoire est assez vague et elle est racontée par Jacques Cartier lui-même sur la foi du sachem Donnacona qu'il amena avec lui en France au retour de son second voyage en 1535-36. Voici le texte de ce récit :

"Nous par ledit Donnacona monstré les peaulx de cinq testes d'hommes, estendues sur des bois, comme peaulx de parchemin. Lequel Donnacona nous dist que c'estaient des Trudamens devers le su, qui leur menaient continuellement la guerre, et nous fut dist qu'il y a deux ans passer que lesdists Trudamens les viendrent assaillir jusques dedans ledit fleuve à une ysle qui est le travers du Saguenay, où ils estaient à passer la nuict tendans aller à Honguedo leur mener guerre avecque environ deux cents personnes, tant hommes qu'enfants. Lesquels furent surpris en dormant dedans un fort qu'ils avaient faict où mirent lesdicts Trudamens le feu tout alentour et comme ils sortoient, les tuèrent tous, réserve cinq qui s'échappèrent. De laquelles

destrousses se plaignoient encore fort, nous montrant qu'ils en auroient vengeance."

Sur ce texte, M. Jean-Charles Taché dans "*Trois Légendes de Mon Pays*" tout en suivant d'assez près l'histoire, a écrit l'une de ses plus belles pages. Autrement dit, M. Taché a romancé le fait historique primitif et il l'a fait, d'ailleurs, de façon charmante. A la fin de son récit M. Taché dit:

"*C'est en harmonie avec ces traditions qu'on a désigné les deux caps qui limitent l'entrée de la baie du Bic par les noms lugubres de Cap-Enragé et de Cap-aux-Corbeaux. Il y a encore bien des années que les restes des os blanchis des Micmacs tapissaient le fond de la caverne de l'Ilet-au-Massacre. Encore aujourd'hui ce n'est pas le premier venu qui irait visiter ces lieux, par une nuit obscure, alors que le vent gémit à travers les sapins et les crevasses des rochers comme une âme en peine.*"

En passant, rappelons que la désignation faite dans le récit de Jacques Cartier de cette "ysle qui est le travers du Saguenay", et que la tradition a toujours voulu que ce soit l'Ile-au-Massacre" a soulevé, naguère, une légère polémique entre M. l'abbé J.-D. Michaux, curé de Val Brillant, qui, avec M. Jean-Charles Taché, tenait pour l'Ilet-au-Massacre, et feu Charles-A. Gauvreau qui, dans son livre "*Au bord du Saint-Laurent*", a laissé entendre que cette "ysle qui est le travers du Saguenay" était l'Ile Verte. Il n'y a pas lieu, ici, de nous immiscer dans la . . . querelle mais il nous semble que la tradition, l'histoire, le nom de l'île même, la découverte des os blanchis dont parle M. Taché. a incité la tradition à regarder cette île comme celle du massacre des gens de Donnacona par les Trudamens. (1)

(1) Au chapitre de l'Ile-aux-Basques, on a vu que le Dr D.-A. Déry tend à prendre cette dernière île pour le théâtre de ce massacre. Donc, trois opinions.

Nous croyons intéressant de résumer l'histoire de cette ancienne tragédie telle qu'imaginée par M. Taché en se basant sur le récit de Cartier et sur la tradition. Le drame aurait eu lieu en 1533. Les Micmacs vivaient paisiblement sur les bords du Saint-Laurent, particulièrement dans la région d'aujourd'hui où se trouvent Rimouski et Trois-Pistoles. Leur pays devait comprendre tout le sud-est du fleuve Saint-Laurent jusqu'à Gaspé qu'ils appelaient Honguedo. C'était une tribu nomade et, durant l'été, hommes, femmes et enfants se plaisaient à aller ici et là, sur la côte ou dans les îles où ils campaient quelques jours pour s'en aller aussitôt ailleurs.

Un soir de l'été de 1533, un groupe de près de deux cents de ces sauvages, hommes, femmes et enfants, arrivèrent au Bic, terrorisés par la poursuite que leur faisaient leurs féroces ennemis les Iroquois — Trudamens. — Ils avaient appris en cours de route que ces barbares voulaient les massacrer. Ils étaient partis, croit-on, de la Rivière Saint-Jean pour se diriger vers Honguedo. Ce soir-là, ils cherchaient un refuge où ils pourraient tromper la poursuite de leurs ennemis. Ils savaient que dans une des îles du Bic se trouvait une profonde caverne qui était pour eux un sûr abri. Aussi se hâtèrent-ils d'aller se réfugier dans cette île. La nuit même de leur arrivée, ils installèrent les femmes et les enfants dans la caverne devant laquelle ils construisirent à la hâte, à l'aide de troncs d'arbres et de branches, une palissade. Rien alors ne leur laissait soupçonner la présence de leurs ennemis dans les environs. Ils se croient sauvés et l'espoir renaît dans les âmes de ces malheureux. Ils se reposent et bientôt, dans cette bienheureuse euphorie, le sommeil s'empare de tous ces corps exténués.

Cependant les Iroquois, rusés, n'ayant pas abandonné leur poursuite, les avaient vus se diriger vers l'îlot, où, à marée haute, les Micmacs se trouvaient comme emprisonnés. Ils reposent toutefois dans la plus parfaite quiétude. Tout à coup des cris horribles déchirent les ténèbres de la nuit. L'ennemi a profité du reflux durant la nuit pour traverser sur l'îlot où ils arrivent en hurlant leur affreux cri de guerre. Alors, il dut se passer une scène atroce. Les Iroquois avec leurs torches mettent le feu à la palissade et s'élancent dans la caverne malgré les coups désespérés des guerriers micmacs qui vendent chèrement leur vie pour sauver celle des femmes et des enfants enfermés dans la caverne. Tous furent anéantis dans la boucherie qui suivit. Seuls cinq Micmacs réussirent à se sauver dans le bois pour aller plus tard raconter à leurs amis et autres tribus à Stadaconé et ailleurs, la terrible hécatombe de l'îlot du Bic qui s'appellera désormais l'"Ilet-au-Massacre".

Les Micmacs durent dans la suite user de représailles avec le concours des guerriers de Donnacona et on croit que ce sont les scalpes de cinq des Trudamens qui assaillirent les réfugiés de l'îlot que le sachem de Donnacona montra à Jacques Cartier, cloués sur des planchettes, "estendues sur des bois, comme peaulx de parchemin".

Si l'on en croit le récit de Jacques Cartier concernant cette tragédie et que lui a rapporté le sachem, ce n'est plus de la légende; c'est de l'histoire poétiquement romancée.

Après avoir rappelé le drame de l'Ile-au-Massacre, M. l'abbé Michaud, dans les *"Etapes d'une paroisse"*, regrette que lors de la construction du quai à eau profonde du Bic, des vandales, il y en a partout, se soient plu à massacrer la caverne historique de l'îlot pour y extraire de la pierre qu'ils auraient pu très facilement trouver ailleurs. Rien, prétend-il, ne justifiait ce nouveau massacre. Nous regrettons avec lui cet inutile acte de vandalisme contre un monument naturel qui rappelle l'un des premiers événements connus de l'histoire du Canada. Et M. l'abbé Michaud fait une suggestion qu'on n'ose pas qualifier d'heureuse car depuis qu'il l'a faite — en 1925 — il n'en a plus été question. Il invitait la Société des Sites Historiques à apposer à l'entrée de la caverne une plaque commémorative rappelant cette douloureuse histoire de la nation micmaque... et qui rappellerait aussi, oserions-nous dire, le massacre de la caverne par les constructeurs du quai du Bic.

L'Ile Saint-Barnabé

"En face de la belle baie au fond de laquelle se pose coquettement le village de Rimouski", écrit M. J.-C. Taché; "entourée des plus beaux aspects qu'il soit possible d'imaginer, se voit l'Ile Saint-Barnabé, délicieuse corbeille sise au sein des eaux du grand fleuve dans un endroit de son cours où un espace de douze lieues sépare les deux rives."

De son côté, Charles-A. Gauvreau, après quelques bribes d'une description de Rimouski, écrit : "...et au large, comme pour fermer l'entrée de cet estuaire de vastes dimensions, l'Ile Saint-Barnabé, si connue des marins, s'étend sur une lieue de long. A marée basse, il est facile de s'y rendre, du village, à pied sec, en passant sur les battures."

L'île Saint-Barnabé, en effet, est bien connue des marins côtiers. Elle présente deux havres sûrs et commodes contre les tempêtes. Elle mesure environ une lieue de longueur et a une largeur moyenne d'à peu près six arpents. Elle est boisée de sapins, de bouleaux et d'épinettes, à part quelques endroits couverts d'arbustes à petits fruits. C'est un endroit de pêche et de chasse aux oiseaux de mer et de grève : outardes, canards, bernaches volent constamment autour et au-dessus de l'île ou s'ébattent dans les mares d'eau qui plaquent d'argent sa verdure. Tout le jour, les goélands, faufilant l'atmosphère, au-dessus de l'îlot, font entendre leurs plaintes de nouveau-nés.

Du temps de J.-C. Taché, on pêchait, autour de l'île, le hareng, la sardine et le capelan, même le saumon qu'on pouvait capturer alors presque aux portes de Québec. On y chassait aussi le loup-marin et le pourcil et, comme aujourd'hui encore, on voyait surgir, tout près des rivages de l'île couverts de coquillages et de goémons, les gros dos noirs des gibards. Enfin, l'hiver, alors qu'on pouvait se rendre à pied sur l'île pendant toute la saison, les gens de Rimouski, se plaisaient à y aller faire la chasse aux lièvres qui étaient légion.

Quand on parle de l'Ile Saint-Barnabé, il n'est pas possible d'oublier de rappeler le souvenir de l'"Ermite de l'Ile Saint-Barnabé". C'est même à peu près toute la vie de l'île. Ce personnage a participé à la fois à la légende, à l'histoire et à la tradition. Laissons de côté la légende et rappelons-en l'histoire authentique. Elle date de plus de deux siècles. Elle débute précisément en 1728.

Cette année-là, un jeune homme âgé d'à peu près 25 ans, arriva à Saint-Germain de Rimouski qui n'était alors qu'un simple hameau; une mission. Personne n'a jamais pu savoir d'où venait ce jeune homme qui était arrivé à travers la forêt, du côté du lac Métapédia. Quel était le but, l'objet de ce voyage? Jamais il n'a répondu aux multiples questions qu'on lui a posées pour éclaircir le mystère de sa vie antérieure. Tout ce qu'on a pu savoir alors, c'est qu'il s'appelait Toussaint Cartier.

Alors la seigneurie de Rimouski appartenait à M. Pierre Lepage qui possédait également l'Ile Saint-Barnabé. Le jeune étranger, pendant quelques jours, fut l'hôte du seigneur Lepage en son manoir. Un soir, au cours d'une promenade sur la plage en compagnie de son hôte, le jeune homme, s'arrêtant subitement et contemplant avec extase l'Ile Saint-Barnabé qu'irradiait le soleil couchant, déclara à son hôte que c'est là désormais qu'il voulait vivre et mourir.

Jusque là, Toussaint Cartier avait manifesté devant tous ceux qui le connaissaient, une maturité d'esprit même au-dessus de son âge. Personne ne prit pour un acte de folie la détermination qu'il venait d'exprimer, du reste, avec une conviction qui ne laissait aucun doute sur la fermeté de sa décision. Le Père Ambroise Rouillard, missionnaire récollet, qui exerçait son apostolat dans cette partie du fleuve et qui se trouvait alors en mission à Rimouski, consulté par M. Lepage sur le projet du jeune homme, vit une telle foi dans cette détermination, qu'il l'approuva sans hésiter.

Le même jour, un contrat fut passé entre le seigneur de Rimouski et celui qu'on n'allait plus appeler que l'"Ermite de Saint-Barnabé". Le document fut déposé plus tard dans les archives du notaire P.-L. Duchesneau. Une copie conforme de ce document a été faite et recueillie par M. J.-C. Taché. Cette copie est datée du 30 avril 1790 et elle s'intitule : "Copie collationnée d'une donation usufruitière d'un terrain dans l'île de Saint-Barnabé faite sous seing privé, le 15 novembre 1728, par Sieur Lepage de Saint-Barnabé à Toussaint Cartier." (signé P.-L. Duchesneau). O y voit que le contrat fut passé "par devant le Révérend Père Ambroise Rouillard" : que le dit sieur Lepage a "donné, ceddé, quitté, délaissé et transporté, comme il donne, cedde, quitte et délaisse au dit Toussaint Cartier un endroit dans la dite Isle Saint-Barnabé et autant de terre qu'il en pourra et ce seulement pendant sa vie . . . " ; que "ledit Cartier s'est expliqué avec le Sieur Lepage qu'il ne voulait pas se marier et qu'il ne prétendait et n'entendait pas avoir aucun droit sur ledit endroit que pendant sa vie durante . . . "

A part le Père Ambroise, il y eut encore comme témoins de ce contrat Charles Soublevent et Basile Gagnier qui ont signé. Toussaint Cartier, ayant déclaré "ne savoir écrire n'y signer" a fait sa marque.

L'objet seul expimé par le jeune étranger était de "faire son salut". Rien de plus ni de moins. Ce contrat a été scrupuleusement observé par les parties contractantes pendant près de quarante ans. Dès qu'il fut passé, Toussaint Cartier s'en alla sur l'île et se mit à préparer son ermitage. Avec l'aide du seigneur, il se construisit une maisonnette et une petite étable pour une vache et quelques poules que lui prêta le seigneur. Puis il se mit à défricher autour de la cabane, partageant son temps entre le travail et la prière; ne vivant désormais que des produits de l'île et du lait de sa vache. Au temps de la mission, il traversait à Rimouski où il assistait aux exercices spirituels de la mission. Mais il ne desserra jamais les lèvres.

Vint l'année 1759; année terrible pour la colonie laurentienne; année de l'invasion anglaise, de l'arrivée de la flotte de Wolfe. On sait que le bas de Québec eut particulièrement à souffrir des déprédations des envahisseurs qui débarquaient, ici et là, sur les deux rives du fleuve, brûlant les maisons et terrorisant les habitants. Rimouski fut le premier endroit où débarquèrent les Anglais. Mais les colons, comme ailleurs, avaient fui dans les bois dont ils ne sortaient que pour s'approcher du fleuve et suivre les manoeuvres de la flotte.

Seul pendant ce temps, Toussaint Cartier ne changea rien de son genre de vie. Il semblait totalement étranger aux tragiques événements qui se passaient autour de lui. Une escouade de soldats anglais descendit un jour dans l'Ile Saint-Barnabé qu'ils crurent déserte, n'ayant pas découvert l'ermitage.

Il y avait trente-neuf ans que Toussaint Cartier, qui avait alors peut-être soixante ans, vivait dans cette solitude, quand le 29 janvier 1767, le jeune Charles Lepage, âgé de 14 ans, fils du seigneur, remarqua en sortant du manoir que, contrairement à l'habitude, la cheminée de la maison de l'ermite ne donnait pas de fumée. Intrigué, son père lui ordonna d'atteler un cheval et de se rendre sur l'île s'enquérir de l'absence du feu au logis du solitaire par ce temps de grand froid. Le jeune Lepage et un compagnon arrivèrent bientôt à la cabane de l'ermite où ils entrèrent. Ils y trouvèrent l'ermite couché tout de son long sur le parquet et sans connaissance. Un petit chien, compagnon fidèle du solitaire, était couché sur la poitrine de son maître. Toussaint Cartier, enveloppé de couvertures, fut amené au manoir Lepage où les bons soins le ramenèrent bientôt à la vie. Mais il sentit que c'était pour lui la fin et qu'il allait partir pour le grand voyage dont nul ne revient: Il demanda à voir le Père Ambroise. Comme par une permission de Dieu, le missionnaire se trouvait encore en mission à Rimouski ainsi que lors de l'arrivée du jeune Cartier, quarante ans auparavant. Il assista son ami, le confessa, lui administra les derniers sacrements et reçut son dernier soupir. Le 31 décembre, veille du Jour de l'An, le pieux solitaire fut inhumé dans la petite chapelle qui servait d'église paroissiale à Rimouski. Sur les registres paroissiaux se lit l'acte de sépulture suivant :

"L'an mille sept sens soixante et sept, le trentième de décembre, est décédé en cette paroisse de Saint-Germain de Rimouski le nommé Toussaint Cartier âgé d'environ soixante ans habitant de ladite paroisse, après avoir reçu les sacrements de pénitence, d'eucharistie et d'extrême-onction. Son corps a été inhumé avec les cérémonies ordinaires dans l'église de cette paroisse le dernier jour dudit mois de décembre. En foy de quoy j'ay signé le jour et lieu que dessus." — Père Ambroise.

Telle est la touchante et véridique histoire de l'"Ermite de l'Ile Saint-Barnabé" dont le souvenir surgit à la mémoire chaque fois que nous passons devant cette pittoresque île du Saint-Laurent. J.-C. Taché fait remarquer que cette histoire a été souvent assez ridiculement exploitée, entre autres par Emily Montague qui l'a travestie en un pitoyable petit roman d'amourettes.

Ajoutons que l'ermitage de Toussaint Cartier était situé au milieu de l'île, du côté sud, faisant face à Rimouski. Malgré les indications données par M. Charles Lepage, ce jeune garçon qui était allé chercher le solitaire malade dans sa cabane, le 29 décembre 1867, et qui est mort en 1846 à l'âge de 93 ans, on n'a jamais pu trouver la tombe de l'ermite. La construction successive de plusieurs églises a fait disparaître, semble-t-il, toute trace de l'endroit précis où le 31 décembre, le Père Ambroise déposait le corps de son ami l'"ermite de l'Ile Saint-Barnabé".

Au cours de sa vie solitaire, l'ermite, aimons-nous à rappeler encore, eut, un jour, l'occasion de se faire le bon Samaritain de malheureux naufragés qui, une nuit, se trouvèrent portés sur cet îlot du Saint-Laurent.

C'était tard dans l'automne de 1753. Une frégate de Sa Majesté le Roi de France faisait naufrage sur cette île du golfe Saint-Laurent qu'on appelle le Gros Mécatina et qui fait partie de cet immense archipel qui s'étend, sur une distance de près de 400 milles, de Harrington à Blanc Sablon, le long du littoral de la Côte Nord du Saint-Laurent. Ce bâtiment, la "*Macrée*", était commandé par MM. de Loubarat et de Condamin, et l'équipage avait pour aumônier l'abbé Chenot et pour médecin M. de Sauvenier. Une grande partie de l'équipage de la "*Macrée*" périt au Gros Mécatina. Le reste était destiné à mourir de faim et de froid sur cette île solitaire du Golfe. Mais il y avait là, durant la saison de la pêche un comptoir qui appartenait à M. Jean Taché, industriel de Québec, et à cette époque de l'automne, il restait encore de cet établissement quelques hommes et un petit navire de la classe des "*Senaux*" que les hommes mirent à la disposition des naufragés. Le lendemain ceux-ci partaient pour Québec. Le voyage se passa bien jusqu'à la Pointe-au-Père où, pendant la nuit, s'éleva une violente tempête qui assaillit le "*Senaux*". On était alors aux derniers jours de novembre et il régnait un froid intense. Et voilà que le petit navire poussé par l'ouragan alla donner tout à coup sur les rochers qui entouraient l'île Saint-Barnabé. Après quelques chocs sur ces roches, le petit bâtiment se mit à faire eau et sombra dans une petite anse de l'île qui porte encore le nom d'"Anse au S'neau".

Les naufragés ne savaient guère où ils se trouvaient. Ils se dirigèrent sur l'île en attendant le jour et dans l'intention de se mettre sous le couvert du bois. La plupart de ces malheureux étaient totalement exténués, mourant de froid, de fatigue et de faim. Le matin, ils furent aperçus par l'ermite de l'île qui se dirigea aussitôt vers les malheureux qu'il trouva serrés les uns contre les autres, mourant de froid. Il en transporta le plus qu'il put à sa cabane et alluma un grand feu pour avertir les gens de Rimouski qu'un événement inusité se passait sur l'Ile Saint-Barnabé. Effectivement de Rimouski, on vit le signal mais il fallut attendre la marée basse pour se rendre sur l'île. Ce fut une pénible opération que le transport sur la terre ferme, à travers des glaces mouvantes, de ces hommes à demi-morts. Quelques-uns même périrent en arrivant sur les battures. Les survivants passèrent l'hiver à Rimouski. Au printemps ils quittèrent le presbytère et les autres demeures de Rimouski où ils durent être recueillis et purent se rendre à Québec.

Il y a quelques années, aux marées basses, dans l'"Anse au S'neau", on voyait encore les restes du petit "Senau" de M. Jean Taché. C'était le troisième bateau que M. Taché perdait au service du roi de France. Un autre de ses navires avait péri sur la même Ile de Saint-Barnabé en revenant de l'Acadie en 1750 comme en fait foi un document conservé aux archives de la Marine en France.

Et voilà toute l'histoire de la petite Ile Saint-Barnabé, près Rimouski.

Le Bicquet

L'ilôt du Bicquet est situé à environ un mille et demi de l'île du Bic. C'est une terre basse, rocailleuse et d'un aspect plutôt triste. Les rochers émergent seulement à quelques pieds du niveau de l'eau aux plus hautes marées, ce qui rend l'endroit dangereux. Aussi l'îlot fut toujours redouté des marins côtiers. On y déplore en effet de nombreux naufrages.

C'est pourquoi la "Maison de la Trinité" qui, jusqu'en 1867, alors que la remplaça la Commission du Havre de Québec, eut la direction de la navigation sur le fleuve, y fit-elle placer le phare actuel qui date de près de cent ans.

La construction du phare, en effet, a dû commencer vers 1842. D'après la "list of lights and Fog Signals", le phare du Bicquet fut mis au service des navigateurs en 1844 et le premier gardien du phare fut Edouard Pope. On voit que l'année suivante, le gardien était J.-G. Hammond et son assistant un nommé Mitchell. Le 2 mars 1859, en voulant se rendre à leur poste pour l'ouverture de la navigation, tous deux se noyèrent, leur chaloupe s'étant brisée sur des banquises. Leur succéda mais temporairement Gilbert Lindsay, de l'Ile Verte. Après quoi la Maison de la Trinité nomma à ce poste J.-Thomas Béchard qui avait pour assistant un nommé Fortier à qui il arriva une pénible aventure. Il avait été promu à la garde du phare pendant tout l'hiver. Après la tragique fin de Hammond et de Mitchell, la perspective n'était assurément pas bien rose pour Fortier de passer seul dans cette tour, sur cette île sinistre, tous les mois de l'hiver. Tout de même, il consentit à remplir la tâche et il s'enferma dans la tour seul en compagnie d'un petit chien. Rien ne se produisit durant la première partie de l'hiver mais le malheureux Fortier était nerveux. Fut-ce l'effet de ses nerfs finalement surexcités, une nuit, il entendit dans les escaliers et à l'étage supérieur de la tour des bruits de chaînes, des grincements et des coups sourds comme donnés sur les murs de la tour. Il essaya de se raisonner, mais bernique! Et c'est avec terreur qu'il vit arriver la nuit suivante. Cette nuit-là, autres bruits de chaînes, avec accompagnement, cette fois, de plaintes et de cris, enfin tout l'accompagnement infernal ordinaire des lieux les plus authentiquement hantés. Alors le pauvre Fortier, au matin, aussi mort que vif, ne songea rien moins que de déguerpir. Mais la glace était trop faible pour le porter et il lui fut impossible de gagner terre. Nouvelle nuit affreuse toute remplie des bruits infernaux des précédentes. Alors, Fortier n'y tint plus et il résolut de gagner terre coûte que coûte. Heureusement le froid sévissait avec rigueur depuis la veille et il se trouva que la glace était assez forte pour le porter sans trop de danger jusqu'à la terre ferme. Il partit suivi de son chien, ou plutôt l'animal lui servant de guide, a-t-il raconté dans la suite. Enfin, il arriva à Saint-Fabien où on le recueillit à demi mort de froid et de peur. Bien entendu, il ne retourna jamais plus au Bicquet.

Le phare du Bicquet, en 1867, passa du contrôle de la Maison de la Trinité à celui du Département de la Marine à Ottawa. Ce phare est une tour octogone d'une hauteur de 43 pieds, à lumière blanche tournant toutes les deux minutes. Du 10 avril au 13 septembre, on tirait du canon par temps de brume et de grosse chute de neige. En 1908, on remplaça le canon par une sirène.

Avant la construction du phare il y eut plusieurs naufrages dans les parages du Bicquet : mentionnons celui de la "*A Bark*" en 1841, celui du "*Ceylon*", en 1845, du "*City of Derry*", en 1847 et d'une barge américaine chargée d'huile brute en 1865.

A propos de ce dernier naufrage on raconte que la plus grande partie des barriques d'huile furent sauvées et transportées sur la pointe du Vieux Bic. Mais là, les douves s'étant disjointes sous l'action du soleil, toute l'huile se répandit sur la terre qui en fut profondément imprégnée. Plus tard, on en sentait encore les relents, ce qui faisait croire aux jeunes de l'endroit qu'il devait y avoir là un puits de pétrole. Quant aux membres de l'équipage de cette barque américaine, M. l'abbé J.-D. Michaud, que nous avons eu le plaisir de souvent citer, rapporte qu'il y avait parmi eux des séides de John-Wilkes Booth qui assassina le président Lincoln, à Richemond, en 1865. A part l'huile de la barque on découvrit dans cette dernière nombre de riches uniformes d'officiers des troupes sudistes que le gouvernement canadien confisqua et fit vendre aux enchères publiques.

Et voilà toute l'histoire de l'île du Bicquet . . .

L'ILE VERTE

La nuit finissait...

C'était la première nuit paisible des temps sans âge, dans les commencements du monde. Nuit bienfaisante... elle avait succédé aux furieuses époques des tempêtes de la période glaciaire et, dans son ombre, après des milliers de siècles d'agitation et de désordre, les matières inconsistantes et mouvantes du globe en formation venaient enfin d'apprendre l'immobilité et de connaître le repos... Nuit tutélaire, elle avait préparé la combinaison des éléments, favorisé la cohésion et la soudure des atomes épars dans le vide... Nuit féconde, elle était la mère de tout ce qui existe, car elle avait permis à la nature de réaliser la grande venue de la création.

La tâche grandiose était à peu près remplie. La Jeune Lumière naissait. Au loin, dans le mystère des ténèbres, une lueur pâle commençait d'éclore: l'aube d'un jour de la première année du premier siècle montait des profondeurs de l'infini. Mais elle hésitait. Elle déchirait l'ombre lentement, et, plus lentement encore, blanchissait pour devenir clarté...

Or, un morceau de l'univers dont les solitudes s'égayaient, comme les autres, sous la Jeune Lumière, toujours hésitante, en cet instant de la nouvelle vie du monde, apparaissait. C'était la vallée géante où la période glaciaire avait entassé, en un désordre monstrueux, les formidables banquises et les séracs colossaux du glacier du Saint-Laurent, pendant l'Eternité des temps sans âge. Et cette vallée géante était alors l'un des principaux foyers de la fureur du chaos. Les grondements incessants des secousses sismiques, les coups de tonnerre des éruptions, le fracas des rochers et des glaçons entreheurtés, l'emplissaient d'un tumulte sinistre.

Il fallait faire l'ordre dans ce coin d'horreur et de désolation . . .

Une voix formidable se fit entendre par-dessus les éléments exaspérés :

"Satan! vite! Je veux de l'ordre au Saint-Laurent. Vite! . . . ramasse tout ce que tu peux apporter avec toi de monts et de rochers . . . J'ai de l'eau. Je le veux grand et beau!"

Sous la Jeune Lumière, un géant surgit ployant sous un titanesque fardeau de rochers noirs, humides de goémons, de monts pointus comme des clochers. Et le Révolté clama :

"Je veux bien t'aider; mais il faudra me permettre de régner sur le nouveau royaume".

"Soit", fit le Maître, "mais pas longtemps. Fais vite, jette des monts, des rochers, là, vers le nord, au sud, à l'est et à l'ouest. Et puis, creuse le lit de mon fleuve naissant et places-y des îles, partout".

Il y eut un bouleversement sans nom.

Lucifer, comptant vaincre son Créateur, courut, se morfondit, lançant devant les eaux écumantes et débordantes le Cap Diamant, le Cap Tourmente, le Mont Sainte-Anne, puis les Caps des Eboulements. Il creusa les gorges de l'embouchure saguenayenne. Puis, descendant vers l'eau infinie, il vida de son sac tout ce qui restait de monts et de rochers et, le soir venu, s'arrêta, harassé, au bout de la Pointe-des-Monts qu'il venait de placer là.

Reposé un peu, Lucifer, rayonnant, se leva. Il se crut, de nouveau, l'égal de Dieu.

Mais Dieu veillait.

Il perçut le geste d'orgueil de son ange déchu.

"Il me manque le Saguenay!" clama la Voix divine. "Va!"

Et Satan, en deux formidables enjambées fut aux collines de sables de Tadoussac. De rage, il creusa, planta sur son passage le Cap Trinité et creusa de nouveau jusqu'au grand lac Peokouagamy. Puis il redescendit, toujours rempli de rage et, en un ahan furieux, écumant, au milieu du Saguenay, il édifia le Cap Eternité. Alors, il défia derechef Dieu, en un geste terrible.

Mais Dieu lança vers lui un seul regard, et Lucifer s'abima au pied des deux géants qu'il venait de planter là. Il disparut dans un épouvantable fracas de tempêtes, dans le rugissement rageur de tous les vents déchaînés . . .

Des siècles s'écoulèrent.

La vengeance roulait dans le cerveau enflammé de Lucifer. Un jour, il se mit à marcher à pas précipités en-dessous des abimes, vers la rive sud du fleuve. A chaque pas, il crevait la croute terrestre et, au-dessus des flots, surgissaient des îles. L'Ile Ronde, l'Ile Verte, l'Ile-Rouge, les Razades et tant d'autres naquirent de sa colère . . .

Le monde était créé depuis longtemps, et des races humaines en habitaient tous les coins qu'elles se disputaient dans des guerres atroces.

Lucifer arrêta sa marche au milieu des Maléchites, peuplade sauvage qui habitait cette portion du territoire laurentien qui comprend aujourd'hui les grands comtés de Témiscouata et de Rimouski, pays de l'orignal, de l'oie bleue, de la baleine et du phoque. Les Maléchites adoraient le Roi Soleil.

A partir de là, on put voir la tribu indienne camper, chaque été, tantôt sur les bords de la rivière des Trois-Pistoles, tantôt sur l'Ile Verte et le chef Maléchite, un nouveau, établissait son "wigwam" au fond d'une grotte, creusée dans la falaise escarpée sur l'Ile Verte... Site enchanteur, promontoire dévalant vers la mer; vue grandiose! A l'ouest : l'Ile-aux-Pommes, l'entrée du Saguenay, les Laurentides; en face : l'Ile-Boisée (ou île-aux-Basques) ; à l'est, les "Razades", les "Ilets", le Cap-Marteau, les montagnes du Bic et le fleuve roulant à perte de vue vers l'océan.

Et tous les jours, ce décor superbe! ces îles en front, cette immense nappe d'eau, s'étendant jusqu'aux monts du nord, cette atmosphère inondée de lumière, cet air âcre chargé des émanations marines! Tout cela fascinait l'enfant des bois... Tenté, séduit, subjugué par le déploiement de cette grande nature, le chef indien sentait dans son être la nécessité d'une force inconnue, mystérieuse, supérieure... Ne connaissant mieux... il vit le Grand Esprit créateur de "l'Astre Brillant" et l'adora. Le nouveau "Dieu-Soleil", adoré du païen, content, satisfait, parcourant de son grand oeil rouge son domaine, de l'orient à l'occident, avec orgueil, admirait son oeuvre. Et cette hantise d'une divinité supérieure portait le grand chef à la reconnaissance.

Debout, sur son Roc observatoire de l'Ile Verte, au crépuscule, le Chef des Maléchites, les mains levées au-dessus de sa tête ornée des plumes de l'aigle pêcheur, son tomahawk à sa ceinture de peau d'orignal, venait prier son dieu, le "Roi-Soleil" à son couchant, lui demandant de le toujours préserver contre son ennemi mortel et séculaire, l'"Iroquois", et lui donner une "bonne chasse..."

Soudain, des ailes blanches apparaissent à l'est de son île. La main droite à son front, pour mieux voir, l'oeil du Peau-Rouge s'ouvre tout grand. Qui vient là ? Ce sont les Basques, pêcheurs à la baleine. L'Ile Boisée est devenue leur rendez-vous.

Des feux s'allument chaque soir et le grand chef regarde toujours... la nuit venue, inquiet, l'oeil rivé sur ces feux inquiétants. Le chef indien se glisse dans son canot d'écorce et file vers l'île mystérieuse. A sa grande surprise, il voit des Blancs dépeçant une baleine, et leur ombre se détache dans la nuit à la lueur des grands feux entourés de pierre, véritables fourneaux circulaires supportant d'immenses marmites de métal rouge où l'huile bout... Une croix blanche brille à l'orée du Bois... Mystère! Ces blancs dans son royaume! La vue de toutes ces choses jette une grande frayeur et un doute dans l'âme du chef terrifié. Tremblant, sa main se crispa sur sa pagaie et, comme un trait, il disparut dans l'obscurité, vers son wigwam. Tout le jour, le lendemain, bouleversé, taciturne, il songe à ce qu'il a vu... Sa crainte augmente... ses squaws n'osent le questionner. L'arrivée de ces hommes blancs l'alarme, il se voit menacé dans son royaume...

Et le soir venu, il s'en fut plus loin, aux bords de la Trois-Pistoles, sur une colline rocheuse et, sur son roc perché, fièrement campé sur ses jambes, dans une attitude de combat, brandissant son tomahawk, loin de prier, il insulte son Dieu-Soleil qui semble ne plus le protéger...

—"Le Blanc chasse chez moi!" Que signifie cette Croix Blanche? "Roi-Soleil que j'adore, réponds-moi...! J'ai dit..."

Et le Roi-Soleil, descendant plus vite derrière les Monts du Nord, lui clama : "Leur Dieu est plus fort que Moi. Malheur! Je suis perdu. Mais avant que tu adores le vrai Dieu des Blancs et que tu me quittes pour lui... Sois pétrifié sur place : J'ai parlé!"

Et ce fut fait!

Le Dieu-Soleil, qui lui avait tant donné, entra soudain dans une grande colère et au milieu d'un grand tremble-terre, secouant la falaise, bouleversa les caps. Le chef indien chancelant, vit la falaise s'ouvrir sous ses pieds, une effroyable commotion s'ensuivit. En tombant, . . . la figure du grand chef Maléchite s'incrusta dans le roc. Sa caverne fut éventrée, son tomahawk cassé. Seul un monolithe resta debout portant à son sommet l'empreinte du pied du géant indien . . . Une petite croix blanche brillait au-dessus . . . Satan était vaincu! . . .

Le Dieu des Blancs fut, en effet, le plus fort. Il ne resta plus du grand chef des Maléchites que les empreintes de ses pas sur le roc, son tomahawk, son enclume où il forgeait ses flèches, des restes de son wigwam, son observatoire au bord du fleuve . . . Mais ses sujets, dans la suite, touchés par la grâce, reconnurent le Dieu des Blancs.

Aujourd'hui, au milieu des ruines de la caverne du Grand Chef Maléchite, à Trois-Pistoles, s'élève un autre "wigwam", habité par de saintes filles du Dieu des Blancs . . .

L'été, dans le calme du soir, au soleil couchant, souvent apparaissent, au bord du roc observatoire du Chef, des silhouettes de femmes. Elles portent à leur cou de petites croix d'argent. Leurs lèvres murmurent les "Ave" du Rosaire ou chantent les louanges du Créateur de la belle nature qui les entoure, cependant que la vague plaintive du fleuve vient se briser sur ces rochers culbutés.

Et toute cette région de l'Ile Verte et des Trois-Pistoles, née de la légende du Grand Maléchite, fut la patrie de ces indiens Maléchites — ou Malécites, — qui formèrent peut-être une tribu heureuse, — même malgré le malheur de leur grand chef — puisqu'elle n'a à peu près pas d'histoire. Du moins on en connaît peu de choses.

On connaît celle des féroces Iroquois et de leurs séculaires ennemis les Hurons, celle des Algonquins, des Montagnais et des maintes autres tribus dont les derniers descendants achèvent de mourir, enveloppés dans le manteau de leur gloire ancestrale, parqués dans des "réserves" où les protègent les gouvernements du pays. Mais les pauvres Maléchites n'auront pas même cette fin paisible. Leur tribu n'eut sans doute pas assez d'importance pour attirer l'attention des grands Ononthios de la capitale. Après leur avoir réservé, à eux aussi, un enclos pour y mourir, on le leur a enlevé. Est-ce un reste de châtiment que leur a réservé l'orgueil de leur antique grand chef? . . .

Ils ne sont plus aujourd'hui, les misérables Maléchites, que tout au plus une centaine d'individus disséminés ici et là dans cette région de l'Ile Verte et des Trois-Pistoles, chassant, l'hiver, au petit bonheur des quelques bouts de forêts qu'ils peuvent atteindre, ou, en famille, tressant des paniers, fabriquant des mocassins, des raquettes et différents articles de fantaisie qu'ils vendront, l'été, aux touristes du bas Saint-Laurent.

D'où viennent ces indiens au nom plutôt biblique? Les premiers missionnaires qui évangélisèrent cette partie du fleuve, en particulier les Pères Gabriel et Henri Nouvel et, plus tard, le Père Jean-Baptiste De La Brosse, les trouvèrent établis sur les bords de la rivière Verte et sur l'Ile de ce nom. Ils avaient bâti leurs cabanes sur les hauteurs dominant le fleuve et la vallée. De ces hauteurs, et de l'île peut-être, aperçurent-ils, un jour de septembre 1535, passer non loin de leurs rivages, et peut-être s'y arrêter quelques heures, les étranges navires des premiers blancs qui remontèrent la "Grande Rivière". Et de nouveau, le printemps suivant, après avoir passé l'hiver à la chasse, durent-ils voir passer encore ces navires qui, revenant de leur dur hivernage dans l'estuaire de la rivière Lairet, retournaient en France avec leur équipage décimé par le terrible scorbut.

Et plus tard, encore, en 1541, ils durent voir revenir les étranges navires, dont la vue maintenant leur était plus familière et qui étaient à présent au nombre de cinq. Puis, encore plus tard, les Maléchites de l'île Verte voient passer, non loin de leurs rives, un autre navire d'un tout nouvel aspect et qui montait le fleuve toutes voiles déployées. C'était le *"Don de Dieu"* de Champlain. Plusieurs années passèrent et les Maléchites, de leurs hauteurs, aperçurent d'autres vaisseaux qui remontaient le fleuve mais montés par d'autres hommes portant des costumes tout nouveaux pour les sauvages : les Anglais des Kirke. Ils se dirigeaient vers Tadoussac, de l'autre côté du fleuve. Les navires se succédèrent dans la suite. Chaque année, pendant longtemps, ces vaisseaux portant le drapeau fleurdelysé puis, plus tard, un drapeau étranger. Mais avant la venue de ces derniers, de petites embarcations, de frêles canots d'écorce, voguèrent en tous sens sur le fleuve, quelques-unes se dirigeant vers l'Ile Verte et d'autres îles voisines. Et les Maléchites reçurent la visite des premiers missionnaires.

Mais encore une fois d'où venaient ces paisibles Indiens? La tradition veut qu'ils soient descendus de la hauteur des terres par delà la ligne qui sépare notre pays des Etats-Unis. Ils seraient venus par la rivière Saint-Jean pour aboutir à la tête du grand lac Témiscouata. De là, ils auraient gagné la rivière des Trois-Pistoles et par cette voie seraient descendus jusqu'au Saint-Laurent. Puis, se laissant aller au fil de l'eau, côtoyant les côtes, tantôt basses, tantôt escarpées, toutes couvertes de vertes et épaisses forêts, croisant de belles îles, ils arrivèrent, un jour, à l'embouchure de la Rivière Verte. Ils virent là sauter le poisson en abondance, saumons et truites, tandis que sur les battures s'égaillaient à l'infini des troupes d'oiseaux de mer de toute nature; oies sauvages, bécasses, canards; et ils virent aussi les gros et balourds loups-marins exposer aux rayons du soleil leur dos luisant, comme aussi les marsouins gris et blancs.

Et les Maléchites s'établirent définitivement dans ce paradis terrestre pour sauvages. Ils étaient des idolâtres mais de moeurs douces et paisibles. Ils reçurent avec bienveillance la visite des missionnaires, nonobstant la légende de leur grand Chef, au temps préhistorique. Les "Robes Noires" les convertirent facilement. Plus tard, quand s'organisèrent les paroisses de la région de Témiscouata sous la direction de leurs curés, ceux-ci trouvèrent dans les Maléchites qui restaient des fidèles à la foi solide et à la piété douce et confiante. Ils continuaient cependant leur existence aventureuse, occupés constamment de la chasse et de la pêche. Incapables de s'astreindre à la culture de la terre, ces pauvres gens devinrent des obstacles au développement de la colonisation dans cette partie du pays, et en particulier à l'Ile Verte qui progressait rapidement. Peu à peu les Indiens, sans trop récriminer tout d'abord, firent place aux colons. Le gouvernement, un jour, en eut pitié. Il leur octroya une "réserve" sur les hauteurs, à l'endroit où est édifiée aujourd'hui la paroisse de Saint-Epiphanie; les meilleures terres de la région, dit-on. Mais les Maléchites, toujours attirés par la forêt, n'habitaient guère leur réserve qui restait en friche. Devant cet état de chose, les autorités fédérales prirent une décision énergique et qui parut alors quelque peu draconienne. Le 11 mai 1870, on fit vendre la Réserve Maléchite qui rapporta la somme de $9,368.00. Mais ce ne fut pas, dans la suite, sans certaines scènes assez désagréables de la part de quelques Indiens mécontents qui protestèrent avec énergie contre cet acte de dépossession dont ils étaient les victimes. On sut les mettre à la raison et le calme revint.

Depuis, la race maléchite s'en va en dégénérant, l'arbre n'ayant plus qu'un reste de vie. Et voilà l'histoire des descendants du Grand Maléchite.

*

* *

L'Ile Verte a donné son nom à la paroisse qui est établie, vis-à-vis, sur la côte, au pied des collines, et qui est devenue le chef-lieu du pittoresque comté de Témiscouata, centre autour duquel se groupent les autres paroisses.

Voyons cette île de la paroisse même qui en est séparée de tout au plus deux milles, et donnons en même temps quelques notes sur cette belle paroisse rurale.

La Décollation de Saint-Jean-Baptiste de l'Ile Verte s'étend de l'est à l'ouest sur une distance de trois lieues. Elle présente dans toute sa longueur une série de pointes et d'anses. Elle est érigée au pied d'une série de collines d'où la vue, plongeant sur le fleuve parsemé d'îles et d'îlots, embrasse un panorama d'une splendeur sans égale. De ces collines, partout de quelque côté qu'on tourne le regard, mille points de vue magnifiques et jolis le réjouissent. A gauche, on voit serpenter la belle Rivière Verte qui divise la paroisse en deux parties; deux seigneuries. Avant de se jeter dans le fleuve, la rivière fait une gracieuse courbe vers le nord-est. Après l'avoir suivie ainsi dans sa course, notre regard s'arrête sur un îlot rocailleux qui, à un mille du rivage, fait une audacieuse tache noire sur le gris bleuâtre du fleuve qui s'étend à cet endroit jusqu'à vingt milles des monts laurentiens qui bornent au nord l'horizon.

Puis, à deux milles en face, s'étale une île de trois lieues de longueur sur une lieue de largeur. C'est l'Ile Verte, aussi légendaire qu'historique. Elle est située à peu près vis-à-vis l'embouchure du Saguenay et à une distance de sept lieues du "fleuve aux eaux profondes". De la paroisse de l'Ile Verte, on peut apercevoir les rochers de marbre blanc de Tadoussac, dont les reflets s'aperçoivent au soleil par-dessus les côteaux verts et les sommets boisés de l'Ile Verte...

Au début de septembre 1535, la petite flottille de Jacques Cartier remontait par une bonne brise la "Grande Rivière du Canada". Elle venait de doubler l'Ile Saint-Barnabé, puis le Bicquet. Sur la rive sud que longe d'assez près la flottille, une sauvagerie sans nom: des forêts sans limites déjà jaunissantes sous les premiers souffles de l'automne. Tout à coup, comme le capitaine malouin, à cause des vents très forts en cette partie du fleuve, dirigeait ses galiotes plus près de la rive sud, il aperçut une grande île qui sous les rayons du soleil se détachait uniformément verte sur la côte escarpée. Il savait par les deux sauvages qui étaient à bord de son navire qu'il arrivait à l'entrée d'un grand royaume qui était celui "de Saguenay". Il voulut jeter l'ancre devant cette île verdoyante avant de chercher à pénétrer dans le royaume que lui faisait entrevoir Domagaya.

Et Jacques Cartier, dit la tradition, appela cette île où il mouilla : l'Ile Verte :

Quand l'immortel Cartier monta le Saint-Laurent,
La légende nous dit que "belle isle voyant
"Il vint au rivage.
"Et Cartier ébloui de si belles beautés :
"Isle-Verte, dit-il, tu nous as subjugués
"Par ton paysage.
"Que tes oiseaux chanteurs y vivent de longs jours!
"Qu'à l'abri des autans s'écoulent leurs amours,
"Leur frêle existence,
"Et que tes sapins verts, formant de verts côteaux,
"Confondent en un seul leurs flexibles rameaux,
"En signe d'espérance!"

Les sauvages conservèrent ce gracieux nom d'Ile Verte et l'apprirent aux missionnaires qui vinrent plus tard. C'est pourquoi on trouve en 1633, dans les Relations des Jésuites la mention de l'Ile Verte. Les missionnaires visitèrent souvent l'île quand ils vinrent évangéliser les sauvages qui campaient sur les bords de la rivière. L'histoire de l'Ile Verte commença donc avec les pénibles débuts de l'établissement de la foi et de la civilisation sur la terre d'Amérique.

Du premier missionnaire qui visita l'Ile Verte, on sait peu de choses sinon que dans une tournée de missions qu'il fit dans le bas Saint-Laurent, vers 1650, il vint sur l'Ile Verte où il savait qu'étaient cabanés des Maléchites, des Micmacs et quelques Papinachois. Il s'arrêta à l'île et ne fut pas sur la terre ferme. Cette courte mission toutefois semble avoir porté des fruits puisque plus tard, quand le Père Henri Nouvel, qui fut l'apôtre de cette partie de la Nouvelle-France arriva dans l'Ile Verte, il trouva une fille sauvage qui avait été baptisée par le Père Gabriel et qui mourait le jour même de l'arrivée du Père Nouvel dans l'Ile. Le Père Henri Nouvel rapporte aussi qu'il rencontra un capitaine Papinachois qui savait sa prière et qu'il baptisa.

Voici, d'ailleurs, une fort intéressante lettre que le Père Henri Nouvel écrivait à son supérieur à Québec et dans laquelle il lui racontait sa mission dans l'Ile Verte en 1663 :

"*Mon Révérend Père,*

Je prie V.R. avec tous nos pères et Frères que j'embrasse in visceribus Jesu Christi, de m'aider à remercier Dieu des grâces que nous avons reçues de sa bonté pendant notre hivernement.

Etant partis de Québec le 19 novembre avec deux français, notre Hôte et quelques autres sauvages, nous arrivâmes à l'Isle-Verte le 24 du même mois. Nous trouvâmes en cette Isle tous nos sauvages. tant Papinachois que d'autres nations qui faisaient en tout soixante et huit. Ils s'étaient renfermés dans un fort de pieux, en suite de la découverte qu'ils avaient faite d'un grand cabanage d'Iroquois sur le bord de la grande rivière. Cette petite navigation de six jours ne fut pas sans beaucoup de dangers. Le mauvais temps nous ayant obligés de nous retirer dans une petite Islette, nous y fûmes deux jours; nos pilotes y eurent bien de la peine à conserver notre chaloupe. Nous voyant en danger d'arrêter plus longtemps dans ce poste, à raison des glaces et du vent contraire qui ne discontinuait pas, nous eûmes tous recours à Dieu, et nous étant mis sous la protection de Jésus, Marie et Joseph, à peine eûmes-nous achevé notre prière, que d'abord le temps changea; notre sauvage qui craignait beaucoup, nous cria en même temps Pousitan, embarquons !

Nous eûmes un temps favorable jusque aux approches de l'Isle-Verte où notre chaloupe ayant donné contre une roche, nous nous vîmes bien près de la mort.

Dieu eut compassion de nous et nous fûmes tous consolés de voir que la chaloupe, quoique très mauvaise, eut résisté à ce coup capable d'en faire périr une qui aurait été beaucoup plus forte. La nuit nous ayant surpris en cet endroit, nous ne laissons pas de continuer notre route, nous n'étions qu'à une demi-lieue de l'Isle-Verte. Alors notre chaloupe fut battue de coups de vent si rudes qu'elle s'entrouvrait par le devant. Ce fut à ce coup que nous nous disposâmes tout de bon à la mort, et nous étant résignés à la volonté de Dieu je fis voeu de dire trois messes à l'honneur de la Sainte-Famille de Jésus, Marie et Joseph et de réciter tous ensemble, pendant 9 jours le chapelet. Notre crainte fut changée en une espérance si forte, que n'appréhendant point dans la con-

tinuation des mêmes dangers, nous arrivâmes heureusement au port. Nous nous sommes arrêtés dix jours à l'Isle-Verte, pendant lesquels j'ai administré les cérémonies du baptême à six enfants de divers âges dans une petite chapelle qu'on y dressa. J'ai baptisé avant mon départ, un capitaine Papinachois qui savait ses prières et que je trouvai si bien disposé par des grâces toutes particulières dont Dieu l'avait prévenu, que je crus être obligé de ne plus différer, nous voyant dans le danger des Iroquois; on lui donna le nom de François-Xavier.

Ce bon Néophyte m'a raconté qu'étant gravement malade dans les bois, Dieu lui avait fait voir si sensiblement les feux de l'enfer où ceux qui ne prient pas brûleront éternellement, et qu'ensuite il lui avait si bien montré le chemin du Paradis, qu'il trouvait parmi les chrétiens, que depuis ce temps-là il avait toujours prié et qu'il avait en horreur les invocations du démon, que ses compagnons faisaient dans son pays. En vérité, Dieu l'a doué d'un bon jugement et d'un bon naturel. Il m'a protesté toujours qu'il ne quittera jamais la prière. Il a sept enfants mâles, tous baptisés; sa femme l'est aussi, il y a longtemps.

Avant que de quitter ce premier poste, Dieu voulut avoir les prémices du troupeau qu'il me donnait en garde, ayant appelé au ciel une petite fille de mon hôte, que le Père Gabriel avait baptisée. Cette mort affligea beaucoup le père et la mère et toute la parenté. Dieu les consola dans leur perte par la ferme croyance qu'ils ont qu'elle est au ciel: ils l'invoquent tous les jours afin qu'elle les aide auprès de Dieu."

C'est donc vers 1663, dans une misérable chapelle de fortune édifiée sur la pointe nord de l'île que fut commencée la conversion des Maléchites par le Père Nouvel.

Un autre apôtre des Maléchites de l'Ile Verte fut le Père Antoine Albanel, alors en mission à Tadoussac et qui se rendit à l'Ile Verte pour aller secourir les sauvages de cet endroit que des Français de Tadoussac, quelques jours auparavant, avaient trouvés décimés par une épidémie qui ravageait l'île et les environs. Le 11 décembre 1670, le Père Albanel abordait l'Ile Verte après une traversée des plus orageuses au cours de laquelle un matelot de la barque qui le portait s'était noyé et où fut perdue une partie des provisions qu'on apportait aux malades. Dans les *Relations des Jésuites* on lit de la plume même du Père Albanel ce qui suit :

"Je n'y vis que des squelettes animés et des corps défigurés qui avaient passé quatre jours sans manger, sans avoir de quoi se nourrir. Je commençai mes fonctions par la prière et sur le soir je préparai du Sheriague. Le lendemain, tous se confessèrent et je donnai la communion à ceux qui étaient capables."

Et il se passa une scène touchante alors que le missionnaire se trouvait au chevet d'une pauvre femme malade qui avait deux enfants en bas âge :

"Père, dit la femme, le Grand Esprit m'a enlevé mon mari, tu sais ?

—Oui, mon enfant, ta souffrance est méritoire.

—Ecoute, Père, tu vois ces deux enfants. Quand mon homme mourut, il me dit : "Femme, je te laisse un de mes garçons; l'autre, le plus vieux tu le donneras à la Robe Noire. Tu lui diras que je le prie de lui apprendre à prier pour moi".

Et le Père accepta l'enfant.

Il n'y a aucun doute que d'autres missionnaires que les Pères Gabriel, Henri Nouvel et Albanel ont visité l'Ile Verte de 1670 à 1713 quand un abbé Auclair, premier missionnaire régulier, visita l'Ile Verte où il alla en mission régulière jusqu'en

1729 alors que vint le remplacer le Père Ambroise Rouillard dont on connaît la touchante légende et la fin tragique, quand il se noya alors que le canot qui le transportait des Trois-Pistoles à Rimouski chavira sous un violent coup de vent . . .

Avant de partir du manoir du seigneur Vincent Rioux, à Rimouski, où il aimait à séjourner entre ses missions, il avait pris fantaisie au seigneur de faire prendre le portrait du Père. Quand il fut à point il le lui montra au moment où il allait embarquer dans le canot. Le Père, après avoir examiné attentivement le portrait, dit simplement:

"Je trouve que je ressemble à un noyé sur ce portrait".

Eut-il la vision de son heure suprême ? En apprenant sa mort tragique, Madame Rioux s'écria : "Le Père l'avait bien dit que son portrait était le portrait d'un noyé. Nous perdons gros, mais il y a un saint de plus au ciel".

On raconte aussi cette légende de la vie sainte du Père Ambroise Rouillard. Le seigneur Rioux lui avait donné, avant de partir pour sa dernière mission, un gobelet d'argent. Le Père avait d'abord refusé de prendre le gobelet, disant qu'il ne pourrait pas le rendre, qu'il le perdrait en route. Mais le seigneur Rioux insista en lui disant: "Prenez-le, mon Père; il reviendra à ma femme ou à moi après votre mort. Si vous le perdez, Dieu me le rendra".

Le lendemain de son départ, Madame Rioux, entrant dans la chambre du missionnaire, trouva sur une table le gobelet d'argent. Elle alla en larmes trouver son mari et lui annonça que le Père Ambroise était mort puisque le gobelet était revenu.

Cette légende du gobelet vécut longtemps dans la région des Trois-Pistoles, de Rimouski et de l'Ile Verte.

Après le Père Ambroise, l'Ile Verte reçut la visite de plusieurs autres missionnaires : le Père Charles Babel, le Père Luc; puis ce fut un prêtre séculier, l'abbé Charles Genest, aumônier des vaisseaux de Sa Majesté, qui s'étant retiré du service, consacra le reste de sa vie aux missions du bas du fleuve. Il y eut ensuite l'abbé Trutant. Puis, en 1777, arriva le Père Jean-Baptiste de La Brosse dont la mémoire vit encore, peut-on affirmer, dans le souvenir des habitants des rives nord et sud de cette partie du Saint-Laurent. Il était alors missionnaire à Tadoussac et il venait sur l'autre rive constater par lui-même les progrès de la foi de ce côté-là du fleuve. Le Père de La Brosse résume, peut-on dire, en lui-même toute une époque de gloire pour l'Eglise du jeune Canada, notamment dans cette partie du pays qui s'étend de Tadoussac jusqu'à la Gaspésie. C'est à Tadoussac, à Rimouski, à Cacouna, à l'Ile Verte que le Père La Brosse résida le plus souvent au cours de ses longues missions. Il mourut à Tadoussac le 11 avril 1782 à l'âge de 70 ans. Tout le monde connaît la légende de sa mort, de son inhumation à Tadoussac par l'abbé Compain, curé de l'Ile-aux-Coudres miraculeusement informé de sa mort, et des "cloches sonnantes" d'elles-mêmes à la minute de sa mort dans toutes les missions de la côte qu'il avait desservies.

Le premier missionnaire qui ait fixé sa résidence à l'Ile Verte, — en 1773, — est l'abbé Leclaire et, à partir de là, l'Ile Verte devint le centre religieux des paroisses environnantes : Cacouna, Trois-Pistoles, Rimouski. M. Leclaire eut pour successeur l'abbé Joseph Paquet qui fut remplacé par un ancien missionnaire de la région, M. l'abbé Charles Genest. Ensuite ce fut l'abbé Robitaille, puis les abbés Michel Bezeau, Charles Hott, Joseph Lacasse, Pierre Bourget qui fut le dernier missionnaire.

Le 12 mai 1828 Mgr Bernard-Claude Panet érigeait canoniquement la paroisse de l'Ile Verte sous le vocable de "La Décollation de Saint-Jean-Baptiste de l'Ile Verte". L'abbé Pierre Beland en fut le premier curé. Dix pasteurs suivirent, de 1834 jusqu'à nos jours—1939. Bien des événements tantôt heureux, tantôt tristes ou pénibles se passèrent sous ces différents ministères des chefs spirituels de la paroisse. Le notaire Charles-A. Gauvreau, en 1889, a publié l'histoire de la paroisse de l'Ile Verte dans laquelle nous confessons avoir puisé plusieurs des renseignements que nous venons de rappeler.

Mais notre tâche est de nous restreindre aux îles seulement du bas Saint-Laurent et, comme la paroisse de l'Ile Verte fait partie de la terre ferme, on nous excusera de laisser de côté nombre de faits même intéressants mais où l'île elle-même n'est pour rien. Toutefois, comme l'île a fait partie de la seigneurie de l'Ile Verte nous devons rappeler au moins les noms des divers concessionnaires de cette seigneurie. Nous ne saurions mieux faire, croyons-nous, en cette occurrence que de citer les quelques pages de l'histoire de l'Ile Verte par le notaire Gauvreau et qui ont trait aux seigneurs. faire, croyons-nous, en cette occurrence que de citer toire de l'Ile Verte est séparé en deux parties par la Rivière Verte qui coule presque au milieu du village. C'est la rivière qui va servir de ligne de démarcation entre deux seigneuries concédées à des dates diverses mais formant, moins quelques arpents, une seule et même seigneurie connue sous le nom de la "Seigneurie de l'Ile Verte". Voici ce que dit des Seigneurs de l'Ile Verte M. le notaire Gauvreau :

"Il y eut d'abord une première concession faite par MM. de LaBarre, gouverneur, et Demeule, Intendant au Canada, le 17 avril, 1684, par

laquelle "ils accordent aux Sieurs de la Cordonnière et d'Artigny une étendue de deux lieues de terre près et bois, de front sur le fleuve Saint-Laurent, sur deux lieues de profondeur dans les terres à prendre depuis une rivière qui est vis-à-vis l'Isle-Verte du côté du sud de la dite isle, cette rivière comprise jusqu'aux deux lieues en descendant le dit fleuve, ensemble les battures, Isles et Islets qui se rencontrent vis-à-vis les dites deux lieues jusqu'à la dite Isle-Verte icelle même comprise, pour en jouir, par eux, leurs hoirs et ayant cause à toujours, en toute propriété à titre de fief et Seigneurie, de faire tenir feu et lieu sur les concessions; de conserver les bois de chêne et de donner avis au Roi des mines ou minéraux si aucun s'y trouvent.

Cette seigneurie s'étendait à l'est de la Rivière-Verte "en descendant le fleuve" comme dit le titre de concession et gagnant Trois-Pistoles. Elle comprend deux lieues d'étendue.

Les premiers seigneurs de l'Isle-Verte furent donc Messieurs de La Cordonnière et d'Artigny, deux nobles dont nous ne connaissons pas l'histoire. Benjamin Sulte, ce chercheur infatigable que rien ne décourage ni ne rebute, serait peut-être le seul capable de nous en divulger quelque chose.

Il restait le côté sud-ouest de la Rivière Verte qui n'était pas encore concédé. Il y avait là une vaste lisière de terrain qui s'étendait depuis la Rivière Verte jusqu'à la ligne limite des concessions faites à M. de la Chesnaie, deuxième seigneur de la Rivière du Loup et second possesseur de la Seigneurie Le Parc ou Du Parc.

Les deux seigneuries de la Rivière du Loup et Le Parc concédées à l'origine à MM. Dionis et Le Parc en 1673, étaient rentrées dans le Domaine de l'Etat et concédées de nouveau en 1675 à Aubert de la Chesnaie. Ce dernier était donc propriétaire de l'étendue de terrain qui s'étend depuis la Rivière du Loup jusqu'aux dernières terres de Cacouna près de l'Isle Verte ? Il restait alors tout le terrain à partir de la limite des concessions La Chesnaie à venir jusqu'à la Rivière Verte.

Aussi en 1689 le 5 avril, les sieurs de Denonville, Gouverneur Général, et de Champigny, Intendant, accordaient aux Sieurs d'Artigny (déjà propriétaires de deux lieues de terrains à l'est de la Rivière Verte) et Lachesnaie — "l'étendue de terre qui peut se rencontrer entre leurs concessions sur le dit fleuve — avec deux lieues de profondeur, de laquelle étendue ils jouiront par moitié — savoir — le dit Sieur d'Artigny de celle qui joint la Rivière Verte et les îles et battures qui peuvent se rencontrer vis-à-vis, comme aussi le dit Sieur La Chenaye de l'autre moitié, avec les islets et battures qui se peuvent rencontrer vis-à-vis la dite moitié."

C'est-à-dire que le roi leur concédait moitié par moitié la lisière de terrains qui se trouvait à séparer leurs concessions respectives. Le Sieur d'Artigny se trouvait donc Seigneur de trois lieues de seigneurie — deux lieues à l'est de la Rivière Verte et une lieue à l'ouest. — C'est cette étendue de terrain qui forme la Seigneurie de l'Isle-Verte.

Plus tard un brevet de Sa Majesté signé "LOUIS" et plus bas "COLBERT" ratifiait et confirmait les concessions faites aux Sieurs de la Cordonnière et d'Artigny en leur donnant droit de haute et basse justice dans leur domaine et les exemptant de toute indemnité ni au Roi Louis XIV, ni à aucun de ses successeurs. Donc les Sieurs de la Cordonnière et d'Artigny sont les premiers du fief de l'Isle-Verte comme nous venons de le voir d'après les titres de concession.

Le premier mai 1701, Monsieur d'Artigny vendit à Sieur Pierre Deniort Lanoraie, tous les droits qu'il pouvait avoir dans les trois lieues de la Seigneurie de l'Isle-Verte et ce, par acte notarié devant Mtre Chambalon, Notaire, de Québec. Monsieur Lanoraie se trouve, par là même, à être le second Seigneur de l'Isle-Verte. Il ne garda pas longtemps ses droits, car en 1711, il bailla la seigneurie à Sr. Champigny, puis l'échangea ensuite, dans le cours de la même année, avec J.-Baptiste Côté, pour deux terres que ce dernier avait dans l'Ile d'Orléans.

A proprement parler J.-B. Côté se trouve le troisième seigneur de l'Isle-Verte. Plus heureuse que Fraserville qui tomba entre les mains de seigneurs protestants, la seigneurie de l'Isle-Verte ne désertait des mains françaises que pour tomber au pouvoir d'un des nôtres, Canadien français sans préjugé, ni haine de sectaire.

Oui c'est heureux pour l'Isle-Verte qui commençait pour ainsi dire à essayer ses ailes, qu'elle ne tombât pas entre les mains de seigneurs protestants. Partout où les préjugés de race, de secte et de religion ont passé, l'arbitraire a poussé de profondes racines et n'a produit que des fruits bâtards.

Mais la providence veillait sur ce petit peuple qui commençait à asseoir les bases de l'édifice magnifique que l'avenir glorieux est venu couronner dans la suite. Elle ne permit pas que son existence et sa vitalité s'arrêtassent en chemin. S'il parut à certaine heure des obstacles sérieux c'était pour fortifier les courages en ne leur laissant pas le temps de s'énerver et de s'amoindrir dans un repos fatal. Jean Côté succéda à son père qui était le premier seigneur résidant à l'Isle-Verte au manoir seigneurial bâti près de la rivière, et en 1773, Jean Côté abandonna à ses frères et soeurs, la partie ouest de la Seigneurie de l'Isle-Verte, connue sous le nom de "Villeraie".

Régis Garon au moyen de titres multiples de ventes, Baux ou échanges, devint, à son tour, seigneur pour cette partie seigneuriale de l'Isle-

Verte et rendait "foi et hommage au Roi" en 1818 à Québec. Deux ans plus tard, François Blanchet, Docteur en médecine de la Cité de Québec, faisait vendre les droits de Régis Garon par le Shérif qui était alors M. Philippe Aubert de Gaspé, dont le nom était bien connu. — Le fief, mis aux enchères, fut acheté par Louis Gauvreau, ex-député et marchand de Québec, pour la somme de quatorze cent dix piastres, ($1410.)

En 1882, Louis Gauvreau mourait au faubourg St-Jean à Québec, laissant à Louis et Olivier Gauvreau, ses deux enfants, le fief à l'ouest de la rivière, comprenant une étendue de terre de plus d'une lieue. Aujourd'hui, Louis-Narcisse Gauvreau, ex-membre du conseil d'agriculture et greffier de la Cour de Circuit de l'Isle-Verte se trouve à être seigneur pour la partie achetée par son père en 1820.

Quand aux deux lieues à l'est de la rivière la partie la plus importante, elles devinrent la propriété de Barthélémy Côté, succédant à Jean Côté l'héritier du seigneur primitif résidant au manoir. Louis Bertrand, ex-député, bailla la seigneurie de Barthélémy Côté, et aujourd'hui Charles Bertrand, de la société commerciale "Charles Bertrand & Cie" se trouve seigneur, par succession, de la seigneurie propre à l'Isle-Verte, c'est-à-dire des deux lieues à l'est de la Rivière-Verte.

Voici l'histoire, toute l'histoire passablement confuse de la "tenure seigneuriale" en la paroisse de l'Isle-Verte."

Au point de vue topographique, nous devons préciser que l'Ile-Verte est située vis-à-vis Saint-Jean-Baptiste de l'Ile-Verte, et partie en face de Cacouna. L'île renferme une petite paroisse qui fait partie de celle de Saint-Jean-Baptiste; cette paroisse de l'île a été érigée sous le vocable de Notre-Dame des Sept-Douleurs de l'Ile-Verte. Elle a une population de 400 âmes tandis que Saint-Jean-Baptiste de la terre ferme compte 2,400 âmes. L'île possède une lumière tournante et un canon à dynamite du côté du fleuve, en face de la rive nord.

Des hommes remarquables sont sortis des rangs de la population de l'Ile-Verte. Mentionnons, entre autres, M. l'abbé Joseph Moreau, un apôtre des indiens Abénakis dont il a écrit l'histoire, un document des plus intéressants en indianologie; aussi M. le chanoine L.-J. Langis qui fut curé de sa paroisse natale de 1882 à 1939 et qui, auparavant, a occupé des fonctions importantes, sous le cardinal Taschereau, à l'Université Laval, au collège de Lévis et au séminaire de Québec; homme énergique, entreprenant et plein de zèle.

Nommons encore M. l'abbé Thomas Moreau, une vaillante plume, un esprit supérieur; un thomiste remarquable. Il faut mentionner aussi parmi les prêtres nés à l'Ile-Verte : l'abbé Adolphe Girard, qui exerça le ministère surtout dans la région du Lac Saint-Jean, l'abbé Luc Rouleau, frère de l'hon. juge Charles-Barthélémi Rouleau, du Conseil du Nord-Ouest, autre enfant de la paroisse de l'Ile-Verte; l'abbé Jos.-M. Dumas, l'abbé Hospice Desjardins, l'abbé J. Roberge. Parmi les laïques, donnons les noms de trois anciens députés qui ont vu le jour à l'Ile-Verte : le lieutenant-colonel Louis Bertrand qui, avant la Confédération, a représenté les comtés unis de Témiscouata et de Rimouski; Elie Mailloux qui lui succéda à la Chambre et qui devint plus tard régistrateur du comté de Témiscouata; le notaire Chs.-A. Gauvreau, bonne plume, âme dévouée à toutes les oeuvres sociales, patriote à tout crin. L'Ile Verte a aussi produit quelques médecins, quelques avocats, des hommes d'affaires qui ont fait leur marque et des navigateurs émérites.

Et voilà, sous un peu tous les aspects, l'Ile Verte, l'un des plus beaux monuments du fleuve Saint-Laurent qui, tout fier, tout orgueilleux de couler en face de cette oasis de verdure, prend à cet endroit des allures d'océan, ce qui donne comme un regain de splendeur à la nature qui s'étale avec tant de complaisance sur cette partie de la rive sud et sur l'Ile Verte avec

... ses verts sapins, formant de verts coteaux,
Confondant en un seul leurs flexibles rameaux,
Signe d'espérance.

LES ILETS JÉRÉMIE

Toute la côte nord de cette partie du fleuve Saint-Laurent qui s'étend de Mille-Vaches aux Ilets-Jérémie est d'un pittoresque achevé. C'est une succession rapide de paysages d'eau d'un effet captivant. Tantôt elle s'étale en plages de cailloux ou en longues nappes de sable fauve, tantôt elle s'élève en corniche sur le fleuve, tantôt elle forme dans la montagne, qui ne s'éloigne jamais trop, de profonds et sombres golfes. On se croirait le long de certaines falaises du pays armoricain.

On longe tout d'abord les "écorchis" de Portneuf, sortes de murailles sablonneuses, abruptes, d'apparente formation saguenayenne, d'uniforme teinte ocreuse, vue du large. Au pied de ces falaises se brise, calme et glauque, le flot. Il frange d'écume blanchâtre ces sombres buttes à la base limoneuse, couvertes de varech; et la brise apporte à ces promontoires taciturnes comme le soupir des espaces liquides. Puis, ce sont des bouts de falaises dont les anfractuosités profondes forment des gorges, des criques paisibles, des espèces de canyons presque invisibles, même frappés du soleil, et dont les flancs ravinés, couleur de la glèbe séchée, s'ouvrent sur des baies qu'on ne voit pas, tout d'abord, du large, mais qui nous font l'impression de profondes et vastes cuves quand on y pénètre, par hasard. Ces falaises sont comme les vantaux d'une porte. Elles sont à pic et forment comme des murs superbes, couleur de cendre. Le miroitement de l'eau, au loin, donne à ces entassements de vieilles pierres un singulier relief.

Au Colombier, la côte s'incurve vers le nord, soulignée d'écume. La montagne s'abaisse et décline jusqu'aux Ilets-Jérémie. Alors, se mettent à bondir en sauts timides un long troupeau de petites collines bleuâtres.

Mais encore qu'il change brusquement, c'est toujours le même paysage romanesque, rochers rougeâtres, colloques de falaises grises au carrefour de torrents qui tombent dans le fleuve. .

Pas une seule habitation, pas une simple cabane dans toute l'étendue de cette côte. A un moment, piqué aux flancs de la falaise brune, du large, on dirait une sorte de bâtiment tout blanc. Et l'on reste quelque peu surpris de cette imposante manifestation de la vie parmi cette sauvagerie. L'on se trompe. Ce point blanc est, en réalité, le Sault-au-Cochon qui, des hauteurs abruptes, tombe, en écumant, perpendiculairement dans le fleuve. Un peu avant le Sault, l'on a vu, vers la rive, une toute petite île, la seule que l'on remarque depuis Tadoussac. Il semble qu'elle ait tout à coup surgi là, devant nous, comme sous le coup d'une baguette enchantée. Elle a la forme de la patte de derrière d'un lièvre. C'est, en effet, l'Ile de la Patte-de-Lièvre . . .

Non, on a beau regarder à paupières dilatées, aucune trace d'habitation durant des lieues et des lieues. Pourtant, quelques familles vivent, ici et là, au fond de ces anses, au bord de ces grèves, s'adonnant à un négoce mêlé, naguère du moins, de contrebande, de pêche et d'un peu de flâneries. Le tout est d'une désolation, d'une sauvagerie, d'une mélancolie infinies. Il semble qu'on ne puisse épuiser jamais l'âpreté de ce paysage, sa beauté sauvage, si pleine, impassible.

Ce bout de côte laurentienne, comme autrefois la côte syrienne fut le chemin de toutes les divinités païennes de la Syrie et de la Babylonie, a été, pendant plus d'un siècle, le chemin tourmenté des sublimes apôtres de l'ancien Domaine du Roy au Canada, celui aussi des nombreuses tribus indiennes nomades, chevauchant par monts et par vaux, depuis les solitudes glacées du pays des Mistassins jusqu'aux steppes arides du Labrador peuplé par les Naskapis. Venues de la vieille France, fortifiées, un instant, au sommet du promontoire de Québec, les pensées et les pieuses aspirations des fils de Loyola, partant plus directement des profondes gorges du Saguenay, ont suivi ce rivage pour s'en aller encore plus loin, dans les forêts profondes, toujours plus au nord, obéissant au doux appel du trouble mystère de la sainte rêverie religieuse.

Aux Ilets-Jérémie, — à quatre-vingt-sept milles de Tadoussac — si l'on se transporte de la mer à terre, le spectacle qui nous frappe est moins morne, moins sauvage, plus réjouissant. Devant nous, c'est l'étendue de l'eau et son enchantement. Le fleuve, à cet endroit, n'est pas assez large pour empêcher d'apercevoir, par les jours de temps clair, une vaste portion de la rive sud. L'on distingue surtout les monts du Bic dont l'ensemble apparaît, dans le lointain, comme une immense cathédrale des âges héroïques; ou bien l'on dirait un groupe de minarets mauresques.

Là, aux Ilets, c'est le petit port de tout repos; un "port à caleçon", comme disent pittoresquement nos marins canadiens-français, qui veulent exprimer l'idée d'un havre où l'on peut chasser tout souci, se mettre à l'aise sans crainte d'être dérangé. En fait, c'est un lieu calmant, presque anesthésiant. On y rêverait des heures et des heures, étendu sur la grève de sable fin et fauve, chaud, velouté. Au loin, quand la marée monte, les lames peuvent s'avancer, pressées, bruissantes, écumantes, dans la clameur du clapotis de l'onde, elles ne réveillent pas le calme de rêve du fond de la baie où s'étalent, en groupe pressé, trois îlets. Quand la mer, qui avait envahi les grèves, s'est retirée avec le jusant, elle a simplement laissé, derrière elle, des filets d'eau qui coulent autour de fuseaux de lagune où viennent, un instant, se reposer quelques oiseaux de mer. De temps à autre, très souvent le jour, un coin de mer, tout proche, est constellé de points blancs, sautillant au gré des vagues. C'est un banc de marsouins qui affectionnent tout particulièrement les parages de ce petit havre tranquille.

Ce beau paysage d'eau d'une si pleine sérénité convenait parfaitement à ces purs enfants de la nature, rêveurs et nonchalents, oisifs et un peu paresseux, qu'étaient ces Indiens du nord et qu'avaient entrepris d'évangéliser les missionnaires jésuites du XVIIème siècle en la Nouvelle-France. Cet endroit convenait plus particulièrement à cette tribu des Papinachois, dont le nom veut dire "J'aime à rire un peu", et dont le Père Pierre Laure, de la Compagnie de Jésus, qui a évangélisé ces sauvages de 1720 à 1730, disait lors d'une visite qu'il faisait aux Ilets-Jérémie : "Effectivement, ce sont d'aimables gens pour leur inaltérable gaieté; plut à Dieu qu'ils pussent communiquer leur tempérament à leurs intraitables voisins les Esquimaux qu'on n'apprivoisera jamais sans miracle".

C'est donc là, à ce point de la Côte Nord, "à trente lieues au nord-ouest de Tadoussac, vers la rivière des Betsiamites, assez connue dans nos cartes, laquelle est aussi large mais bien moins profonde que le Saguené", dit encore le Père Laure, qu'était établie la quatrième mission des Jésuites au "Royaume de Saguenay" ou dans le "Domaine des Postes du Roy".

Ces quatre missions saguenayennes étaient, partant de l'ouest : Saint-Charles de Métabetchouan, Chicoutimi, Tadoussac — centre de toutes les missions — et les Ilets-Jérémie. Le Lac Saint-Jean est en train de devenir, après avoir été regardé comme le "grenier de la Province", un centre industriel que contemple avec envie l'Amérique entière: Chicoutimi est aujourd'hui l'une des plus jolies et des plus prospères petites villes de la province de Québec; Tadoussac, il est vrai, est resté un humble village, pittoresque, mais universellement connu comme idéal du "summer resort" des gens tranquilles aimant le repos et . . . l'eau froide, dans la douceur élyzéenne de la nature à peu près vierge . . .

Seule la mission des Ilets-Jérémie a rétrogradé, pour ainsi dire. Voilà deux siècles et demi, elle était pourtant déjà un poste de la grande Compagnie des Indes Occidentales, et ce poste était le rendez-vous général de ces premiers habitants de notre district de Québec, les Papinachois, les Mistassins, les Algonquins, les Montagnais et autres petites tribus. Caprices et mystère de la destinée des places! Cette mission, autrefois la capitale du pays des Papinachois, est, aujourd'hui, à peu près complètement inconnue, ignorée. Elle a été pourtant la scène de missions célèbres, du temps des Jésuites, et trois fois, au siècle dernier, du temps des Oblats, elle vit s'organiser sur son sol des fêtes splendides à l'occasion de visites épiscopales. Des foules immenses s'y trouvèrent rassemblées. Un nombreux peuple y vécut, et la preuve c'est qu'aujourd'hui l'on y voit les restes d'un cimetière ou trois cents personnes reçurent la sépulture. Et aujourd'hui? . . .

Aujourd'hui, l'on ne compte actuellement aux Ilets-Jérémie que quatre familles : la famille de Pierre Fortin, celles de ses deux fils — qui n'ont pas voulu aller vivre loin de leur père, — et une famille Huard, ces quatre familles vivant de quelques produits de la terre et de la pêche.

Il ne reste même plus, comme à Tadoussac, intacte, la vieille chapelle de l'ancienne mission. Celle-ci a disparu, mais il en reste des vestiges, grâce aux trouvailles faites par les membres de la Société Provancher en excursion en cet endroit, trouvailles, qui nous ont valu le plaisir de refaire l'histoire inédite de cette ancienne mission des Ilets-Jérémie... (1)

Un grand silence donc, maintenant, accable la ruine si paisible de la première mission labradorienne... Par un jour clair et ensoleillé, quelle plus douce mélodie peut nous étreindre quand l'on s'assied au sommet de la colline qui domine les îlets et où se trouvait l'ancienne chapelle? On regarde, sans jamais se lasser, le beau paysage de mer et de montagnes, et l'on rêve, un peu dans le vide, à ces âges héroïques où nos pères passèrent par là, venant de la vieille France, pour s'en aller fonder les grands centres d'aujourd'hui de notre Canada français. Ils avaient vendu leurs terres de là-bas, quelques-uns leurs châteaux, et ils s'en allaient, tout bonnement vers la misère, eux qui croyaient, la plupart, se diriger vers une Terre Promise. Et ç'en fut une, en effet, mais plus tard seulement, elle en prit le caractère. Jamais le goût de l'aventure n'avait pris les hommes par l'épaule pour les pousser plus puissamment hors de leur traintrain journalier. On n'avait jamais vu répéter avec tant d'allégresse cette chose qu'on aime et qu'on déteste à la fois, la vie de tous les jours, l'habitude. On semblait n'avoir que le désir de se dépouiller l'âme et d'échapper à l'ennui du plus bel horizon s'il est toujours borné par les mêmes collines et les mêmes soins de la vie...

Et nos missionnaires?... De quel pas nos missionnaires et les foules sordides qui les suivaient, ou qu'ils suivaient, ont marché le long de

1 Voir notre *"Histoire des Ilets-Jérémie"*, publiée en 1926.

cette côte, par les sentiers abruptes des forêts profondes, au milieu de ces amoncellements de vieilles pierrailles où il fallait souvent renoncer à se frayer un passage?...

Des bruits, des sons étranges entendus au lointain de la nuit des temps, résonnent à nos oreilles: cris contre l'Homme de la Prière, faisant pressentir le martyre; cris de bénédiction, poussés vers lui, le tout clamant bizarrement dans nos cœurs... On se représente difficilement l'attitude exacte de ces Européens, plusieurs, anciens sybarites des grandes villes occidentales. Un instant, l'on reconstitue tout, mais tout s'efface aussitôt. La douce réalité, exempte de dangers, de souffrances, d'obstacles, nous reprend et tout s'écroule dans l'imagination. Et l'on ne peut plus saisir que des détails dans la masse éboulée, quelques petits signes émouvants, presque invisibles: des vieilles pierres au ras de terre et qui ont été les fondations d'une antique chapelle...

En effet, elle fut là, au bord de la colline où nous rêvons, l'antique chapelle de la Mission des Ilets-Jérémie.

On l'a vu, ce qui reste de cette ancienne mission des Ilets-Jérémie est à peu près complètement disparu. C'est toujours, il est vrai, aujourd'hui, comme au temps où pénétrait dans la petite anse des Ilets le premier missionnaire jésuite en 1664, le même mélancolique et pittoresque paysage d'eau et de collines. Mais où est le tohubohu du commerce d'antan qui se pratiquait là, autrefois, entre traiteurs et sauvages? Mais où sont les fastes d'antan? S'étalaient là des petites villes de tentes et de cabanes qui eussent sûrement comblé d'une douce émotion l'âme des amateurs de pittoresque. Que l'on revive en imagination les joyeuses scènes des visites épiscopales d'il y a près d'un siècle et dont nous a parlé le bon Père Durocher...

Aujourd'hui, tout est silence au fond de la petite baie et au sommet des collines qu'elle domine. Nulle trace des anciennes cohortes indiennes! Quatre maisonnettes seulement regardent mélancoliquement le fleuve qui éternellement roule ses lourdes ondes vers l'océan et, au bord de la colline, ce cimetière triste à faire pleurer à force d'abandon: enfin, tout près, quatre courtes rangées de vieilles pierres effritées qui s'efforcent de se faire encore voir de la terre où elles s'enfoncent davantage chaque année. Voilà l'antique Mission des Ilets-Jérémie. (1)

Mais voilà qu'une des quatre maisonnettes de l'endroit éveille tout à coup près de deux siècles de souvenirs. — Tous ceux que nous venons, oh! très imparfaitement, de remémorer.

C'est la maison de Pierre Fortin qui est actuellement propriétaire du terrain où existait autrefois la chapelle de la mission. Cette maison est un petit musée qu'il faut faire connaître.

Au cours de l'été de 1926, des officiers de la Société Provancher d'Histoire Naturelle de Québec, notamment les Drs S. Gaudrault, A. Déry et M. Louis-B. Lavoie, secrétaire, de Québec, en excursion dans le bas du fleuve, à bord du "*Pèlerin*", joli yatch de plaisance du Dr Gaudrault, arrêtèrent aux Ilets-Jérémie et furent les hôtes, un instant, de M. Pierre Fortin, et voici ce qu'ils découvrirent en visitant cette originale et rare résidence perdue dans les falaises et les anses de la Côte Nord du Saint-Laurent :

---

(1) En 1938, à la suggestion du Rev. Père Gallant, Eudiste, curé du petit village de colonisation, Rivière Colombier, situé près des Ilets-Jérémie, l'hon. M. H.-L. Auger, alors Ministre de la Colonisation dans le gouvernement Duplessis, accorda un octroi pour la reconstitution de la chapelle que les missionnaires Jésuites avaient construite en cet endroit au temps des missions du Saguenay. En 1940, cette petite chapelle était en partie terminée. — Note de l'auteur.

Une croix en fer forgé aux fleurs de lys, portant la date de 1787, qui couronnait le clocher de la chapelle des Ilets.

Un grand crucifix en argent solide aux extrémités fleurdelysées et qui ornait l'autel de la chapelle.

Cet autel même, absolument intact, entièrement peint et sculpté à la main et portant la date de 1787.

Ces objets, que nous venons d'énumérer étaient dans une chambre qui servait alors de chapelle temporaire quand venait faire la mission à cet endroit le missionnaire de Betsiamite, alors le Père Labrie, Eudiste, un neveu de feu Napoléon Comeau (1) et dont une tante, est enterrée dans le cimetière d'à côté.

On a trouvé là également l'Echelle Catholique Chronologique inventée par Mgr Blanchet, archevêque d'Orégon City en 1838.

Aussi, le catéchisme en images des sauvages en quatre tableaux datant de 1839.

Un écrit authentique signé par Mgr de Signaï au Père Flavien Durocher desservant alors cette mission des Ilets érigée en confrérie du Scapulaire de la sainte Vierge en 1842.

Les deux portes extérieures de l'ancienne chapelle, magnifiquement sculptées et servant maintenant de portes de chambres à coucher à M. et Mme Pierre Fortin; ces portes, rongées par les intempéries ont gardé les empreintes des ferrures et des poignées fleurdelysées.

Enfin, la balustrade délicatement sculptée en bois et qui sert maintenant de rampe à l'escalier qui va au deuxième étage de la maison de M. Fortin.

Voilà, ou nous nous trompons fort, de très pré-

(1) Le Père Labrie est devenu depuis Mgr Labrie, Vicaire Apostolique de la Préfecture du golfe Saint-Laurent.

cieuses reliques. Dans d'autres pays, on n'hésiterait pas à donner de grosses sommes d'argent pour s'en emparer, les classer et les conserver.

Un jour peut-être prochain, un commerçant d'antiquités de la République Américaine passera par les Ilets-Jérémie. Il entrera dans la maison de Pierre Fortin et, pour un plat de lentilles, il râflera tout. Et, plus tard, dans quelques années, des Canadiens de chez nous, en visite dans quelque musée d'une grande ville américaine, tomberont en admiration devant un vieil autel peint et sculpté à la main, une vieille croix d'argent fleurdelysée, une antique balustrade sculptée au couteau et maints autres objets datant de près de deux siècles et ayant appartenu, leur expliquera un guide galonné, à une ancienne chapelle de la Côte Nord du Saint-Laurent, "province of Quebec".

L'ILE-AUX-OEUFS

L'Ile-aux-Oeufs n'a jamais été désignée sous une autre dénomination par les cartographes et par les historiens des dix-septième et dix-huitième siècles. Franquelin, en 1678, le Père Laure, s.j. en 1731, Charlevoix, en 1744, font une mention spéciale de l'Ile-aux-Oeufs. La célébrité néanmoins qu'elle s'est acquise lors de l'historique naufrage d'une partie de l'armada de l'amiral sir Howenden Walker n'a pu la sauver, comme bien d'autres de nos accidents géographiques, de l'anglicisation. Aussi, n'apparaît-elle sur certaines cartes canadiennes, et même dans le Guide Postal fédéral, que sous la fausse appellation de "Egg Island".

Voilà pourtant un nom depuis longtemps et incontestablement consacré par l'histoire et la tradition. Mais d'où vient ce nom?

Cet îlot n'est à bien dire qu'un rocher où il n'y a pas de terre cultivable; à peine peut-être grand comme un mouchoir de poche pour la provision de patates de la famille du gardien du phare. Avant l'érection de ce phare en 1871, personne n'avait résidé en cet endroit. Aussi, les oiseaux de mer, palmipèdes et échassiers, y venaient en grand nombre et les oeufs s'y trouvaient en abondance. Voilà, sans aucun doute, ce qui explique le nom donné à l'île.

La longueur exacte de l'Ile-aux-Oeufs est de 7/8 de mille—4,200 pieds direction nord-sud; sa largeur, un quart de mille; sa superficie, 34 acres

L'îlot est en travers du cours du fleuve et il doit à cette direction l'avantage de fournir un excellent abri pour les vaisseaux. Quel que soit le vent qui souffle, les navigateurs y trouvent un havre sûr, soit d'un côté, soit de l'autre. Du côté est, il y a une batture tout le long de l'île. Mais à l'ouest, c'est une muraille coupée à pic où les flots viennent avec violence se briser. L'Ile-aux-Oeufs est distante de la terre ferme de près de deux milles. Elle fait face à la Pointe-aux-Anglais où l'on voit une petite chapelle autour de laquelle vit un groupe d'une quinzaine de familles acadiennes originaires de l'Ile d'Anticosti d'où elles sont venues vers 1887.

Les alentours de l'Ile-aux-Oeufs sont de bons endroits de pêche. Les habitants de la Pointe-aux-Anglais y prennent le hareng. Les gens de Cap-Chat, sur la côte sud, viennent aussi y pêcher le hareng et la morue.

Le phare de l'Ile-aux-Oeufs, qui date de 1871, avons-nous dit, est une construction en bois de forme octogone. Ses feux sont visibles à une distance de quinze milles: ils brillent à une hauteur de trente-sept pieds au-dessus du rocher et d'environ soixante-dix pieds au-dessus du niveau de la marée haute. Ces feux sont à éclairs blancs: deux éclairs à toutes les vingt-quatre secondes. L'appareil luminaire est constitué par deux réflecteurs plaqués argent et de lampes à pétrole avec manchon à vapeur. Un mécanisme d'horlogerie avec poids fait tourner les réflecteurs autour du manchon. Le phare est tournant. En temps de brouillard où la lumière ne peut être aperçue, les navigateurs font comme ils peuvent car le phare n'est pourvu d'aucun appareil pour les avertir du danger.

Le phare, qui est situé à 200 pieds à l'extrémité sud de l'île, est allumé du premier avril au dix novembre. La tour est peinte en blanc avec une bande verticale rouge. Depuis la construction du phare par le gouvernement fédéral, quatre gardiens s'y sont succédés:

Paul Côté, du 4 novembre 1871 au 30 juin 1901;

Tancrède Pelletier, du 1er juillet 1901 au 30 juin 1911;

Elzéar Chouinard, du 1er juillet 1911 au 4 mai 1937;

Emile Chouinard, fils du précédent, gardien actuel, depuis le 5 mai 1937.

Paul Côté, le premier gardien du phare de l'Ile-aux-Oeufs, comme les autres gardiens qui vinrent après lui, était le type du vrai Canadien français "poli, galant, hospitalier", "aimant à rire et à s'égayer". Il était doué d'une fort belle voix.

Nous empruntons à Faucher de Saint-Maurice le récit suivant d'un trait d'héroïsme qui a fait grand honneur à Paul Côté et à sa famille.

"Chaque année, du premier avril au vingt décembre, le phare de l'Ile-aux-Oeufs doit être allumé. Du côté de la mer, il offre une lumière blanche, tournante, visible à quinze milles, et qui donne un éclat chaque minute et demie. Tous les navires savent si la rotation d'un phare à feu changeant doit se faire avec une précision mathématique. Autrement, il peut y avoir erreur. Une lumière est prise pour une autre, et un sinistre devient alors la fatale conséquence du moindre retard apporté dans le fonctionnement de la machine. Or, une nuit, vers la fin de l'automne de 1872, le pivot de la roue de communication de mouvement qui s'abaisse, de manière à ce que les roues d'angle engrènent convenablement, se cassa. La saison était trop avancée pour faire parvenir la nouvelle à Québec et demander du secours au ministère de la Marine. Force fut donc de remplacer la mécanique

par l'énergie humaine, et le gardien, aidé par sa famille, se dévoua. Pendant cinq semaines, cet automne-là, et cinq semaines au printemps suivant, homme, femme, filles et enfants tournèrent à bras cet appareil. Le givre, le froid, la lassitude engourdissaient les mains; le sommeil alourdissait les paupières. N'importe, il fallait tourner toujours, tourner sans cesse, sans se hâter, sans se reposer, tant que durerait ce terrible quart, où la consigne consistait à devenir automate et à faire marcher la lumière qui indiquait la route aux travailleurs de la mer. Pendant ces interminables nuits, où les engelures, les insomnies et l'énervement s'étaient donné rendez-vous dans cette tour, pas une plainte ne se fit entendre. Personne, depuis l'enfant de dix ans jusqu'à la femme de quarante, ne fut trouvé en défaut; et le phare de l'Ile-aux-Oeufs continua, chaque minute et demie, à jeter la lumière protectrice sur les profondeurs orageuses du golfe.—Que de navires, sans le savoir, furent sauvés, ces années-là, par l'héroïsme obscur de Paul Côté, de sa femme et de ses filles, les demoiselles Pelletier".

L'habitation du gardien du phare est annexée à la tour dont le premier étage est converti en chapelle car l'île qui n'a une population que d'une famille: celle du gardien, fut érigée en mission en 1874 par Mgr F.-X. Bossé, Préfet Apostolique du Golfe.

Dans cette humble chapelle du phare furent célébrés, depuis la construction de la maison du gardien, sept mariages.

En 1882, celui de Joseph Thibault et d'Elise Boucher béni par l'abbé A. Côté.

Trente-trois années plus tard, le 19 août 1915 fut béni par le Père Hulaud, eudiste, le mariage de Wilfrid Jourdain et Mary Chouinard, fille du gardien.

Le 15 juillet 1920, le mariage d'Eusèbe Dugas

et de Julianna Chouinard béni par le Père Regnault, eudiste.

Le 16 août 1926, le mariage d'Eugène Jourdain et d'Irène Chouinard par le Père Regnault.

Le 19 juillet 1932, Albert Langlois unissait sa destinée à Germaine Chouinard; mariage béni par le Père Régnault.

Le 12 mai 1936, Arthur Langlois épousait Yolande Chouinard devant le R. Père Régnault.

Enfin, le 11 août 1936, le Père Régnault bénissait le mariage de Jean-Marie Poulin et de Gabrielle Chouinard.

Mary, Julianna, Irène, Germaine et Gabrielle Chouinard sont les filles d'Elzéar Chouinard, qui fut le deuxième gardien du phare de l'Ile-au-Oeufs.

Depuis 1911, on n'eut à déplorer qu'un seul décès dans l'île, celui de Marguerite-Marie, petite-fille d'Elzéar Chouinard, décédée le 17 octobre 1920.

Pour en revenir au phare, rappelons encore que les deux hommes qui construisirent la maison du gardien—la lumière fut d'abord placée sur la maison—hivernèrent sur l'île et furent pratiquement les deux premiers gardiens de la lumière, du 1er avril au 4 novembre 1871, année où M. Paul Côté fut nommé gardien du nouveau phare. Le système d'allumage n'était pas très compliqué: quatre lampes à pétrole et un dispositif très simple agonissait en même temps que les réflecteurs. La lumière à pétrole fut changée en lumière à gaz en 1918.

On a appelé les parages de l'Ile d'Anticosti le "cimetière du golfe" et un peu de ce titre macabre pourrait désigner les environs de l'Ile-aux-Oeufs, du moins avant la construction du phare. La longue batture qui s'avance dans la mer, vis-à-vis l'Ile-aux-Oeufs et qui porte le nom de Pointe-aux-Anglais, est totalement recouverte d'énormes roches. On ne peut s'empêcher de frémir à la pensée de tous les navires, petits et gros, qui vinrent se jeter sur ces périlleux rivages.

La liste noire des naufrages de l'Ile-aux-Oeufs historiquement s'ouvre en 1711, par le désastre de la flotte de l'amiral sir Howenden Walker.

Au mois d'août 1711, il n'y avait pas de phare à l'Ile-aux-Oeufs. Or, cette année-là, exactement dans la nuit du 21 au 22 août, alors que soufflait sur le fleuve un vent violent qui ne réussissait pas à chasser un épais brouillard, il y avait dans les parages de l'Ile-aux-Oeufs une flotte d'environ quatre-vingts navires qui, commandée par l'Amiral Walker, s'en allait prendre Québec. Le 11 avril de cette année-là, à Londres, sir Howenden Walker, accompagné du brigadier général l'honorable John Hill, commandant des troupes de débarquement destinées au Canada, était allé prendre ses instructions de la reine Anne au palais St-James. Ces instructions étaient précises. Après avoir pris rendez-vous à Spithead, l'amiral et le général devaient, au premier vent favorable, faire voile directement pour Boston. Rendu là, Walker détachait de l'escadre un nombre suffisant de vaisseaux pour armer, équiper et convoyer les troupes de New-York, du Jersey et de la Pensylvanie qui devaient prendre part par terre à l'expédition du Canada. Une fois cette mission accomplie, Walker devait renforcer sa flotte de tous les vaisseaux disponibles et remonter immédiatement le Saint-Laurent pour aller attaquer Québec au plus tôt. On devait coûte que coûte s'emparer de Québec grâce à un mouvement de jonction des armées de Walker par mer et du général Nicholson par terre. Pour arriver à cette fin, tout ce qu'il fut possible à l'esprit humain de prévoir avait été mis en jeu. Personne en Angleterre et dans la colonie anglaise en Amérique ne doutait du succès. Mais les reines et les amiraux proposent et Dieu dispose. Pour remplir les instructions qu'il avait reçues. Walker eut à faire face d'abord à toutes sortes de contretemps et d'ennuis; vents contraires, calmes plats, accidents de machines etc. Enfin, on mit le cap sur Boston, le 29 avril 1711. L'équipage de la flotte, composé de 12,000 matelots et soldats, ignorait le lieu de l'expédition. En mer, autres ennuis: tempêtes, coups durs, indiscipline de l'équipage. On n'arriva devant Boston que le 25 juin. Dans cette ville, fêtes et réceptions, banquets; puis, préparatifs de départ pour le Saint-Laurent; quatre mois de provisions pour 9,385 soldats et matelots. Nouveaux ennuis: difficultés de se procurer cet approvisionnement, accidents aux navires, désertions des hommes, chicane entre l'amiral et le gouverneur Dudley de Boston, menaces des vaisseaux français de l'amiral Duguay-Trouin.

Enfin, le 30 juillet, l'amiral Walker appareillait. Il commandait une splendide armada: soixante-dix-sept navires de haut-bord qui suivaient le vaisseau-amiral, l'"*Edgar*".

Le temps était clair, tout était à la joie.

A la hauteur du Cap Breton, l'"*Edgar*" prit à son bord le capitaine Paradis pour diriger la flotte. "Si vous vous aventurez dans le Saint-Laurent avec une pareille flotte", dit Paradis à l'Amiral, "vous y perdrez tous vos vaisseaux". On passa outre. La flotte fit escale un jour dans la baie de Gaspé—où on brûla le village. Les quelques baraques en cendres furent les seuls souvenirs que laissa dans le Saint-Laurent cette formidable flotte.

Elle était à peine sortie de la baie que la tempête se mit à souffler harcelant la flotte; puis vint le brouillard de plus en plus intense. Le drame commença. Une nuit, la lune sortant, un instant, de la brume, permit à l'amiral d'apercevoir la côte nord. Mais on aperçut aussi des récifs menaçants, là, tout près. On ne savait plus trop où on se trouvait . . .

La fin fut navrante. Le vent hurlant, le brouillard, la nuit noire, les récifs, là!... Une partie de l'orgueilleuse flotte fut anéantie. Huit gros vaisseaux se brisèrent sur les rochers de l'Ile-aux-Oeufs et 1,100 hommes périrent en cette fatale nuit où la tempête laurentienne se rappela qu'elle avait, jadis, brisé aussi l'orgueil d'un autre amiral anglais, Sir William Phipps en lui arrachant, à lui également, mille hommes et trente-huit navires...

Alors, sir Howenden Walker en eut assez. Il donna ordre de rassembler ce qui restait de sa flotte, de sauver ce qu'on pouvait et de rebrousser chemin. Il fit voile vers les côtes anglaises. Québec était sauvé. Ce fut, on le sait, à la suite de cet événement que la petite église de Notre-Dame-de-la-Victoire reçut désormais l'appellation de Notre-Dame-des-Victoires, qu'elle détient encore.

La nouvelle du désastre parvint à Québec le 19 octobre. Ce fut M. de La Valtrie qui, de retour du Labrador, l'annonça le premier, et nos pères, apprenant que la colonie venait d'être sauvée d'une perte certaine, ne purent contenir leur joie. "On ne parlait plus que de la merveille opérée en notre faveur", dit une chronique du temps. Les poètes épuisèrent leur verve pour rimer de toutes les façons sur ce naufrage. Les uns étaient historiques et faisaient agréablement le détail de la campagne des Anglais; les autres, satiriques, raillaient sur la manière dont ils s'étaient perdus. Le Parnasse devint accessible à tout le monde. Les dames même prirent la liberté d'y monter, quelques-unes d'entre elles commencèrent et mirent les messieurs en train, et non seulement les séculiers, mais les prêtres et les religieux faisaient tous les jours des pièces nouvelles...

Un jour de l'année 1909, le Père Hugolin, o.f.m., fouilleur d'archives passionné, en cherchant dans les archives de l'Hôtel-Dieu de Québec, mit la main sur trois petits recueils manuscrits qui contenaient de vieux cantiques et de vieilles chansons. Mêlées à des cantiques de piété, le Père Hugolin, non sans surprise, découvrit cinq chansons inédites sur le désastre de la flotte de Walker à l'Ile-aux-Oeufs. Une riche trouvaille qui prouvait, du moins, que ce que nous venons de citer de la chronique du temps sur l'enthousiasme des poètes n'avait pas été écrit à la légère.

Ces chansons étaient surtout contenues dans un cahier intitulé: *"Ordre du jour pour les exercices spirituels à l'usage d'une Hospitalière de 1711"*. Elles étaient transcrites au milieu des cantiques et "sont d'inégale étendue mais d'égale force... littéraire", dit le Rev. Père Hugolin dans une longue étude qu'il en fit dans les numéros de mai, juin, juillet et août 1910 de la *"Nouvelle-France"*. Elles se suivent sous la rubrique de *"Chansons sur les débris des Anglais"*. Avec une patience digne de tout éloge, le Père Hugolin a pu découvrir les noms de quatre auteurs de ces chansons. Ces auteurs furent: François Mariauchau d'Esgly, capitaine d'une compagnie d'infanterie, père du premier évêque canadien, Mgr D'Esgly; Paul-Auguste Juchereau, seigneur de Maure, frère de la célèbre annaliste de l'Hôtel-Dieu, la Mère Françoise Juchereau, et grand oncle de l'auteur des *"Anciens Canadiens"*; Messire l'abbé Joseph de la Colombière qui fut aumônier des troupes de Montréal; enfin, l'abbé Louis-Gaspard de Tournelle, arrivé au Canada en 1687 et qui fut 63 ans curé de l'Ange-Gardien où il mourut en 1757.

On nous pardonnera cette digression mais nous croyons qu'elle avait sa place dans cet historique raccourci de cette Ile-aux-Oeufs dont toute l'histoire commence par ce tragique événement qui occupe une large place assurément dans notre histoire nationale.

Il y eut dans la suite d'autres naufrages à l'Ile-aux-Oeufs, mais qui n'eurent assurément pas l'envergure de celui de 1711. Au reste, la chronique de l'île est plutôt maigre. Il nous a été donné toutefois de recueillir sur la vie à l'Ile-aux-Oeufs quelques notes intéressantes grâce à une "née au phare de l'Ile-aux-Oeufs" dont nous eûmes le plaisir de faire la connaissance en une assez mémorable circonstance.

La côte nord du Saint-Laurent a été, maintes fois dans son histoire, le théâtre de fort impressionnantes scènes religieuses, à partir de l'humble et toujours rare visite de l'obscur missionnaire de la côte dans une misérable maisonnette de pêcheurs perdue dans les anfractuosités des rivages rocailleux, jusqu'aux brillantes manifestations auxquelles donnèrent lieu les quelques visites pastorales que firent, en certains postes, les évêques de Québec avant l'érection de la Côte Nord et du Golfe en Préfecture Apostolique.

Mais entre toutes ces manifestations religieuses en ce pays lointain, nulle n'aurait été plus impressionnante ni plus touchante et d'un caractère plus unique que celle qui se déroulait le dimanche 13 août 1933 dans l'humble petit hameau des Ilets Caribou, à tout au plus deux milles de l'Ile-aux-Oeufs.

Tout au bord de la mer, il y a là une petite chapelle en bois où vient, une fois par mois, faire la mission le curé de Rivière Pentecôte située à trente milles de là. Ce matin-là, le missionnaire régulier n'est pas venu, mais la Providence en a envoyé, la veille, six dont l'un est le plus haut représentant au Canada du chef suprême du monde catholique, Mgr Cassulo, alors délégué papal au Canada. C'est lui qui, ce dimanche matin, célèbre, dans la petite chapelle des Ilets Caribou, la messe de la mission. Un peu plus loin, dans une maison de pêcheurs, sur un autel improvisé, d'autres messes sont dites auxquelles assistent, recueillis, des hommes, des femmes et des enfants. Toutes les familles du hameau sont dans une joie profonde. Mais un sentiment d'inquiétude se devine sur la figure de quelques étrangers qui assistent aussi à cette cérémonie religieuse si inattendue pour les habitants de l'endroit. Des regards anxieux se tournent sur la mer et on cherche à distinguer, parmi les sombres rochers qui bordent le rivage, à demie effacée dans la brume du matin, la silhouette d'un navire qui, la veille au soir, est venu piquer du nez sur la pointe d'un rocher qui menace maintenant de le briser comme un jouet. La nuit a été mauvaise au rocher, la vague d'heure en heure grossissait et le vent d'est, le plus dangereux dans cette partie de la côte, était menaçant. Pourvu qu'il s'élevât davantage, les vagues deviendront comme des montagnes qui écraseront ainsi qu'un insecte, sur le rocher, le navire qui cogne sinistrement sur le rivage rocheux. Les coups sourds s'entendent dans toutes les demeures du hameau.

Mais le vent d'est, cette nuit du 13 août 1933, n'eut pas de ces coups traîtres qui, dans la nuit d'épouvante du 22 août 1711 anéantirent en partie la flotte de l'orgueilleux Walker, non loin de là, sur le rocher de l'Ile-aux-Oeufs.

Le *"North Shore"* put encore voir lever l'aurore le matin du 13 août. Il en put même contempler d'autres les jours suivants au même endroit mais ce furent les dernières car, deux semaines plus tard, renfloué, il était jugé inapte au service et fut démoli dans les chantiers de Sorel . . . (1)

---

(1) Le *"North Shore"* alors de la "Clark Steamship Navigation Co" avait été construit en 1896 en Russie Impériale pour une princesse russe et sur l'enveloppe de cuivre de la boussole on lisait ces mots exotiques : "Kop Kohichakihobba 1896". Le 9 août 1932 le *"North Shore"* quittait Rimouski, en route pour la Côte Nord, portait à son bord le Délégué papal et quelques autres personnages ecclésiastiques et quelques laïques qui accompagnaient le Délégué dans cette visite unique qu'il voulait faire des principaux postes de la Préfecture du Saint-Laurent.

Dans les maisons des Ilets Caribou, où on héberge les rescapés du *"North Shore"*, tout est pauvre mais propre et confortable. Chez leurs habitants, il y a du coeur, de la politesse, de l'éducation, du savoir-vivre et même de la part d'une personne chez qui, pour notre part, nous logeons, une culture intellectuelle remarquable qui ne nous étonna même pas tellement cela semblait naturel...

C'est Madame Wilfrid Jourdain, épouse d'un chasseur et d'un pêcheur de l'endroit, mère de onze enfants qui, dans la suite, répondant aimablement à une demande que nous lui avions faite, nous donna les notes suivantes sur la chronique des dernières années de l'Ile-aux-Oeufs où elle est née. Madame Jourdain est la fille de M. Elzéar Chouinard qui fut le deuxième gardien du phare de l'île. Elle a toujours vécu à la maison du phare où elle se maria le 17 août 1915.

*

* *

On mentionne plusieurs naufrages dans les parages de l'Ile-aux-Oeufs avant la construction du phare mais on n'en a malheureusement aucun détail, personne n'habitant la côte à cet endroit. Les habitants de la Pointe-aux-Anglais, qui s'avancent vers l'île, en conservent cependant le souvenir d'un dont les rescapés furent obligés d'hiverner sur l'île. On se souvient qu'avec les débris de leur navire, ils purent s'en construire un autre plus petit mais assez solide avec lequel ils purent, au printemps, traverser sur la côte sud. Il y a une vingtaine d'années, on voyait encore dans une anse de l'île des copeaux et différents débris qui étaient les restes de ce minuscule chantier de construction maritime. Ce naufrage eut lieu avant que les hameaux environnants de la côte, la Pointe-aux-Anglais et les Ilets Caribou fussent habités car, une fois la glace prise entre l'île et la terre ferme, les naufragés eussent pu atteindre facilement la terre ferme si elle eut été habitée. On prétend qu'ils purent passer l'hiver sur l'Ile-aux-Oeufs sans trop de misère grâce à des provisions sauvées du naufrage et au gibier qui abondait dans l'île.

Madame Jourdain nous dit qu'une petite anse de l'île porte le nom d'Anse-des-Morts. On y voit un minuscule enclos où furent enterrés quelques cadavres de noyés. Du dernier naufrage dont nous rapportons le souvenir ou d'autres? on ne sait. On se souvient que voilà une cinquantaine d'années, un M. Fournier, de Saint-Thomas de Montmagny, qui venait pêcher à l'Ile-aux-Oeufs—la pêche à la morue était alors fructueuse en cet endroit—se noya tout près de l'île où il fut inhumé. Un peu plus tard un de ses parents vint en barge quérir son cadavre.

Vers 1880 eut lieu dans ces parages le naufrage de l'"*Aquilon*", goélette appartenant au capitaine Alexandre Fraser, de l'Ile Verte. L'équipage était formé du capitaine, de son fils Emile et d'un matelot du nom de Boucher. La saison de pêche étant terminée, l'"*Aquilon*" se préparait à repartir et les Fraser étaient débarqués pour faire leurs adieux à la famille du gardien Paul Côté quand éclata une violente tempête. Ils avaient eu le temps de gagner leur goélette et ils y étaient à peine quand l'embarcation, rompant ses chaînes, se mit à dériver sur terre, vis-à-vis la pointe qui s'avance vers l'île. En un instant, elle se brisa sur la batture de rochers. M. Eusèbe Deroy, qui demeurait non loin de là, sur la Pointe-aux-Anglais, aperçut les naufragés accrochés à la mâture de leur goélette. Il put les sauver mais au prix de combien de difficultés. Ils attendirent sur l'île un autre navire qui put les ramener à l'Ile Verte.

En 1901, au mois de septembre, eut lieu le naufrage que les gens de la côte, à cet endroit, appellent le "naufrage des Bernier". Cette année-là, la pêche était bonne: plusieurs étaient parents de pêche était bonne: les vaisseaux étaient nombreux autour de l'île. Parmi les pêcheurs, plusieurs étaient parents de Paul Côté, gardien du phare. Le soir, ils s'en allaient au phare jouer aux cartes. Un soir s'éleva soudain une tempête si violente que les veilleux disaient entre eux: "Quand même nos barques partiraient, nous ne risquerions rien pour aller les chercher par un temps pareil". A l'instant même, on s'aperçut que deux des barges s'en allaient à la dérive. Voyant leur gagne-pain en péril, les Côté et les Bernier, oubliant leurs craintes de tout à l'heure, sautèrent dans un canot et regagnèrent leurs embarcations qui, à l'abri de l'île, étaient encore assez bien protégées contre la tempête. Joseph Côté et ses fils purent gagner la traverse tout droit, du côté de terre, et atterrir, sans toucher au rocher, sur un haut-fond de batture. Ils étaient sauvés. Il n'en fut pas ainsi des Bernier, le père et les deux fils, propriétaires de l'autre barque. Enervés, ils manoeuvraient mal et ils prirent le vent arrière. Des vagues énormes rejetèrent la barge sur la côte où elle chavira sur un rocher qu'on appelait "Calumet". Ce ne fut que le lendemain matin que des gens venus de la Côte Sud pour cueillir des bleuets et qui avaient, pendant la tempête, trouvé refuge dans une vieille cabane de pêche, virent à travers les vagues l'épave d'un bateau et un homme attaché par un poignet à un banc de l'embarcation. L'homme était mort. C'était un des fils Bernier. Au fond de la barge gisait son frère, encore vivant. On eut toutes les peines du monde à lui faire lâcher le banc où il s'était, lui aussi, attaché avec des lignes de pêche déroulées. Il fut longtemps malade et pendant un an demeura dans un état d'hébétude qui fit douter de sa raison. Il est devenu le capitaine Bernier de la goélette "*Speedy*" qui navigua pendant nombre d'années et qui en 1938 faisait encore le service entre Québec et Gaspé.

Quant au malheureux père, il fut emporté par

la mer. On ne trouva son cadavre que trois semaines plus tard. Il repose dans le petit cimetière des Ilets Caribou.

En 1904, le 7 octobre, sur la Pointe-aux-Anglais, tout près de l'île, alla s'échouer le "*Souro*" qui fut renfloué et reçut le nom de "*Saint-Laurent*" que commanda le capitaine O. Bernier de Lévis. Il était la propriété de Holiday & Frères, marchands de poissons de Québec.

Le 7 septembre, 1912, naufrage de la goélette "*Marie-Ange*", capitaine Charles Gagné, de Métis. Outre son équipage, la "*Marie-Ange*" portait une famille de passagers, le père, la mère et trois enfants. La goélette, par une violente tempête, vint s'échouer sur les battures. Les membres de l'équipage et les passagers furent sauvés et hospitalisés au phare où tous demeurèrent jusqu'à ce que vint les chercher la goélette d'Honoré Chouinard. La "*Marie-Ange*" ne put être renflouée.

Le 15 avril 1930, un petit bateau venant du Cap Breton, revenant d'un voyage à Betsiamites, s'arrêta à l'est de l'île pour faire son plein d'essence. Puis il partit.

Madame Jourdain nous raconte: "Papa et maman étaient seuls au phare. Emile—mon frère—qui était assistant gardien, était parti le matin pour aller conduire ses soeurs à la Pentecôte où elles allaient assister à un grand mariage. Maman, assise à la fenêtre, regardait s'en aller le bateau en face de l'île. Tout-à-coup, elle vit s'élever du cotre une épaisse fumée. Elle sortit aussitôt avertir mon père. Ce dernier courut au rivage. Il vit les deux hommes qui conduisaient le bateau, deux frères, gagner péniblement à la nage l'île qu'ils atteignirent. L'un d'eux était gravement brûlé. On le transporta à la maison où maman lui donna les premiers soins. Ses brûlures étaient affreuses et longtemps après, papa et maman n'y pensaient pas sans horreur. Mon père avisa aussitôt les gens de la Pointe-aux-Anglais de dire à mon frère, quand il reviendrait, de retourner à la Pentecôte quérir le médecin qui était celui dont on célébrait, ce jour-là, le mariage... Le médecin ne vint pas: il s'était contenté d'envoyer des médicaments. Toujours est-il que lorsque notre blessé, le capitaine Lejeune, quitta notre île, il était à peu près complètement guéri. Lui et son frère emportaient le souvenir ému des soins de mes parents qui, inlassablement et sans compter, s'étaient dévoués pour atténuer leur épreuve.

Madame Jourdain nous rappelle encore une tragédie qui eut lieu vis-à-vis l'île le 6 janvier 1921. Joseph Gagnon, de Rivière Moisie, qui revenait des chantiers de Franquelin, s'était aventuré sur la glace, malgré les conseils des gens des Ilets Caribou. On ne le revit jamais plus. On le croyait d'abord rendu à destination quand, huit jours après, on apprit sa disparition. On fit des recherches mais on ne trouva son cadavre qu'en mai, la glace disparue.

Mais les échos du rocher de l'Ile-aux-Oeufs ne répercutèrent pas seulement les cris d'effroi des sinistrés de la mer. Là aussi se réfugièrent les victimes d'une mémorable tragédie de la terre.

En juin, 1932, nous raconte toujours Madame Jourdain, par un jour de chaleur torride, à la suite d'une sécheresse prolongée, éclata dans cette partie de la côte un immense feu de forêt causé directement par l'incendie d'un campement. Mal éteint, il se ralluma soudain. Pendant deux jours il couva sous la mousse. Mais quand le feu parvint à une clairière, ce fut l'éclatement soudain et formidable. Tous les hommes furent mobilisés pour combattre les flammes. La lutte s'engagea, ardente. Les hommes se battirent en désespérés. Un médecin qui les accompagnait ne cessait de panser les pieds et les mains brûlés et blessés. Mais tout fut vain. Les flammes avançaient avec la rapidité d'un cheval de course, s'approchant de la mer. Partout on entendait: "Le feu est sorti à la mer!" Il gagnait les habitations. Une première bâtisse, une grange, prit feu, et, en un instant, réduite en cendres.

Alors, aux Ilets-Caribou et à la Pointe-aux-Anglais on se prépara à quitter les maisons. Une folie de panique s'empara de tous. La tempête de vent d'ouest qui soufflait, la chaleur suffocante, la fumée âcre qui aveuglait, les mille bruits de l'incendie qui grondait ainsi que le tonnerre, tout répandait l'affolement.

Alors il fut décidé de gagner l'Ile-aux-Oeufs où l'on serait à l'abri du fléau. En hâte, pendant la nuit, on s'entassa dans la goélette du capitaine Robert Jourdain qui faisait le service de Baie Trinité. On n'emportait que juste ce qui était nécessaire en nourriture et en vêtements. On arriva à l'île où le gardien du phare, Elzéar Chouinard, mon père, offrit l'hospitalité à quatre-vingt-dix personnes, femmes, enfants et un vieillard de 82 ans. Tous les hommes étaient restés à terre à continuer la lutte contre le feu. On débarqua sur le rocher en pleine obscurité de la nuit assombrie davantage par une fumée âcre qui enveloppait l'îlot. Les réfugiés étaient surtout des habitants des Ilets Caribou situés à neuf milles de là. Ceux de Baie Trinité s'étaient réfugiés sur une barge que l'on chargeait de bois au quai. Ceux de Petit-Mai, qui furent les plus malmenés, passèrent une journée et une nuit sur un rocher, n'ayant pour abri qu'une misérable cabane de pêche de dix pieds carrés. Ils étaient vingt-et-un. Le rocher était au large et ils s'y étaient rendus en barge. Une jeune femme du groupe portait un bébé de 15 jours...

On a chanté à l'envie et sur tous les tons le dévouement, l'héroïsme et l'abnégation des gardiens de nos phares laurentiens. A la liste de ces héros, il est juste d'ajouter celui de M. Elzéar

Chouinard, le père de notre aimable collaboratrice dans cette histoire de l'Ile-aux-Oeufs qui, d'ailleurs, n'a pas eu à torturer son imagination pour rendre hommage au dévouement, au courage et, souvent, à l'héroïsme de son père.

"Je ne pourrais trop dire et faire", nous dit Madame Jourdain, "pour témoigner de l'admiration que j'ai pour lui quand je sais tout le bien qu'il a accompli silencieusement et les services qu'il a rendus . . . Et elle raconte: "En 1917, voici que la glace s'amoncelle autour de l'île y emprisonnant la goélette du capitaine Verrault qui transportait des ouvriers italiens à Clark City. Les provisions sont rares sur la goélette et aussi sur l'île. On ne peut communiquer avec personne à terre. On est à la fin d'avril et l'approvisionnement des phares n'est pas encore fait. Et pourtant, pendant seize jours exactement, mon père trouva les moyens de faire manger à leur faim tous ces hommes au nombre d'une quinzaine. Ces Italiens ont, on le sait, la tête près du bonnet; l'inaction leur pesait et des querelles éclataient souvent entre eux. Mais, grâce à la bonne humeur de mon père, à sa gaîté, rien de désagréable ne se produisit. La goélette enfin dégagée, les prisonniers quittèrent l'île dans un concert d'acclamations et de bruyants remerciements à l'adresse de mes parents, au fond peu fâchés d'être débarrassés de ces étrangers.

Madame Jourdain nous raconte encore:

"En 1918, éclate, hélas! la grippe espagnole. Mon père demande un médecin au Département de la Marine. Ce sont encore des médicaments qu'on lui envoie. A la Pentecôte, on ne finissait plus de mourir. Le télégraphiste de l'endroit nous avisait de chaque décès. Là, on manquait de remèdes. Mon père offrit alors aux autorités de l'endroit de partager les médicaments dont nous disposions; et ce fut fait. Grâce à sa prévenance mon père sauva ainsi plusieurs vies humaines . . .

"Ah!" s'écrie Mme Jourdain, "ces automnes sur l'île! . . . Pas tous, il est vrai, aussi tristes que celui de 1918. Mais pas plus réjouissants! L'été, tout allait bien; tout était beau sur l'île et aux alentours. Mais quand se terminait la navigation, c'était la grande, la déprimante solitude: les jours sombres, la mer qui nous jetait par paquets son écume jusque sur les grandes vitres des lanternes du phare; le vent qui hurlait dans les fils téléphoniques, le froid qui glaçait, les soirées et les nuits qui ne finissaient plus. Il faut avoir veillé, "fait le quart", comme nous disions, pour savoir ce que renfermaient de tristesse et de morne ennui ces sombres veillées. Pas de radio alors! Mais nous avions la lecture; la lecture seule qui souvent doublait notre ennui de la mélancolie. Je me souviens qu'en 1917, en décembre, nous étions fort inquiets de mon frère qui naviguait quelque part en Europe sur un navire anglais à travers les mers minées par les Allemands et sillonnées par les sous-marins. Et cet automne-là, nous ne lisions que du Pierre Loti . . . littérature charmeuse, c'est vrai, mais dans notre solitude, combien déprimante! C'était ma mère qui d'habitude faisait la lecture à haute voix à cause de l'assistant-gardien, un vieil homme de Gaspé, intelligent et renseigné mais qui ne savait pas beaucoup lire . . . Un soir, je remplaçais ma mère, je lisais *"Matelot"* et ce matelot, nous avions fini par penser qu'il ressemblait tellement à mon frère que dans notre esprit nous n'établissions pas de différence entre les deux. Au chapitre de la mort du Matelot de Loti que je terminai avec peine, une telle détresse m'envahit que tombant le front sur la table, j'éclatai en sanglots; et les autres firent de même. Nous ne pensions qu'à mon pauvre frère qui n'eut heureusement pas le sort du héros de Loti. Mon frère conquit tous ses grades sur les navires de Sa Majesté et devint capitaine à 24 ans.. Oui, lire à coeur de soir et de nuit et, le matin, après l'"éteignage" sombrer dans un sommeil peuplé de cauchemars, telle était notre vie. Mais, vrai, les livres que nous lisions n'étaient pas un remède à notre isolement.

Et puis, les petits événements, oh! si minimes mais si gros d'importance, de la vie du phare, Madame Jourdain nous en raconte quelques-uns.

"En novembre, vers la fin du mois; une diversion. Mon père qui avait un cochon à tuer et qui ne se résignait pas à se faire boucher, fit venir un homme de la terre ferme. Nous aurions de la visite! Un homme allait venir! Réjouissance dans la maison. Quant à moi, je tremblais en pensant à la boucherie: j'avais peur que l'homme fit inutilement souffrir notre pauvre cochon. Aussi, comme Madame dans Malborough, je montai dans la tour, si haut que je pus monter,—pour ne pas entendre les cris de l'animal.

"L'hiver, nous tendions des collets aux lièvres; et nous allions les lever au clair de lune. Ou bien, nous chassions le hibou blanc qui se prend à un piège qu'on tend au sommet d'un poteau... Bref, les moindres petites choses, dans cette vie d'isolement, prenaient de l'importance. Un hiver, il y eut des loups marins au large de l'île. Un jour, mon père en tua plusieurs et nous, les petites filles, nous étions allées lui aider à monter ses captures sur le rocher de l'île. Celui que Germaine traînait et qu'elle croyait mort, se dressa soudain et tenta de la mordre. Mon père accourut à son secours, mais Germaine qui n'avait pas froid aux yeux, tranquillisa la bête sous force coups de pieds... Et les déménagements quand il était décidé que nous hivernerions à terre! .. Quand, à l'automne, la glace n'était pas encore prise et au printemps, quand elle n'était pas encore partie, nous traversions en cométique, un canot sur le traîneau, et nous, assises dans le canot. Quand la glace menaçait de se briser, on mettait le canot à l'eau et nous avec le chien dans le canot. Quant à notre vache, nous la traversions en chaloupe. Notre laitière était accoutumée à ce mode de transport et se couchait comme un chien dans le bateau. Mais il faut croire que notre vache aimait la variété dans le voyage. Un automne, je ne sais quel désir subit d'évasion lui passa par sa grosse tête cornue. Deux ou trois fois, mon père l'avait vue tout au bord de l'eau, la tête tournée vers la terre ferme et meuglant plaintivement. Elle avait évidemment la nostalgie de la terre et ne voulait pas attendre le départ de la chaloupe. Un soir on la chercha en vain dans toute l'île. Nulle trace. Voilà que le lendemain matin, de la terre ferme, on nous annonce par téléphone que notre vache est à la porte de son étable coutumière. Elle avait traversé à la nage; trois milles dans l'eau glacée de fin d'octobre! On a parlé longtemps de l'exploit de cette émule de Gertrude Ederlé...

Et que d'autres souvenirs évoque Madame Jourdain de la vie de sa famille sur l'Ile-aux-Oeufs! les visites, les départs; départs de toute nature: pour le pensionnat, pour les hôpitaux, pour les voyages de noces, départs, disait encore Mme Jourdain, "brisant le doux cercle de la famille, nous mettant, quels qu'ils fussent, les larmes aux yeux". Et les décès, hélas! Ils surviennent partout.

"Quoiqu'il en soit", ajoutait Mme Jourdain, "l'île d'aujourd'hui ne ressemble pas à l'île d'autrefois. Le progrès l'a atteinte, elle aussi. La mécanique de l'outillage du phare a été modernisée. On ne regarde plus le "mai" pour savoir si la lumière fonctionne bien par les reflets qu'elle projette. A la moindre défectuosité maintenant une sonnette d'alarme retentit dans la chambre où veille le gardien. Et aujourd'hui, dans cette salle, les membres de la famille du gardien peuvent danser sur un air de jazz joué à la radio... Et on ne lit plus *"Matelot"* de Pierre Loti.

Et Madame Jourdain ajoute non sans une certaine mélancolie:

"Aujourd'hui, il n'y a que moi qui pense encore au passé et qui, peut-être, parfois, le regrette. Mon père aussi, à mon grand plaisir, aime à dévider l'écheveau des souvenirs de plus de trente années passées sur l'île. Il mêle à ces réminiscences parfois une légère et fine pointe d'ironie: et ce n'est pas sans charme. C'est la manière des grands sensibles dont est doué mon père. Il a l'air de trouver extrêmement simple ce qu'il fait et qui me semble, à moi, héroïque . . ."

LES SEPT-ILES

Dans son beau livre *"Labrador et Anticosti"* qu'il écrivait à la suite d'un voyage qu'il faisait sur la Côte Nord du Saint-Laurent en 1895 avec S. G. Mgr M.-T. Labrecque, évêque de Chicoutimi, M. l'abbé V.-A. Huard, alors que le SS *"Otter"*, qui portait les distingués voyageurs arrivait en vue des Sept-Iles, écrivait:

"Je voudrais bien savoir s'il existe des mortels assez avisés pour deviner que ces sept îles ne sont pas ce qu'on nomme les Sept-Iles. Il faut pourtant le dire: les Sept-Iles sont sur la terre ferme, sur la rive d'une baie magnifique large de trois à quatre milles ayant sept lieues de tour et dont l'ouverture est fermée par les îles dont je parle".

Précisément, M. l'abbé Huard écrivait: "Puis, voici des iles, les unes assez grandes, les autres petites, tantôt couvertes de végétation, tantôt n'offrant à la vue que des rocs dénudés. Ces îles sont au nombre de sept, ni plus ni moins".

Cette baie des Sept-Iles constitue l'un des plus beaux ports du Saint-Laurent. Du côté est, sur la terre ferme, on voit s'étirer une longue rangée de maisons. C'est le village de Saint-Joseph des Sept-Iles. Derrière les maisons commence la forêt qui doit se continuer à l'infini. Il ne faudrait pas s'imaginer que l'histoire des Sept-Iles se perd dans la nuit des temps. Comme tous les hameaux de la Côte, encore que celui des Sept-Iles ait été le chef-lieu de cette partie du pays, sa fondation est de date plutôt récente. Voilà soixante-quinze ans il n'y avait là que deux ou trois cabanes qu'occupaient des familles de pêcheurs. On y voyait aussi un poste de la Compagnie de la Baie d'Hudson qui s'y trouve encore. Sept-Iles est tout de même aujourd'hui un des principaux centres de la Côte Nord. On y compte environ cent-vingt familles blanches. Mais cette population s'augmente, l'été, d'une soixantaine de familles indiennes qui, leur saison de chasse terminée, viennent occuper une réserve indienne établie par le gouvernement fédéral qui a cédé à la nation montagnaise quatre réserves de terrain sur la côte aux endroits suivants: Betsiamites, Mingan, Natashquan et Sept-Iles. Deux ou trois familles indiennes seulement restent à l'année aux Sept-Iles. Les autres familles sauvages arrivent à la fin de juin. Les revenus principaux de la population des Sept-Iles viennent surtout de la chasse et de la pêche. La plupart des hommes, l'hiver, vont aux chantiers. La pêche au saumon et à la morue y est abondante. On estime à $100,000. le revenu annuel produit des fourrures seulement. Une certaine étendue de terre serait favorable à l'agriculture, mais occupée à la pêche surtout, la population ne se soucie guère de s'adonner à l'art d'Olivier de Serres. Ces terres reposant sur une couche très épaisse de glaise s'égouttent dans quatre rivières qui séparent Clarke City de Sept-Iles: les rivières Vieux-Fort, au-Foin, Rapide et Hall.

Le poste le plus important entre Betsiamites et Mingan est celui des Sept-Iles. Cela est dû à ce que les Indiens Naskapis—sauvages de l'intérieur—y viennent faire la traite. La rivière Moisie, qui a une longueur considérable, leur offre une route facile pour s'y rendre.

A propos de ces Naskapis, Napoléon Comeau nous conte quelque part cette anecdote. Un certain mois de juillet, plusieurs familles de ces sauvages se trouvaient aux Sept-Iles. D'un jour à l'autre on attendait le bateau de la compagnie de la Baie d'Hudson qui, un beau matin, entra dans la baie. Histoire d'impressionner les sauvages, le commis du bord en invita une dizaine à visiter l'intérieur du navire. On leur fit voir toutes les pièces, les cabines, le salon où l'on joua pour eux du piano. Ensuite, on fit lever l'ancre et les machines fonctionnant on fit le tour de la baie. Une fois la visite et toutes ces démonstrations terminées, le commis demanda au chef ce qu'il pensait du "canot à feü" de la Compagnie.

—C'est bon à rien", répondit tranquillement le sauvage.

—Ah! mais pourquoi?

—Pas capable de portager ça, fit le chef Naskapi.

Et à cette remarque laconique du chef se borna l'enthousiasme de ces enfants des bois.

Napoléon Comeau, pour qui la Côte Nord, on le sait, n'avait pas de secrets, croyait que le havre des Sept-Iles était fort propice à y former des bancs d'huîtres. On avait tenté cette expérience quelques années auparavant mais la saison n'était pas propice à favoriser l'entreprise, prétendait M. Comeau.

Mais les îles?

Il y a les deux Iles-des-Basques, ainsi nommées à cause des oiseaux de ce nom qui y pullulent. Puis, on voit les deux Iles-de-Boule, ou peut-être les trois car, pendant les grandes marées, l'extrémité de l'une des îles est encerclée d'eau, peut-on dire, et les gens du village dans leur pittoresque langage appellent cette île improvisée le "Cabouron de la Boule". Ce fut sur la Boule du large qu'en novembre 1900 périt corps et biens le steamer *"St-Olaf"* commandé par le capitaine Lemaître.

Antérieurement à ce triste naufrage une goélette revenant des Iles Saint-Pierre-Miquelon, appartenant au capitaine Jos. Blouin de l'Ile d'Orléans, disparut dans ces parages. Des débris, retrouvés peu après, permettent de penser que l'île sinistre de la Boule fut pour beaucoup dans ce naufrage.

On se contente d'appeler les "Caies" les îles de l'entrée de la passe. Il y a aussi l'Ile-de-la-Baleine qui n'est en réalité que le prolongement de la pointe du même nom et que deux ruisseaux qui la longent séparent de la terre ferme.

Voilà une cinquantaine d'années, une terrible tragédie endeuilla la population des Sept-Iles, on peut dire toute celle de la Côte-Nord. Neuf personnes, un dimanche, revenaient dans une barque de l'Ile-des-Basques. L'embarcation, petite, était chargée à sa pleine capacité. Ses occupants étaient tous des jeunes qui étaient allés en pique-nique sur l'île. Ces personnes étaient Alfred Montigny et Marguerite Poitras, deux fiancés dont le mariage avait été fixé au mardi suivant; trois soeurs d'Alfred Montigny, trois cousines portant aussi le nom de Montigny et, enfin, un petit garçon, leur cousin, Ben Bujold, âgé de 7 ans.

Voilà que pendant que les occupants de la barque étaient tout à la joie du retour au foyer, une fausse manoeuvre fit chavirer l'embarcation. Du moins on le croit encore. Toujours est-il que l'équipage d'une goélette sortie de la baie dans l'après-midi crut apercevoir une épave et se dirigea sur elle. C'était la barque renversée sur laquelle se tenait, Dieu sait comment, le jeune Bujold qui des deux mains avaient empoigné la chevelure d'une de ses cousines âgée de 15 ans, Clarisse de Montigny, lui tenant ainsi la figure hors de l'eau malgré qu'elle fut inconsciente. Les sept autres malheureux occupants de la barque avaient disparu.

La goélette, capitaine Gauthier, rentra d'urgence aux Sept-Iles où l'on annonça la sinistre nouvelle. Des recherches commencèrent aussitôt qui permirent de retrouver les corps des malheureux qui furent tous exposés dans la demeure de M. E. Montigny, père des cousines d'Alfred, les fiancés à côté l'un de l'autre et les cinq cousines ensemble. Les deux rescapés vivaient encore en 1939. Le jeune Bujold d'alors dépassait la cinquantaine. Sa cousine épousa dans la suite P. Thériault, des Sept-Iles.

"On m'a bien souvent raconté", nous disait Mme Jourdain, de qui nous tenons les détails de cette tragédie, "les péripéties du drame. Le père et la mère du jeune Montigny vivaient aussi encore en 1939. Mme Montigny disait qu'elle ne pouvait jamais jeter les yeux sur la mer sans croire apercevoir la barque renversée et autour, s'agrippant à l'embarcation, son fils, sa fiancée et les autres".

Ces îles et leurs abords, très dangereux, ont été témoins de bien d'autres tristes choses. Le naufrage du *"St-Roi-David"*, capitaine A. Brie, qui sombra en cet endroit, il y a une dizaine d'années, est encore présent à toutes les mémoires. On croit que ce fut en cherchant à pénétrer dans la passe qui donne accès à la baie qu'il alla heurter, vis-à-vis la Pointe-de-la-Chasse, un cap que les gens de l'endroit appellent le "Train Carré". A un demi-mille du côté opposé était le salut: un navire sauveur. Mais le destin ne l'a pas voulu.

Durant la nuit du 21 au 22 novembre 1900 le vapeur *"Saint-Olaf"* s'est perdu corps et biens sur l'Ile-de-la-Boule. Le *"Saint-Olaf"* avait quitté Mingan vers les sept heures du matin. Le temps, beau d'abord, se gâta vers le soir et au début de la nuit souffla une violente tempête de vent d'est qu'accompagnait une épaisse chute de neige. A bord du vaisseau, on comptait vingt-deux hommes, une femme, Marie Pagé de Rivière-au-Tonnerre et dix passagers. Thomas Doyle, de la Pointe-aux-Esquimaux et plusieurs hommes de St-Jean de Magpie, de Rivière-au-Tonnerre et de Sheldrake qui s'en allaient travailler aux chantiers à la Rivière-Pentecôte. Toujours est-il que le navire se perdit avec tous ceux qui se trouvaient à bord. On ne retrouva même aucun cadavre excepté celui de Marie Pagé qui avait une ceinture de sauvetage autour d'elle. On ne sut jamais au juste les causes directes de la tragédie.

Et que d'autres naufrages, dont la chronique serait longue, ont endeuillé ces parages des Sept-Iles, comme ceux de l'Ile-aux-Oeufs comme tous les autres postes de cette partie de la Côte qui borde la courbe du fleuve entre la Pointe-aux-Anglais et Moisie! Il y a les récifs; et il y a surtout les tempêtes dont chacune, chaque année, peut rappeler celle qui engloutit la flotte de l'amiral Walker à l'Ile-aux-Oeufs.

La côte, ici, et les îles, baignent dans une atmosphère fille de l'océan; elles en reçoivent les grands souffles plus fréquents, plus vigoureux que les vents issus des terres; ces masses d'air qui, après avoir balayé les eaux balaient à leur tour la terre et les rochers.

Et notre pensée se reporte à cet émouvant passage de Paul Morand décrivant l'équinoxe d'automne sur les côtes de la Méditerranée:

"La mer, cette machine à voyager, travaille en grinçant. Les vagues, vieillards à longues barbes, se jettent en avant, crachent comme des prophètes, crachant de toutes leurs forces, puis ravalent leur salive dans un silence plein de galets et relancent une base qui leur retombe sur la tête. Le rivage gémit. Tout plie, se déplie, se replie. Les lames transportent des piscines au haut des rochers, concassent gloutonnement des palourdes, vomissent dans les calanques de mica noir et jusqu'au fond des grottes des digues, du sable gris, de l'écorce, des oursins aux piquants brisés et des bouchons flotteurs blanchis arrachés aux filets qui sèchent sur la plage comme des vertèbres de chameau dans le désert".

Et, au bord de la Baie des Sept-Iles, bien sagement rangées on aperçoit, à travers les embruns, ces petites maisons de pêcheurs plantées sur des rochers comme si elles ne faisaient qu'un avec, ou posées sur le sable jaune, comme voulant s'y enfoncer: avec, derrière, le décor massif de la forêt, comme derrière une découpure.

LES ILES MINGAN

Le 25 avril 1661, la Compagnie des Cent Associés concéda à François Bissot de la Rivière, qui fut le premier colon de Lévis, l'Ile-aux-Oeufs, "avec le droit et faculté de chasse et d'établir en terre ferme, aux endroits qu'il trouvera plus commodes la pêche sédentaire des loups marins, baleines et marsouins, depuis la dite Ile-aux-Oeufs jusqu'aux Sept-Iles et dans l'anse où les Espagnols font ordinairement la pêche, avec les bois et terres nécessaires pour faire les dits établissements à la charge de payer par chacun deux peaux de castor et dix livres tournois".

Remarquons que les bornes de ce territoire sont loin d'être claires et précises. Aussi, on verra plus tard, vers la fin du siècle dernier, cette imprécision donner lieu à un retentissant procès qui se termina en 1893 au Conseil Privé en Angleterre, de même qu'à nombre de petites causes judiciaires qui durent s'instruire devant le magistrat de district de la côte nord.

Le 10 mars 1679, la seigneurie de Mingan et d'Anticosti fut concédée aux sieurs Lalande et Louis Joliet, celui-ci découvreur du Mississipi. La région de Mingan était à cette époque regardée comme l'une des plus riches du pays au double point de vue de la pêche et de la chasse. Sans avoir toujours conservé cette réputation, cette partie de la Côte Nord du Saint-Laurent est encore classée comme un endroit très riche en fourrures et en poissons. Jusqu'en ces dernières années, comme au temps des Bissot et des Joliet, y fleurissait surtout la pêche à la morue. Mais la "molue" a presque complètement disparu de nos jours et les pêcheurs se livrent surtout à la pêche au flétan. Toujours est-il, que pendant plusieurs années, les employés de Bissot et, plus tard, Louis Joliet lui-même, après avoir chargé à Québec des barques de marchandises de traite et d'instruments de pêche et de chasse, revenaient quelques semaines plus tard, ces bateaux débordants de pelleteries et de poissons.

A la mort de Joliet, la seigneurie revint au fils cadet de François Bissot, François-Joseph, qui tenta de mettre davantage en valeur les établissements fondés par son père en s'établissant en personne sur le champ de ses opérations. Il se fit construire une maison au fond du havre de Mingan et y demeura pendant quelques années.

A l'origine, les héritiers Bissot prétendaient à toute la Côte Nord, de l'Ile-aux-Oeufs à la Baie Brador, dans le détroit de Belle-Ile, soit une longueur de cinq cents milles. Mais leurs successeurs en rabattirent assez sensiblement de ces prétentions à tel point qu'en 1854, on ne réclamait plus que 150 milles, soit du Cap Cormoran à la rivière Goynish, sur deux lieues de profondeur. C'est aujourd'hui ce que possède la Compagnie du Labrador qui, voilà quelques années, demandait un million pour cette propriété. Le morceau assurément en valait la peine.

Rappelons en quelques mots ce grand procès qui se termina au Conseil Privé en 1893. La demanderesse était la Compagnie du Labrador, qui prétendait être aux droits de François Bissot, et la défenderesse était la province de Québec. Le juge Routhier, à la Malbaie, le juge Dorion, à la Cour d'Appel et la Cour Suprême déclarèrent qu'il n'y avait jamais eu de seigneurie de terre ferme de Mingan et que ledit Bissot et ses successeurs n'avaient jamais eu sur ce terrain qu'un droit de servitude.

Mais les lords du Conseil Privé trouvèrent que la section 10 de l'Acte Seigneurial de 1856, qui amendait l'Acte de 1854 disait :

"Attendu que les seigneuries et les fiefs suivants, savoir: Perthuis, Hébert, Mille-Vaches, Mingan et Anticosti ne sont pas réglés, la tenure sous laquelle les dites seigneuries sont actuellement tenues par les présents propriétaires sera et est par le présent changée en la tenure de franc-alleu roturier".

Et les lords ajoutaient:

"Ceci est une reconnaissance absolue par la Législature qu'il y avait une seigneurie de Mingan. Même si l'on pouvait prouver que cette Législature a été trompée, les tribunaux ne sont pas compétents à mettre de côté ce qu'elle a statué. Si une erreur a été faite par la Législature, elle seule peut la corriger et les cours peuvent seulement mettre à effet ce qu'elle a décidé".

Ce procès, jugé en 1893, fut instruit sans que les familles acadiennes qui, chassées des Iles de la Madeleine qui étaient devenues la seigneurie Coffin et, installées depuis quelques années à la Pointe-aux-Esquimaux,—dans la seigneurie de Mingan, —sans que ces familles, dis-je, en eussent connaissance. Elles vivaient là dans une quiétude parfaite. Mais voici que ce qui leur était arrivé aux Iles-de-la-Madeleine, se répéta à Mingan. En 1902, les seigneurs de Mingan se mirent à intenter des actions pétitoires contre les habitants de leur seigneurie. Cette année-là, le magistrat Hidalla Simard, de la Malbaie, qui exerçait les fonctions de juge sur la Côte Nord, se trouva un jour, à la Pointe-aux-Esquimaux où il siégeait, devant 150 de ces actions. "Le procureur des seigneurs, un avocat de Montréal, avait le ton plutôt haut", raconte le magistrat Simard dans une conférence qu'il donnait le 24 février 1916 devant l'Association du

Jeune Barreau de Québec. "Un autre avocat de Montréal, qui, d'aventure, faisait la chasse dans les Iles Mingan, comparut pour les Acadiens. Sa défense," ajoute le magistrat Simard, "prit la forme d'un socialisme radical du plus haut cru et qui allait bien avec la mentalité des défendeurs; et je n'ai jamais pu comprendre pourquoi l'agent de la seigneurie n'a pas été trouvé étranglé quelque part".

Mais la Providence, pour les Acadiens, apparut dans la personne de Sir Georges Drummond, président de la Compagnie, qui consentit à toutes les concessions que lui suggéra le magistrat. La paix fut rétablie et elle a toujours régné depuis.

Ajoutons que les îles qui s'échelonnent le long de la côte de la seigneurie, depuis l'Ile-aux-Perroquets, Mingan, jusqu'aux Iles-Sainte-Geneviève, appartiennent à la Compagnie de la Baie d'Hudson.

Dans cette cause, il s'agissait, ni plus ni moins, de la propriété de toute la Côte Nord et du Labrador canadien jusqu'au Blanc Sablon, que réclamaient le gouvernement de la province de Québec, d'une part, et les seigneurs de Mingan, de l'autre. Cette lutte dura douze années. Comme on l'a vu, elle se fit sur tous les terrains judiciaires où il est loisible à un citoyen britannique de réclamer justice. S'il y avait eu des juridictions supérieures au trône de Sa Majesté, où la querelle se termina, il est probable que le procès eut duré jusqu'à la consommation des siècles. Toujours est-il que la seigneurie de Mingan fut reconnue propriétaire de la Côte Nord depuis les Cormorans jusqu'à la rivière Goynish, à l'est. Le gouvernement de Québec eut tout le reste, c'est-à-dire le territoire qui s'étend depuis la rivière Goynish jusqu'au Blanc Sablon. Ajoutons que le territoire qui était en litige comprenait une superficie de 2,400 milles d'une valeur d'une dizaine de millions de dollars.

La seigneurie de Mingan se trouve sous la latitude 50.18 nord. C'est là que se trouve le plus ancien poste de la Cie de La Baie d'Hudson sur la Côte Nord du Saint-Laurent. C'est cette puissante compagnie qui a fait la plus grande partie de la traite des pelleteries. A part le poste de Mingan, elle en possède six autres dont le plus éloigné est celui de Saint-Augustin dans le détroit de Belle-Isle. On sait que l'"honorable Compagnie de la Baie d'Hudson" fut fondée en 1672. Presque toute la partie septentrionale du continent américain était son domaine d'exploitation.

Le Poste de Mingan existe depuis près de deux siècles. A cause de certaines difficultés que la Compagnie eut avec la Seigneurie de Mingan, elle s'était établie d'abord sur l'Ile du Havre, la plus grande des îles qui ferment le port de Mingan et qui est encore la propriété de la Compagnie. Le havre de Mingan est le meilleur de toute la côte, paraît-il, grâce aux îles qui l'abritent contre tous les vents de la mer. Ce sont de belles îles dont la plupart sont boisées d'épinettes, de bouleaux et de trembles. Ces îles, qui sont au nombre de vingt-neuf, se succèdent en descendant jusqu'au Havre Saint-Pierre, ancienne Pointe-aux-Esquimaux. L'hiver, toute la partie du fleuve comprise entre ces îles et la terre ferme se prend en glace continue ce qui facilite à cette époque de l'année les voyages. A Mingan, nous en avons fini avec le granit laurentien. Maintenant, c'est la pierre à chaux qui règne à terre comme sur les îles. Le sable qui recouvre cette roche produit bien l'avoine, les pommes de terre et autres légumes. Quant au bois de commerce, il n'en faut pas parler dans ces régions, du moins jusqu'à une vingtaine de milles de la mer.

Le lit de pierre à chaux des îles s'incline vers le sud de sorte que du côté nord, ces îles sont généralement escarpées; et l'eau est profonde. Du côté sud, au contraire, les battures sont longues et s'étendent à des distances considérables.

Les Iles de Mingan sont l'un des nombreux rendez-vous des oiseaux de mer et de grève. Ils sont de différentes espèces. On y voit par milliers les canards édredon—eiders—les canards noirs, les plongeurs, les goélands, les mouettes, les perroquets de mer. Toutes ces espèces font leurs nids dans les rochers des îles. C'est naturellement un paradis des chasseurs. Il arrive à un bon chasseur de tuer d'un seul coup trente à cinquante de ces oiseaux. Napoléon Comeau rapporte que pour sa part, il en a abattu trente-huit d'un seul coup de fusil, alors qu'il était âgé de neuf ans.

Il y avait, naguère, d'énormes quantités de loups-marins de plusieurs espèces qui fréquentaient les battures des Iles de Mingan ainsi que les alentours, de sorte que ces îles offraient aux chasseurs des avantages exceptionnels. Parmi les monstres de mer qui fréquentent les parages des îles, outre plusieurs espèces de baleine, on remarque, entre autres la baleine souffrée, la vraie baleine, le gibard, le fléau, le marsouin, le pourcil, le packheda. Pendant longtemps des vaisseaux de la Gaspésie, et d'ailleurs, venaient y faire la chasse à ces cétacés, ce qui était dans le temps très lucratif. Mais tout cela, pêcheurs et cétacés, n'est qu'un souvenir du passé.

Les poissons qu'on peut pêcher dans les parages des Iles de Mingan sont le requin, le thon, le flétan, la morue, le saumon, la truite, le maquereau, le hareng, l'anguille, l'alose, l'esturgeon, le gaspareau et une quantité d'autres petits poissons moins importants pour le commerce mais commodes pour la pêche à la morue. Ces poissons sont le capelan et le lancon qu'on appelle la "boitte" et dont une disette serait un malheur pour les pêcheurs de la Côte. On sait que la rivière Mingan dont l'embouchure large d'à peu près 300 verges, est à une distance d'à peu près un mille à l'est du poste, est célèbre pour la pêche au saumon à la mouche. Nombre de hauts personnages du Canada et des Etats-Unis ont visité ces endroits dans le but d'y pratiquer cette pêche passionnante. Les saumons sont d'une taille remarquable. Si l'on pêche le saumon à la mouche dans la rivière, on le pêche aussi à la mer à l'aide de filets tendus sur la route que suit ce royal poisson.

Revenant à la rivière, disons encore que non loin de l'endroit où elle se jette dans le fleuve, elle fléchit à l'ouest et s'en va passer vis-à-vis le Poste, à une distance de deux cents verges du rivage. Ce cours d'eau, qui a bien cent-cinquante milles de longueur a l'inconvénient de n'avoir qu'une faible profondeur.

Si l'on quitte l'eau et les îles pour une petite excursion à terre, on constate que le sol aux environs de Mingan est en général sablonneux et peu propre à la culture. On réussit toutefois à y récolter des légumes, surtout des patates et des navets. On n'a vu que très rarement l'avoine et l'orge parvenir à maturité. Sur les îles, on cueille plusieurs sortes de petits fruits sauvages: fraises, gadelles, framboises, groseilles rouges et noires, deux espèces de bleuets, ainsi que deux espèces de mures, rouges et blanches.

Relativement à la chasse, un fait assez intéressant pour les chasseurs et les naturalistes, c'est que Mingan est à peu près la limite nord pour la perdrix grise—Bonassa Umbellus—. Mais, en retour, la perdrix blanche y abonde de même que la perdrix de savanes. On y peut chasser les bêtes sauvages suivantes: le caribou, l'ours noir, le castor, la loutre, le pécan, le carcajou, le renard, rouge, noir et blanc, le porc-épic, la martre, le vison, le lièvre, l'hermine, deux espèces d'écureuil dont l'écureuil volant et plusieurs autres petits mammifères moins importants pour le commerce et la nourriture des indigènes.

On peut concevoir que dans cet enchevêtrement d'îles, de lagunes et de longues battures, la chronique des naufrages, comme dans les parages de l'Ile-aux-Oeufs, ne manque pas d'éléments. Malheureusement, les archives de la Côte sont assez maigres et il n'y a jamais eu sur la Côte Nord de journaux à nouvelles consignant au jour le jour les faits et gestes des populations labradoriennes.

Il n'y eut de fait, et nous aurions à le consigner en passant, qu'un seul journal dans cette partie lointaine du pays. Ce fut *"L'Echo du Labrador"* un petit journal à six pages, petit format, imprimé sur papier à lettre ordinaire et publié par le Père Laizé, eudiste, alors curé de la Rivière Pentecôte. Le premier numéro parut le premier août 1903 et le dernier à la fin de 1906.

Mais nous avons parmi les archives de la Côte Nord, un journal qui fut tenu au jour le jour par M. Placide Vigneau, un pionnier de la Pointe-aux-Esquimaux, qui fut pendant plusieurs années gardien du phare de l'Ile-aux-Perroquets, une des îles Mingan, et qui couvre plus de soixante années de vie sur la Côte, du moins le territoire qui embrasse Mingan, la Pointe-aux-Esquimaux, et plusieurs autres postes environnants à l'est et à l'ouest. Placide Vigneau tint son journal de 1857 à 1926 sans discontinuité. Tout y passe : les naissances, les mariages, les décès; les arrivées et les départs; les peines et les joies de ces pauvres gens; les chasses et les pêches; les fêtes, les amusements, tout. Naturellement, il note les naufrages survenus en particulier dans les Mingan.

En 1857, le vapeur *"Clyde"* de Glasgow, de la Ligne Anchor, fait naufrage sur l'une des deux Iles-aux-Perroquets, la plus au large. Des débris du navire furent recueillis par les premiers habitants de la Pointe-aux-Esquimaux, qui était en la deuxième année de sa fondation, et qui pêchaient dans les environs, "ce qui les dédommage", écrit M. Vigneau dans son journal "de la perte d'une barge due à la mauvaise foi d'un traiteur".

Le 5 octobre 1861 eut lieu sur la même île le naufrage du "*North Briton*".

Durant la nuit du 15 au 16 octobre, la goélette "*Zelia*", capitaine Roger Lavoie, se perd corps et biens sur l'"Ile du Défunt Français" — Large Island. — La "*Zelia*" revenait du golfe chargée de hareng. Quelques jours auparavant, dans la nuit du 10 au 12 octobre, au cours d'une tempête de vent du sud-est qui dura plusieurs jours, cinq autres goélettes firent naufrage dans les îles : la "*Catharina*", capitaine Bouchard, aux Rochers Ste-Geneviève; la "*Notre-Dame-de-Lourdes*", capitaine Corriveau, sur l'Ile-à-la-Chasse; la "*Lady Elgin*", capitaine D. Gaumont, sur l'Ile St-Charles; la "*Sainte-Croix*", capitaine Boily, sur l'"Ile du Défunt Français", comme la "*Zelia*". Les cargaisons de ces goélettes consistaient en hareng et en diverses provisions : lard, farine, etc., venant de Québec. Cinq ou six cadavres des membres des équipages furent trouvés et transportés à Québec.

De la terre ferme, à Mingan, le regard, avant d'embrasser le large, se porte sur tout un archipel, où l'on remarque: l'Ile-du-Havre, la plus grande, qui mesure deux milles de longueur et qui ferme le havre de Mingan; puis les îles suivantes dont on connaît les noms : îles St-Charles, à-la-Chasse, Ste-Geneviève, les deux Iles-aux-Perroquets, l'Ile de la Tête-de-la-Perdrix, au-Marteau, aux-Goélands, la Grande-Ile ou l'"Ile du Défunt Français", l'Ile du Père-Joson, l'Ile du Père-Firmin, l'Ile Saint-Charles, la Grosse-Ile, l'Ile-Plate, l'Ile-aux-Fantômes, l'Ile-Quarry et d'autres.

L'Ile-à-la-Chasse n'a jamais été habitée. Ou plutôt, oui, elle le fut pendant plusieurs années, mais par un seul homme : le comte Henry de Puyjalon.

C'est là, en effet, sur la rive sud de l'île, face à la mer, que cet homme étrange, cette haute intelligence, d'une culture bien au-dessus de l'ordinaire, a vécu la dernière partie de sa vie; c'est là qu'il est mort et qu'il dort de l'éternel sommeil.

Et puisque nous voilà sur cette Ile-à-la-Chasse qui fut le dernier endroit où vécut Henry de Puyjalon, nous croyons tracer toute l'histoire de cette île en essayant d'esquisser l'oeuvre de son unique habitant pendant quinze ans. L'île n'a pas d'autre histoire que celle-là. Mais n'allons pas croire, tout d'abord, que ces années de solitude puissent conférer à celui qui les a vécues le titre peu reluisant d'aventurier ou de maniaque. Au contraire, ce personnage, qu'on ne connaît pas suffisamment, loin de là, parce qu'il a rendu de grands services à notre pays, a exprimé dans sa personne et dans son oeuvre l'attrait de ce dynamisme, de cette volonté de puissance s'épanouissant dans une nature farouchement hostile qui exige des hommes forts et qui a besoin de la paix des solitudes. Après la première moitié d'une vie plutôt agitée, ce descendant de la vieille noblesse française, sentit comme le désir de s'affranchir des contingences présentes, de s'évader vers les choses de la nature, vers l'inconnu; de fuir vers des rives lointaines et attirantes où tout est accueillant: de partir vers la mer, vers les forêts, les lacs, les hautes cimes; d'aller vivre, enfin, dans l'air pur, d'une vie nouvelle qui sera la sienne, toujours, s'il le veut; d'être, enfin, un autre soi-même... Or, comme en Bretagne, notre Côte Nord du Saint-Laurent, qui est notre Finistère, attire irrésistiblement l'attention par sa beauté particulière, joignant au charme toujours attirant de la mer l'attrait de sa rude terre de rocailles.

Et le comte Henry de Puyjalon choisit la Côte Nord pour aller y mûrir sa pensée — et travailler à la réaliser: de faire du coin de cette "terre que Dieu donna à Caïn", pour la province de Québec, son pays d'adoption, un coin de pays de Cocagne en cherchant à y faire fructifier ses richesses par l'étude du sol et par la vérification expérimentale. Car rien n'est plus réel que le sol et en même temps rien n'est plus évocateur du passé et de l'avenir. Le sens géographique, et nous dirions plus étroitement le sens topographique, quels auxiliaires pour l'imagination!... Et puis, peut-on jamais ni dans l'espace ni dans le temps mesurer la résonnance d'une pensée?...

Parce qu'il n'était pas seulement un promeneur qui s'enchante de la nature, mais un homme d'action qui consultait le modèle de la terre et la nature de ses richesses, Henry de Puyjalon a dressé dans ses ouvrages et dans ses rapports officiels un très pratique tableau de cette Côte Nord du Saint-Laurent, trop inconnue : descriptions brèves, vivantes, illustrées d'exemples, de comparaisons que tend une logique directe, au pas de charge.

Henry de Puyjalon, dans ce sens, durant les trente ans qu'il demeura parmi nous, a rendu de grands services à notre pays. On a de lui nombre d'ouvrages précieux sur notre faune, sur nos mines, sur nos différentes espèces de poisson; des rapports d'une forme parfaite; des études élaborées et complètes sur toutes les ressources possibles de notre Labrador; des travaux remarquables sur nos territoires de chasse et de pêche; des manuscrits très précieux sur nos rivières à saumons, surtout de la Côte Nord et du Labrador, rivières dont les richesses étaient avant lui à peu près inconnues; bref, des mines et des mines de renseignements de première importance.

L'auteur de cette masse de documents avait une plume facile, même parfois élégante. Et tous ses travaux accusent une science réelle de l'histoire naturelle et un rare esprit d'observation.

Henry de Puyjalon a aimé passionnément cette Côte Nord du Saint-Laurent. On lui eut offert à Québec la situation la plus brillante qu'il eut refusé de l'accepter pour garder sa vie de travail à l'Ile-aux-Perroquets et sa vie de cénobite à l'Ile-à-la-Chasse. Chaque fois qu'il allait à Québec, ce qui lui arrivait tous les deux ou trois ans pour se ravitailler et recevoir les instructions du Ministère des Terres et Forêts dont il était le modeste employé en qualité d'inspecteur de la chasse et de la pêche pour la Côte Nord, il était toujours pressé de repartir pour les vastes espaces et les larges horizons qu'il passait ses jours à embrasser du regard. Et il repartait, le coeur joyeux, pour sa lointaine solitude, pour ses forêts, ses rochers; pour le rêve, les expéditions lointaines; pour la vie vaste et large, pour sa chère petite maison de l'Ile-à-la-Chasse qu'il avait construite de façon à appeler vers elle tous les vents du large.

C'est là qu'il mourut dans la nuit du 17 au 18 août 1905. Son fils, Raymond-Roger, âgé de 8 ans, qui était venu là passer une partie des vacances avec son père, le trouva mort dans son lit.

En 1888, il avait pris fantaisie au comte de Puyjalon de demander au gouvernement fédéral de le nommer gardien du phare de l'Ile-aux-Perroquets dont on venait de terminer la construction. Il en fut le premier gardien jusqu'en 1891 alors qu'il fut remplacé par M. Placide Vigneau dont nous avons parlé précédemment du journal qu'il rédigea sur les faits et gestes de la Côte . . .

"Ah! que voilà un étrange steamer !" écrivait M. le chanoine V.-A. Huard dans son beau livre

"*Labrador et Anticosti*", récit d'un voyage accompli sur la Côte Nord en 1896, en compagnie de S. E. Mgr M.-T. Labrecque, troisième évêque de Chicoutimi . . .

Ce "steamer" qui soulevait l'étonnement de M. le chanoine Huard, c'était l'Ile-aux-Perroquets et son phare aperçus du large, en revenant de l'Ile d'Anticosti.

"Comme son flanc noir s'élève au-dessus de l'eau", continuait M. le chanoine Huard, "il n'a pas de mâts. Sa blanche cheminée est bien singulière. Mais aussi, c'est qu'il n'y a pas de steamer. Ce n'est qu'une île qui, par exemple, en a bien l'air lorsqu'on la voit de loin en venant du sud: c'est l'Ile-aux-Perroquets. Ce qui ressemble à une cheminée n'est que le phare qui domine cet îlot perdu au fond du golfe."

C'est sur l'Ile-aux-Perroquets, comme il l'a noté dans les notes généalogiques sur sa famille, que naquit le second fils de M. de Puyjalon, Raymond-Roger. Car, chaque été, Madame de Puyjalon allait passer plusieurs mois avec son mari, sur l'Ile-aux-Perroquets, sur l'Ile-à-la-Chasse, ou sur la Côte; et elle passa en grande partie les quatre saisons pendant lesquelles son mari fut gardien du phare, sur l'Ile-aux-Perroquets. Comme nous venons de le rapporter, c'est là que naquit leur second fils, qui fut baptisé par l'abbé Condé Nadeau, missionnaire à Mingan. M. de Puyjalon avait épousé Angelina, fille de l'honorable Gédéon Ouimet, ancien premier ministre de la province de Québec et alors Surintendant de l'Instruction Publique.

En 1916, un phare fut construit sur l'Ile-au-Marteau. Grâce à ce phare et aux sifflets d'alarme installés sur l'Ile-aux-Perroquets, plusieurs transatlantiques se mirent à passer entre l'Ile d'Anticosti et la Côte Nord.

On demandera quelle est l'origine de ce nom d'"Ile du défunt Français" donné par les gens de la côte à la Grande Ile. En 1858 un Français du nom de J.-C. de la Ruelle vint s'établir à Betchewan, à quelques milles à l'ouest de la Pointe-aux-Esquimaux. C'était un armurier. Il savait nombre de tours de magie blanche ce qui amusait fort les gens de l'endroit. Sa femme vint le rejoindre en 1860 à Betchewan. En 1864, tous deux s'en retournèrent en France mais l'intention de M. de la Ruelle est de revenir. Il y revint, en effet, l'année suivante amenant son fils avec lui : "On est forcé de dire" note M. Placide Vigneau dans son journal, "que le pauvre garçon n'a pas l'esprit de son père".

A la date du 29 juin 1867, M. Vigneau note : "Mort de Jean-Chrysostome de La Ruelle sur l'Ile Large". Et le 15 juillet suivant, la note suivante : "Nous sommes allés, tout l'équipage de la "*Wide Awake*" et une partie de la "*Marine*", chercher feu de La Ruelle. Nous l'avons trouvé comme par miracle dans une tale de sapins très épais à 200 pas du rivage, au sud-ouest de l'île et avons reconnu qu'il est mort d'apoplexie. Nous savons qu'il est mort le 29 juin parce que sa femme était avec lui. Il était allé faire une tournée à un lac à canards, cette journée-là, et n'est pas revenu. Il avait envoyé son garçon en France l'automne dernier. Désormais cette île sera appelée l'Ile du défunt Français".

Les Iles Mingan n'auront pas été clémentes pour les Français. On a vu qu'en 1905 le comte Henry de Puyjalon était mort, seul, sur son Ile-à-la-Chasse et c'est maintenant la Grande Ile qui fut le théâtre de la mort de Jean-C. de La Ruelle.

Et qui sait ? Peut-être est-ce là aussi sur une de ces îles Mingan, faisant partie de la seigneurie dont il fut le premier possesseur, qu'est mort et a été inhumé Louis Joliet. Car on sait que, malgré toutes les recherches, on n'a jamais pu découvrir la tombe du premier seigneur de Mingan et de l'Ile d'Anticosti. Des historiens prétendent qu'il fut inhumé sur l'une des îles Mingan: d'autres disent que ses restes reposaient dans un très ancien cimetière, datant des premiers temps de la colonie, et qui se trouvait au pied du cap appelé Gros Mecatina.

Non pas sur une des Iles Mingan, mais sur la pointe de ce nom où se trouve le poste peut s'évoquer le souvenir d'un autre personnage qui a joui d'une grande popularité pendant longtemps sur la Côte Nord. A la date du 6 octobre 1910, Placide Vigneau notait dans son journal:

"Mort de David Têtu à Longue Pointe de Mingan à l'âge de 80 ans et six mois chez son frère M. Emile Têtu, surintendant de la ligne télégraphique de la côte nord. Il nous a signalé sa mort mais n'étant que mon garçon et moi sur notre rocher des Perroquets et qu'il faisait mauvais temps, nous n'avons pu ni l'un ni l'autre assister à ses funérailles". Puis, M. Vigneau note au sujet du défunt : " David Têtu était un homme très populaire sur les deux rives du bas Saint-Laurent et dans toute la Gaspésie ainsi que sur la côte jusque dans les parages du Cap Witthel — Wapolagim.—Il fut pendant dix ans gardien du phare de la Pointe Sud "Bagot Cliff" de l'Ile d'Anticosti. Il était célibataire. R.I.P."

Nous avons vu par ailleurs, en particulier dans une des nombreuses et si intéressantes chroniques maritimes de Faucher de Saint-Maurice, que ce David Têtu était, en effet, un gros personnage dans son temps sur toute la Côte Nord du Saint-Laurent. Il était surtout une autorité en matière de pêche et particulièrement dans la chasse aux marsouins et aux requins. C'est David Têtu qui, au dire de Faucher de Saint-Maurice, fut le pionnier de la chasse aux marsouins qui, en ce temps-là comme aujourd'hui, causaient bien des ravages parmi la gent écaillère du Golfe et du fleuve et tant de soucis et d'ennuis aux pêcheurs. D'après David Têtu, c'est le marsouin qui a détruit le hareng qui autrefois était en abondance depuis la Rivière-Ouelle jusqu'à Rimouski. La morue que l'on prenait en quantité à partir du Saguenay jusqu'à la Pointe-des-Monts et depuis la Pointe-au-Père jusqu'à Sainte-Anne-des-Monts a disparu depuis l'instant ou le marsouin a fait son apparition dans les parages.

Alors on aimait à consulter David Têtu sur les meilleurs moyens à prendre pour se débarrasser de ce nuisible "bétail". C'est lui-même qu'on requérait souvent. Un jour, au printemps de 1867, on le fit venir à la Baie des Chaleurs qui, entre 1864 et 1867, était littéralement infestée de ces monstres marins qui détruisaient radicalement le hareng et la morue. David Têtu partit avec tout un matériel qu'il évaluait à $10,000.

Deux tentatives qu'il fit et qu'il espérait mener à succès échouèrent malheureusement. Dans la première, un banc entier de marsouins au nombre de plus de 2,000 allait foncer dans ses filets quand les habitants du village où il opérait, Carleton, sortant de l'église, — c'était un dimanche, — ayant aperçu l'immense banc de marsouins, se ruèrent en criant sur le rivage. Les animaux, effrayés par ce tintamarre, déviièrent de leur course et évitèrent ainsi les filets. Têtu changea de place et un autre jour, il avait réussi à cerner un autre immense banc de marsouins dans ses filets, quand ceux-ci se brisèrent et toute la bande s'égailla vers le large. Mais ces tentatives de David Têtu eurent l'effet d'effrayer les marsouins de la Baie des Chaleurs qui prirent la direction nord de la côte gaspésienne et les pêcheurs de la Baie en furent totalement débarrassés. "Le marsouin est très observateur," disait David Têtu. "Il faut ruser avec lui".

En 1849, David Têtu débarrassa des marsouins la partie de la côte entre le Saguenay et la Rivière des Escoumains. C'est là, raconte-t-il, qu'il constata dans ces parages la présence des requins dont il entreprit la chasse et aussi l'étude. Il disait à ce sujet à son ami Faucher de Saint-Maurice : "Depuis 1849, je me suis occupé du requin et je suis à même de constater qu'il y en a une quantité illimitée dans la rivière et le Golfe Saint-Laurent. Depuis trente ans que je fais la pêche, j'ai constaté d'ailleurs que des requins, il y en a partout et que si la pêche à ce poisson était pratiquée en grand, elle donnerait des profits considérables, les dépenses de cette pêche étant peu onéreuses". David Têtu affirmait qu'il avait capturé des requins qui lui avaient donné de dix-huit à vingt gallons d'huile et que cette huile était alors très précieuse et très recherchée.

Notons que cette huile de requin, en médecine, est employée contre les rhumatismes et aussi pour la lubrification parce qu'elle ne se coagule pas. On sait que la peau du requin sert à toutes sortes d'usages notamment pour la fabrication des valises. Enfin sa chair peut être utilisée pour faire de l'hyperphosphate, — engrais animal. — David Têtu note encore qu'on peut se faire difficilement une idée de la voracité du requin. "Dans une seule nuit", dit-il, à la Pointe-de-la-Cariole, ils m'ont mangé cinq gros marsouins évalués à $250. Il est impossible de calculer", ajoutait-il, "la quantité de quarts de poissons consommée par le requin. Ils se chiffreraient en millions rien que pour les eaux de la province de Québec."

Puisque nous venons de faire une mention de la Longue Pointe de Mingan, faisons connaître quelques notes sur cet endroit dont la population est d'une quarantaine de familles. La mission est desservie par le curé de Rivière-Saint-Jean, à neuf milles de là. Longue Pointe est, paraît-il, le meilleur endroit de la côte pour la pêche au flétan. C'est aussi un endroit renommé pour la pêche au maquereau. Il n'y a là aucun havre et le moindre vent du large empêche les pêcheurs de sortir. En face de Longue Pointe, on voit l'Ile Nue, l'Ile-au-Bouleau, l'Ile Mingan et toute une suite d'îles dont les îles de Mingan et qui se succèdent, longeant la côte jusqu'au Détroit de Belle-Isle.

Il n'y a pas de havre à Longue Pointe de Mingan, mais il y a, à Mingan, à six milles de la Pointe, l'un des plus beaux ports de mer de la Côte, comme nous l'avons déjà fait remarquer. A Mingan vivent une quarantaine de familles de Montagnais et une chapelle y a été construite pour ces Indiens. Il n'y a que quelques familles de blancs.

LES TROIS SANCTUAIRES

Le Rocher-aux-Oiseaux

En 1919, le gouvernement de la province, par le Ministère de feu l'hon. Honoré Mercier, alors ministre de la Colonisation et des Pêcheries, pour faire suite à la convention de Washington passée entre les Etats-Unis et le Canada assurant la protection des oiseaux migrateurs, faisait adopter une loi — 9 Georges V, ch. 32, — par laquelle on établissait trois sanctuaires d'oiseaux dans le Golfe : au Rocher-aux-Oiseaux, au Rocher-Percé et à l'Ile Bonaventure.

Le Rocher-aux-Oiseaux a été découvert par Jacques Cartier qui, lors de son premier voyage, poussé par un vent du nord-ouest, avait été obligé de courir quinze lieues et s'était ainsi approché de trois îles "desquelles y en avait trois petites droites comme un mur." Ces îles étaient littéralement couvertes d'oiseaux, entre autres des margaux. De fait, ces îles furent appelées les Iles Margaux. Quatre-vingt-douze ans plus tard, en 1626, Champlain, croisant dans ces parages, ne fait le relevé que d'une de ces trois îles. Les deux autres avaient disparu probablement dans un cataclysme. Cet îlot rescapé du tourbillon était le Rocher-aux-Oiseaux qui, comme aspect et comme étrangeté, dépasse toutes les descriptions qu'on en a fait. Longue de 770 verges, large de 270, couvrant une superficie de sept acres et trois quarts, présentant du côté sud un précipice perpendiculaire de quatre-vingt pieds atteignant 114 du côté nord, cette île est littéralement couverte de pingouins, de margaux, de godes et autres oiseaux.

Le phare du Rocher-aux-Oiseaux est une tour blanche hexagone qui fut allumée pour la première fois en 1870. Elle est de 140 pieds au-dessus de la haute marée et donne un feu blanc, fixe, diotrique, de second ordre, qui s'aperçoit à vingt-et-un milles en mer. Chaque dimanche soir, pendant l'hiver, le phare du Rocher allume ses deux feux depuis sept heures jusqu'à neuf heures. Si la lumière reste visible pendant ce temps, c'est un signe que tout va bien sur le Rocher; mais si elle se masque trois fois pendant l'espace de ces deux heures, alerte sur la côte de Brion ou de la Madeleine. Un accident est arrivé aux habitants de l'îlot.

L'habitation du gardien est située à 200 pieds de la tour. Il y a tout près, un puits creusé dans le roc; il contient 3,000 gallons d'eau de pluie, la seule qu'on puisse se procurer sur l'île. Une passerelle court de la tour à la maison. Un peu plus loin se dresse une poudrière et l'abri où se cache le canon chargé d'annoncer d'heure en heure l'approche du récif aux navires surpris par la brume ou la neige. Du côté nord-ouest de l'île, on a taillé dans le roc une tranchée perpendiculaire haute de 127 pieds et large de vingt-neuf qui permet à une grue de faire mouvoir une boite suspendue à un cable en fil de fer et dans laquelle on dépose les effets destinés au phare lorsque la mer ne brise pas trop de ce côté.

Les gardiens de ce phare doivent, on le conçoit, vivre la vie de saint Simon Stylite. On raconte que l'isolement en a rendu plusieurs fous; il y a eu plusieurs tragédies. Le premier gardien se noya avec son fils en pêchant en bas du Rocher; le deuxième fut tué par le canon du Rocher qui fit explosion. On ne compte pas les naufrages arrivés dans les parages avant la construction du phare. Par sa position exceptionnelle au milieu du Golfe, le Rocher-aux-Oiseaux est placé sur la route des neuf dixièmes des navires qui vont à Québec et à Montreal.

L'Ile Percée

Ce qu'on appelle l'Ile Percée n'est qu'un simple rocher situé dans le golfe Saint-Laurent, à trente-six milles de la Baie de Gaspé. Ce rocher qui a donné son nom au village et qui paraît avoir été lié autrefois avec le Mont-Joli dont il n'est séparé que par un étroit canal, est une véritable curiosité naturelle qui attire, depuis quelques années, nombre de touristes, surtout depuis qu'est ouverte la route provinciale qui fait le tour de la péninsule de Gaspé. La hauteur du rocher est de 290 pieds, sa longueur de huit arpents et sa largeur de soixante à quatre-vingts pieds. La nature ou plutôt la mer l'a percé dans toute son épaisseur à tel point qu'on peut traverser par cette ouverture d'un côté à l'autre du rocher. Les vagues qui ont miné ce roc le minent encore. Elles ont ainsi creusé deux arches dont l'une s'est écroulée voilà plusieurs années.

En 1676, Pierre Denis, Charles Gagné et Charles Aubert de la Chenaye étaient propriétaires de la seigneurie de l'Ile Percée. En 1685, l'Ile Percée retomba dans le domaine de Nicolas Denis et de son fils Richard, sieur de Froussac. Cette ancienne seigneurie qui renfermait dans ses limites le fameux Rocher tirait sa principale valeur de la pêche. Il ne paraît pas cependant que les Denis qui l'exploitèrent y firent fortune.

Ce Nicolas Denys a joué un grand rôle autrefois dans tout ce territoire occupé aujourd'hui pas nos provinces maritimes. Il avait à Bathurst, ancienne Nipissiguit, une maison bâtie sur les rives du bassin. Ce fut là que partageant son temps entre ses devoirs religieux et la traite, cet homme de bien s'amusait à écrire la déscription de l'Amérique Septentrionale, livre très exact au point de vue de l'hydrographie et de l'histoire naturelle. L'étude, la chasse et le jardinage étaient ses plaisirs favoris. Actif, entreprenant, excellent observateur et colon pratique avant tout, il a plus fait pour l'Acadie que tout autre. Il a fait de précieuses observations notamment sur la topographie du pays et, en particulier, de cette partie de la Gaspésie où se trouve le Rocher Percé. Il assure sur la foi d'une tradition indienne que l'Ile de Percé se prolongeait jadis jusqu'à l'Ile de Bonaventure, mais que la mer l'ayant mangée par le pied en fit tomber une partie. Il a vu lui-même, soixante ans après Champlain, qu'il n'y avait qu'un trou en forme d'arcade par où une chaloupe pouvait passer à la voile. Depuis, ajoute-t-il, il s'en est fait deux autres qui ne sont pas si grands mais qui croissent tous les jours et il y a apparence que ces trous, affaiblissant son fondement, seront la cause à la fin de sa chute. Cette prévision de Denys s'est réalisée et maintenant Percé n'a plus qu'une des arches mentionnées par la description que Denys en faisait. La seconde arche s'est effondrée en 1845.

Dès les premiers temps de la colonie, avant même la fondation de Québec, Percé jouissait d'une certaine importance commerciale et Champlain, dans sa relation de 1610, remarque qu'un "grand nombre de navires y faisaient la pêche du poisson vert et sec". Quoiqu'il en soit, sous les falaises jaunâtres du Rocher Percé sont venus s'abriter les plus grands personnages de notre histoire et que de fois Jacques Cartier, Champlain, Joliet, Montmagny, D'Argenson, Charlevoix, D'Iberville et bien d'autres encore n'ont-ils pas jeté l'ancre aux pieds du Rocher, ou sous le vent de l'Ile de Bonaventure. Ce fut ici que le marquis de Tracy vit le pavillon vice-royal du "*Breze*" salué pour la première fois par ces Canadiens qui devaient donner à la France bien d'autres preuves de leur loyauté. Ce fut au pied de la Table-de-Roland que se conclut, en 1646, un solennel traité de paix entre les sauvages de Gaspé et leurs ennemis de la Côte Nord, les Betsiamites; et que d'autres épisodes historiques se sont passés là qu'il serait trop long de raconter et même d'énumérer...

L'Ile Bonaventure

Les falaises de Bonaventure sont hautes de 250 pieds et donnent leur nom à une formation géologique composée, d'après sir William Logan, d'une série de grès rouge interstratifié de lits d'un conglomérat calcaire grossier". Longue de deux milles et large de trois quarts de mille, l'Ile Bonaventure est située à deux milles de la terre ferme. Jadis, il y avait sur l'île une petite chapelle construite par les Récollets et mise sous la protection de sainte Claire. Cette chapelle a été remplacée par une église sous le vocable des Saints-Anges et desservie par le curé de Percé.

L'Ile Bonaventure fut autrefois la propriété d'un corsaire jerseais du nom de Pierre Duval qui, sous les guerres de Napoléon, fit beaucoup de mal à la marine française. A force de courir les océans, ce vieil écumeur des mers, finit par trouver le port en face de Bonaventure et il repose maintenant dans le cimetière protestant de Mont-Joli. Par une proclamation de Georges III, roi d'Angleterre, Pierre Duval était autorisé à sillonner les mers et de faire la chasse à tous les vaisseaux français; ordre également avait été donné à tous les gouverneurs et à tous les gardiens de phare de le bien accueillir et, au besoin, de l'aider et de l'assister. Un descendant de ce corsaire, William Duval, demeure sur l'île. Comme il est amateur d'oiseaux, en 1914, à la suggestion du Dr Clarke, il fut nommé gardien du sanctuaire d'oiseaux de l'Ile.

Sur l'une des pointes de l'Ile Bonaventure, par une journée claire, il fait bon de regarder l'horizon du côté du sud. Devant nous, c'est le Mont Sainte-Anne, — ancienne Table-de-Rolland, — le village de Percé et le Rocher du même nom, immense menhir batholitique, surgissant de la mer; plus loin, fermant l'horizon, le Pic de l'Aurore et les Trois-Soeurs. Et partout alentour, la mer, immense, bleue, secouée de frissons, mêlant son éternelle cantilène aux plaintes des goélands argentés et des fous de bassan. Et si l'on monte à la crête de l'île hérissée d'une forêt souffreteuse de petites épinettes et couverte le lichens gris, et que l'on se penche au-dessus du sanctuaire, on peut voir les gradins des versants de l'île couverts de petites choses grouillantes qui sont des milliers et des milliers d'oiseaux aquatiques, de grève et de mer, qui pullulent dans toutes les anfractuosités et sur toutes les pointes. Une atmosphère de légendes et de mystère semble entourer l'île entière.

En 1919 — 17 mars 1919 — par la ministère de feu l'hon. M. Honoré Mercier, ministre de la Colonisation et des Pêcheries, le gouvernement de Québec, avons-nous dit, faisait passer une loi, confirmée par un décret du gouverneur général, C.P. 683, 29 mars 1919, — réservant certains endroits de la province comme refuges d'oiseaux sauvages dont l'espèce menaçait de disparaître. Par la loi de 1919 — Geo. V, ch. 32, — l'Ile Bonaventure sert de réserve d'oiseaux, comme le Rocher-aux-Oiseaux et le Rocher Percé. Au cours de l'été de 1913, à la demande de la Commission d'Histoire Naturelle, M. P.-A. Taverner, ornitologiste du Dominion, a fait une étude spéciale des colonies d'oiseaux de cette île. Il a essayé de faire un calcul approximatif des oiseaux qui s'y trouvaient. Il a trouvé que ce sont les fous de bassan qui dominent par le nombre de sujets. M. Taverner pensait alors que le nombre de ces oiseaux était de 7,000 à 8,000. Ces oiseaux et les autres, cormorans, margaux, godes, nichent sur des rochers escarpés à l'est de l'île. La partie supérieure les protège, mais depuis que la mer est sillonnée par des canots automobiles les oiseaux, à découvert, sont constamment menacés. Quoiqu'il en soit, vu les facilités d'accès de l'île, cette colonie dont le nombre de sujets va toujours grandissant chaque année, est l'une des plus belles attractions du Golfe; aussi reçoit-on chaque été, sur l'île, nombre de touristes canadiens et américains.

L'ILE D'ANTICOSTI

A la fin de l'été de 1929, nous nous trouvions sur l'Ile d'Anticosti. Pendant que nos compagnons, une après-midi, étaient occupés à pêcher le saumon à l'entrée d'une rivière, nous avions préféré aller rêver sur le rivage. Le soleil était haut et chaud; la mer murmurante. A demi-couché sur le sable doux et blanc, somnolent, nous écoutions avec mélancolie le bruit monotone des vagues qui racontent des choses si tristes et si drôles à la fois, — tristes surtout en cet endroit. Ecoutez les vagues de la mer qui déferlent sur une grève... On entend de véritables cris humains, des hurlements, des plaintes, des sanglots, des paroles vite dites, des disputes, des supplications, des prières lentement modulées, des appels, des interpellations, des commandements, des rires...

Cette fois-là, c'était triste à mourir car, dans la voix des vagues, il y avait, me semblait-il, toutes les prières, les plaintes, les sanglots, les hurlements, les supplications, les prières, les râles d'agonie des centaines et des centaines de malheureux naufragés qui ont péri sur les grèves anticostiennes, peut-être dans ce coin de la rive où nous reposions paisiblement dans l'odeur iodurée du goémon.

Car nous étions dans cette partie du Saint-Laurent que l'on a appelée le "Cimetière du Golfe" à cause des innombrables naufrages qui y ont eu lieu. En effet, on a dressé la statistique effrayante de 144 naufrages dans ces affreux parages. De 1828 à 1899 seulement, cent-trente huit navires sont venus s'abîmer sur les pointes et les battures de l'île et sur les récifs qui l'entourent.

Et dans ce coin des grèves de l'Anticosti, cet après-midi du 28 juillet 1929, j'entends en particulier les cris affreux des trente-trois victimes des atroces scènes d'anthropophagie qui ont suivi le naufrage du *"Granicus"* en 1837, là-bas, à l'extrémité de l'Ile, plus précisément à la Baie-des-Renards; puis, ce sont les plaintes résignées et les ardentes prières des pauvres naufragés de la *"Renommée"* qui a péri, tout près d'ici, à l'automne de 1736, et des vagues plus douces rappellent les paroles de consolation du bon Père Emmanuel Crespel qui soutint ses infortunés compagnons qui eurent à lutter pendant sept longs mois contre le froid et la faim... Une succession de vagues plus rapides et plus fortes font maintenant entendre comme des hurlements. Ils viennent du fond d'une nuit d'horreur, celle du 22 août 1711, et sont poussés par les 1100 malheureux de la flotte de l'amiral Sir Hovenden Walker, et par les matelots du capitaine Rainsford, commandant de l'une des frégates de l'amiral Phipps que la tempête a abîmée, là-bas, à l'ouest de l'île... Enfin, ce sont les cris d'agonie de tous les autres que l'ouragan a jeté sur les brisants de l'Anticosti depuis qu'elle fut découverte.

Un peu auparavant, nous avions aperçu, à la lisière du bois, une vieille cabane de planches vétustes, à demi-renversée. Ne serait-elle pas un de ces anciens "dépôts de naufragés" qu'un gouvernement prévoyant avait érigé là, voilà longtemps, comme en différents endroits de la côte anticostienne, pour les malheureux naufragés ? Un "dépôt de naufragés" se composait d'ordinaire d'une seule pièce et d'un grenier. Une double rangée de couchettes superposées les unes aux autres faisait le tour de l'unique chambre. Un grand poêle de fonte occupait le milieu du réduit. La provision règlementaire d'un "dépôt de naufragés" consistait en quinze barils de farine, sept de pois, du sucre, du café et sept barils de lard. Plus tard, on ajouta deux caisses de viandes en conserve et douze couvertures de laine. C'était le Cocagne pour les malheureux jetés à la côte. Mais tant pis pour ceux qui arrivaient les derniers. Les premiers étaient évidemment les mieux servis.

En 1877, Faucher de Saint-Maurice, dans son *"De Babord à Tribord"*, parlant de l'Ile d'Anticosti, écrivait :

"L'Ile d'Anticosti réserve pour le jour du jugement dernier la terrible quote-part qu'elle doit au recensement des humains. Alors de ses rives désolées se lèveront officiers, soldats et matelots, portion considérable de l'immense foule des fils de ces pauvres gens qui sont morts en attendant tous les jours sur la grève ceux qui ne sont pas revenus".

Et nous ne rappelons que les naufrages connus qui ont eu lieu près de l'Ile d'Anticosti. Combien d'autres navires ont été engloutis corps et biens, par d'affreuses nuits de tempête, sans que jamais on ait pu avoir le moindre détail du drame...

En ce temps-là, naturellement, l'on ne possédait pas les moyens rapides dont on dispose aujourd'hui pour aller au secours des naufragés; car de nos jours, grâce au travail incessant des autorités fédérales, depuis cent ans, le fleuve et le golfe Saint-Laurent sont, pour ainsi dire, balisés de phares, de lumières flottantes, de bouées, de sifflets et de cornes à brume, depuis le détroit de Belle-Ile jusqu'à la source du fleuve. En ce qui regarde l'Anticosti, le pourtour offre maintenant certains lieux de mouillage pour les navires d'un tirant d'eau moyen. La Baie Gamache, aujourd'hui Baie Ellis, est l'un des meilleurs havres de l'Ile. L'Ile compte quatre grands phares qui ont été construits par le gouvernement canadien. Le premier a été édifié en 1831 à la pointe ouest et a une hauteur de quatre-vingt-quatorze pieds; le second qui est situé sur la pointe de l'est a été construit en 1835 et a une hauteur de 100 pieds; le troisième, à l'extrémité de la pointe ouest, date de 1858, et sa lumière est à 112 pieds de hauteur. Enfin, le quatrième phare de l'île date de 1871 et est situé sur la pointe sud de l'Ile, sa lumière étant élevée à 75 pieds. Ces quatre phares, construits selon toutes les données de la science, projettent leur lumière sur la mer à une distance de quinze milles. Leur construction a coûté au gouvernement canadien la somme de $125,955.07. Le phare de la pointe ouest, le plus beau, le plus moderne, a coûté à lui seul, $50,000 . . .

La vision d'horreur qui a suivi le naufrage du *"Granicus"*, à Belle-Baie, aujourd'hui connue sous le nom de Baie-du-Renard, par-dessus toutes les autres, se précise comme avec une sinistre complaisance dans notre esprit.

Quand on sait que cent-quarante-quatre naufragés ont endeuillé les côtes de l'Anticosti, en moins de cent ans, il n'y aurait pas lieu, dira-t-on, de rappeler, comme un événement extraordinaire, ce simple naufrage du *"Granicus"*. Mais c'est la sanglante tragédie qui s'ensuivit et qui fut l'un des plus épouvantables cas d'antropophagie jamais enregistrés dans l'histoire de l'Amérique, qu'il faut rappeler. La découverte de cette sombre tragédie a été racontée en détail à Mgr Charles Guay, P.A., qui a beaucoup voyagé dans ces parages, par M. Placide Vigneau, ancien gardien du Phare de l'Ile-au-Perroquet, une des îles Mingan, et qui tenait ce récit du capitaine Basile

Giasson, mort à la Pointe-aux-Esquimaux en 1873 à l'âge de 93 ans.

Alors que ce dernier faisait dans sa goélette la chasse aux loups marins, il dut mouiller, le 8 mai 1829, dans le havre de Belle-Baie. C'est là qu'il fit la découverte macabre de ce qui restait de l'équipage du "*Granicus*" naufragé cinq mois auparavant en cet endroit. Nous résumons l'horrible récit.

—Une hutte était là, une de ces huttes dont nous venons de parler et qui avait été construite par le gouvernement pour servir de refuge aux naufragés. Dans un bas côté de cette cabane, le capitaine Giasson et trois de ses hommes aperçurent six cadavres éventrés, les bras, les têtes, les jambes coupés et accrochés au plafond. A l'intérieur de la cabane, sur des restes de charbons éteints, deux grandes chaudières étaient suspendues à la crémaillère; l'une était remplie de jambes, et l'autre de bras. Dans une autre pièce, on découvrit deux grands coffres remplis de chair humaine en morceaux de sept à huit pouces et salés à la façon du lard dans les barriques. Les traces de ce massacre ne paraissaient pas remonter à plus de cinq ou six jours. Enfin, dans une troisième pièce, on aperçut un homme tout habillé, couché dans un hamac. Il était mort. C'était un mûlatre de stature colossale, tout couvert de sang, et paraissant avoir succombé subitement à une indigestion. A côté de lui gisait un bras à demi rongé et un couteau de cuisine. L'homme paraissait mort depuis quarante-huit heures. Enfin, un peu plus tard, dans un petit hangar, à quelques pas de la hutte, on découvrit encore huit cadavres également éventrés et, ça et là, vingt-trois têtes humaines horriblement massacrées.

Le capitaine Giasson et ses hommes creusèrent une fosse dans la terre gelée et enterrèrent ces tristes débris humains y compris les coffres et les marmites contenant leur lugubre contenu.

Voilà dans ses très grandes lignes l'histoire du "Massacre de l'Ile d'Anticosti". Il ne s'agit malheureusement pas d'une légende mais d'un fait authentique attesté et prouvé par les témoins de l'épouvantable découverte.

Il serait difficile de parler, même succinctement, des naufrages de l'Ile d'Anticosti sans rappeler l'un des premiers dont fasse mention l'histoire, et qui fut l'un des plus tragiques de tous ceux qui ont eu pour théâtre ce colossal écueil du golfe Saint-Laurent. Nous voulons parler de la "*Renommée*", au mois de novembre 1736.

Le 3 novembre 1736, le navire "*La Renommée*", appartenant à MM. Pacaud, armateurs de la Rochelle, commandé par le capitaine d'Amours de Freneuse, mettait à la voile du port de Québec pour retourner en France. Ce bâtiment était neuf, fin voilier, commode, chargé de trois cents tonnaux et armé de quatorze pièces de canon. Il y avait cinquante-quatre hommes à bord, tant passagers que membres d'équipage. Le capitaine de Freneuse avait quarante-six ans d'expérience de la mer et était considéré comme très habile.

Le 14 novembre, pendant une tempête qui durait depuis sept jours, le navire s'échouait à un quart de lieue de la terre, sur la pointe d'une batture de roches plates, éloignée d'environ huit lieues de la pointe méridionale de l'Ile d'Anticosti. Une partie de l'équipage et des passagers réussirent à atteindre l'Ile. Le naufrage du navire, le séjour des rescapés dans l'île, leur sauvetage quasi miraculeux sont racontés par le Père Emmanuel Crespel, Récollet, aumônier du vaisseau, dans un livre intitulé "*Voiages*" publié à Francfort en 1742 et dont une édition canadienne a été publiée par les soins de l'abbé L.-E. Bois en 1883. Ces quelques membres de l'équipage de la *"Renommée"* ne revinrent à Québec que le 13 juin 1737. On peut imaginer les souffrances endurées par ces malheureux sur cette île déserte pendant les huit mois qu'ils y passèrent, dont tout un long hiver, sans feu, sans vêtements, et presque sans vivres.

Dans son récit, le Père Crespel nous apprend que M. de Freneuse mourut le 16 février 1737, après qu'il lui eut donné l'Extrême Onction. Le commandant de la *"Renommée"*, ajoute le Père Crespel, était un "Canadien et issu de la noble famille des d'Amours".

Mais il serait trop long même d'énumérer les autres naufrages dont les victimes dorment dans les profondeurs du "Cimetière du Golfe" : celui du brigantin de John Rainsfort faisant partie de la flotte de l'amiral Phipps, en 1690, qui fit quarante-cinq victimes parmi les soixante-sept hommes qui le montaient; celui de l'"*Active*", frégate anglaise, conduisant en Angleterre Lord Dorchester, gouverneur du Canada, et sa famille, et qui alla s'échouer sur les récifs de la pointe sud de l'île dans une nuit de brume, le 15 juillet 1796; celui du navire anglais *"Douth"* qui, par un jour de tempête, s'échoua sur les rochers de l'embouchure de la rivière Jupiter; de la goélette *"Lauzon"*, de la bargue anglaise *"Britolian"*, du brigantin canadien *"Pemlico"*, du *"Merrimack"*, du *"Leader"*, du brick *"Hibernian"*, de la barque *"Flora"*, de la goélette *"Thoro"*, etc., etc.

Nous le répétons, cent-quarante-quatre sinistres, dans ces parages seulement de 1828 à 1899, sans compter ceux qui ne sont pas compris dans cette statistique. Pour tous ces navires, s'est produit le sombre drame que Delisle nous décrit avec tant de réalisme et d'émotion dans le langage des dieux:

Ils partent: l'aiguillon gonfle, en sifflant, leurs [voiles:
Au gré du souffle heureux qui frémit dans leurs [toiles
Ils fendent de la mer les bruyants tourbillons,
Et la proue en fuyant laisse au loin ses sillons.
Le bord fuit: devant nous s'étend la mer pro- [fonde;
Partout les cieux, partout les noirs gouffres de [l'onde.
Tout à coup la tempête, apportant la terreur,
Sur l'onde au loin répand sa ténébreuse horreur;
Le vent tonne en courroux sur les mers qu'il tour- [mente;
Le flot monte et retombe en montagne écumante;
L'oeil ne distingue plus ni le jour, ni la nuit;
Le pilote éperdu que la frayeur conduit,
Abandonne au hasard sa course vagabonde;
Le ciel mugit sur nous; sous nos pieds la mer [gronde;
Sur nous la foudre éclate; et d'un oeil ténébreux
Mille horribles éclairs sont les astres affreux.
Le jour est sans soleil, et la nuit sans étoiles;
L'onde brise la rame, le vent rompt les voiles;
Et la troisième aurore a revu nos vaisseaux
Abandonnés, sans guide, à la merci des eaux.
Une île est au milieu des ondes écumeuses,
Fière d'un sol fécond, de cent villes fameuses
Au sein du profond des mers, à l'aspect du rivage,
S'élève un vaste roc, qui, dans les jours d'orage,
Cache un front battu des vents impétueux.
Quand la mer aplanit ses flots tumultueux,
Il paraît; et, sortant de la vague immobile,
Offre aux oiseaux des mers un refuge tranquille.
Là, le vaisseau s'élance, emporté par les ondes;
Le roc heurté s'ébranle avec un long fracas,
Les avirons brisés s'envolent en éclats,
Et la proue au rocher demeure suspendue.

L'épouvante est partout; une foule éperdue
De lamentables cris fait retentir les cieux.

*
* *

Mais quittons ce côté sombre de l'Ile d'Anticosti qui présente heureusement des aspects plus agréables.

Comme toutes les îles du golfe et du fleuve Saint-Laurent, l'Ile d'Anticosti a une histoire. Elle ne remonte pas au déluge, mais il faut tout de même partir de Jacques Cartier pour en trouver les premières mentions. Voici ce que le Découvreur en dit dans la relation de son second voyage en Nouvelle-France en 1535 :

"*Le lendemain, jour de Notre-Dame d'août quinzième dudit mois, nous passâmes le Détroit la nuit devant et le lendemain eumes cognoissance des terres qui nous demeuroient vers le Su qui est une terre de haultes montagnes à merveille dont le cap susdit de ladite isle que nous avons nommée l'Ile de l'Assomption et un cap dedites haultes terres gissant Est-Nord-Est et Ouest-Su-Ouest; et y a entre eux vingt-cinq lieues, et voison les terres du nord encore plus haultes que celles du Su à plus de trente lieues.*"

On doit supposer par ce passage des "*Voiages de Quartier*" que Jacques Cartier connaissait déjà l'Ile d'Anticosti. En effet, il en avait fait la découverte lors de son premier voyage en 1534, le 15 août, fête de l'Assomption de la Vierge Marie, et c'est à cause de cette date qu'il donna à l'île le nom de l'Assomption.

Un peu plus tard, en 1642, Roberval et son pilote Jean Alphonse de Saintonge reconnaissaient cette île à leur tour et lui donnaient le nom de l'Ascension, Jean Alphonse dit:

"L'Ile de l'Assension est une bonne isle et une terre plaine, sans aucunes montagnes, assises sur des rochers blancs et d'albâtre, toutes couvertes d'arbres jusques au bord de la mer; et il s'y trouvent de toutes les espèces d'arbres que l'on trouve en France; on y voist des bestes sauvages, comme ours, loups cerviers et porcs épics. Et depuis la pointe sud-est de l'Ile de l'Assension jusqu'à l'entrée du Cap Breton il n'y a que cinquante lieues".

En 1603, Samuel de Champlain écrit à propos de l'Ile d'Anticosti :

"Le 20 du mois — mai, — nous eûmes connaissance d'une île qui a quelques vingt-cinq ou trente lieues de long qui s'appelle Anticosty, qui est l'entrez de la rivière du Canada".

De son côté, en 1600, Peter Heyleyn, dans sa cosmographie, appelle cette île "Nasticotek" et Jean de Laet accepte cette appellation : "Elle est nommée" dit-il, "en langage des sauvages Nasticotec".

Enfin, d'après le Père Charles Arnaud, missionnaire des Montagnais sur la Côte Nord pendant de longues années, les Montagnais ont toujours appelé l'Anticosti "Notiskuan", ce qui veut dire "endroit où l'on chasse l'ours".

Comme on peut le voir, cette immense île de "l'entrez de la rivière du Canada" a porté bien des noms : Assomption, Assension, Nasticotec, Notiskuan et, enfin, Anticosti. Que veut dire ce dernier nom ? Il serait plutôt d'origine espagnole que de provenance indienne. Car il est très probable que l'île reçut ce nom avant Jacques Cartier et qu'il lui fut donné par les Espagnols et les Basques qui firent la pêche dans ces parages avant l'arrivée du découvreur. Et "Anticosti" serait un mot composé espagnol : "Ante" — avant, et "Costa" — côte : Avant la Côte...

Rappelons ici que Jacques Cartier a failli inaugurer la série des naufrages de l'Ile d'Anticosti alors que, durant son premier voyage des vents contraires l'ayant obligé de louvoyer pendant cinq jours, entre l'île et la terre du nord, passage qu'il appela le "Détroit de Saint-Pierre", son navire faillit s'échouer sur les récifs des batture de l'île où il dut faire débarquer une douzaine de ses marins.

L'Ile d'Anticosti s'étend sur trois degrés de longitude et a une superficie de 2,400,000 acres. Elle a une longueur de 135 milles et une largeur moyenne de 30 à 40 milles. Elle est éloignée de Québec de 360 milles marins et de 20 milles marins de Mingan, côté nord, de 40 milles marins du port de Gaspé, côté sud. Sa caractéristique est d'être partout identiquement la même dans toute son étendue; et ce caractère d'uniformité provient des causes qui ont présidé à sa formation, si l'on en croit un intéressant rapport fait en 1896 par un savant géologue français, M. Paul Combes. Pendant le Quartenaire, explique ce savant, les glaces descendues du 26 'O suivant la pente générale du Labrador méridional, agissant durant des siècles comme d'énormes rabots, ont complètement dénudé la surface de l'île et y ont creusé des sillons parallèles à l'axe transversal, premiers linéaments des thalwegs des futurs cours d'eau qui sont tous orientés dans la même direction. Les plus grandes hauteurs de l'île se trouvent dans la partie nord; c'est une chaîne de montagnes qui ne dépassent pas cependant sept cents pieds au-dessus des plus hautes eaux.

D'après un rapport de la Commission Géologique du Canada publié en 1863, l'Ile d'Anticosti possède des tourbières immenses, presque inépuisables. On y trouve aussi en abondance un calcaire granuleux capable de fournir une excellente pierre de construction. Enfin, elle renferme de vastes dépôts d'argile plastique ainsi que de l'argile bleue.

Jusqu'en 1680, l'Ile d'Anticosti, encore qu'elle fut considérée comme un poste de pêche important à cause de l'abondance de la morue, des marsouins, des loups marins et des baleines qui abondaient dans ses parages, n'appartenait à personne et restait inoccupée. Voilà que cette année-là, exactement le 29 mai 1680, Louis XIV ratifiait la concession en seigneurie de l'Ile d'Anticosti en faveur de Louis Joliet qui arrivait d'un fructueux voyage à la Baie d'Hudson dont il avait déterminé la vraie situation et que le roi voulait récompenser. On accordait en même temps à Louis Joliet, qui avait auparavant découvert le Mississipi en compagnie du Père Jacques Marquette, le titre d'hydrographe du Roi.

Quelle était la nature de ce cadeau qu'on faisait à Louis Joliet que M. Ernest Gagnon, l'un des historiographes de Joliet, qualifie de "royal" et que d'après John-Dawson-Gilmarny Shea, dans sa "Série Cramoisy", commencée en 1857, on lui donna par moquerie, — in mockery, —. Quoiqu'il en soit, on lui fit cette concession "en considération de la découverte que ledit sieur Joliet avait faite du pays des Illinois dont il avait envoyé la date à Monseigneur Colbert ainsi que d'un voyage qu'il venait de faire à la Baie d'Hudson dans l'intérêt et l'avantage de la ferme du Roy". Le cadeau était assurément conforme aux goûts, aux aptitudes et aux occupations de Joliet. De plus la concession comportait un but spécial : "faire des establissements de pêche de morue verte et sèche, huiles de loups-marins et de ballaines, et par ce moyen commercer en ce pays et dans les isles de l'Amérique" Cette concession était signée de l'intendant Jacques Duchesneau.

Louis Joliet se rendit immédiatement dans son domaine et commença à y faire quelques défrichements. Dès l'année suivante, il y installait sa famille. Un recensement fait en 1681 fait connaître que douze personnes habitaient l'île : Louis Joliet, sa femme, leur quatre enfants, cinq serviteurs et une servante. On y avait défriché deux arpents de terre et transporté deux bêtes à cornes. "L'établissement comptait six fusils".

D'après l'abbé Ferland, Louis Joliet fixa sa résidence à quelque distance de l'extrémité ouest de l'île, et l'opinion s'est partagée entre la Baie des Anglais, — qu'on appelle aujourd'hui Baie Sainte-Claire, — et la Baie Ellis, — ancienne Baie Gamache, et qui porta, pendant plusieurs années, le nom de Port Menier.

"Il est possible," écrit M. Ernest Gagnon, "que Louis Joliet se soit établi tout d'abord vers l'extrémité sud-ouest de l'île, à la Baie appelée aujourd'hui Baie Gamache, au "havre pour les navires" qu'il indique en premier lieu sur sa carte et que, plus tard après la destruction par l'amiral Phipps, en 1690, de son habitation fortifiée, il soit allé se fixer à un prochain havre, du côté nord, en face des îles Mingan avec lesquelles on pouvait, malgré la distance, communiquer au moyen de signaux".

Joliet dut supporter seul, ou à peu près, les frais d'installation du nouvel établissement d'Anticosti. Le Baron de LaHontan, dans son ouvrage "*Mémoires de l'Amérique Septentrionale*" donne quelques détails sur cette exploitation :

"Le fleuve Saint-Laurent", dit-il, "a 20 ou 22 lieues de largeur à son embouchure, — il en a trente, — au milieu de laquelle on voit l'île d'Anticosti qui en a vingt de longueur, — elle en a plus de quarante. — Elle appartient au sieur Joliet, Canadien, qui y a fait un petit magasin

fortifié afin que les marchandises et sa famille soient à l'abri des surprises des Esquimaux. C'est avec d'autres nations sauvages, savoir les Montagnais et les Papinachois, qu'il trafique d'armes et de munitions pour des peaux de loups marins et quelques autres pelleteries".

Louis Joliet, bien qu'il ait eu une maison à Québec, passa la plupart des hivers sur son île dont il trouva le climat moins sévère que celui de Québec. Il avait aussi établi une maison et un magasin aux Iles Mingan, et c'est au moyen de ces deux établissements qu'il songea à approvisionner Québec de poisson.

"De fait", rapporte M. Ernest Gagnon, "il fournit du poisson à tout Québec et à la plupart des soldats. Entre temps, il dressait la carte du fleuve en sa qualité d'hydrographe. Il fit quarante-neuf voyages dans le fleuve et le golfe Saint-Laurent".

Et M. Ernest Gagnon ajoute :

"C'est un fait digne de remarque que le premier travail connu du célèbre explorateur fut précisément une carte de cette île d'Anticosti qui devait devenir plus tard son domaine et peut-être son tombeau".

Tout allait pour le mieux dans l'île quand l'amiral Phipps, remontant le fleuve avec une flotte de trente-cinq navires montés par 3,400 hommes, pour aller assiéger Québec, passant par ces parages, détruisit tous les établissements de pêche des Français, à l'Anticosti, à Percé, et aux Iles Mingan. Les magasins de Louis Joliet furent du nombre.

Quelques jours après, Louis Joliet et sa famille qui descendaient le fleuve sur leur bateau, furent capturés par l'amiral anglais et faits prisonniers. Ils furent dans la suite échangés pour des prisonniers anglais. Mais Joliet, se voyant ruiné, ne se découragea pas. Il recommença avec une nouvelle énergie l'exploitation de ses pêcheries dans sa seigneurie, depuis l'Ile-aux-Oeufs jusqu'à la Baie des Espagnols. Il était en pleine activité quand la mort vint trancher le fil de ses jours. Il était alors très pauvre et avait cinquante-cinq ans. Il mourut en 1700, croit-on, sur son île d'Anticosti, affirment les uns, sur une des Iles Mingan, en face du Gros Mécatina, prétendent d'autres historiens, entre autres Margry, conservateur des archives au Ministère de la Marine, à Paris. qui se base sur un document qui n'a jamais été publié. Au reste, on a beaucoup discuté sur la date précise de la mort de Joliet et sur le lieu de son décès. Les uns ont placé sa mort en 1699, les autres en 1701. D'après certains documents, qui paraissent très sûrs, on peut placer son décès entre le 4 mai et le 18 octobre 1700. Quoiqu'il en soit on n'a jamais pu découvrir la moindre trace de sa tombe ni à Anticosti ni sur aucune des îles Mingan.

L'Ile d'Anticosti fut dans la suite l'objet de différentes mutations, depuis 1680 jusqu'à nos jours. Vingt-cinq ans après la mort de Joliet elle fut divisée en parties égales entre trois de ses enfants : Jean Joliet, sieur de Mingan, Charles Joliet, sieur d'Anticosti, et Claire Joliet, épouse de Joseph Fleury de la Gorgendière. A partir de là, il semble que la question de la propriété de l'île ait été assez compliquée. Mentionnons les principales.

Le 18 mai 1778, à la poursuite des héritiers de Joseph Fleury de la Gorgendière, contre les héritiers de Charles Joliet d'Anticosti et Jean Lamelin, les neuf vingtièmes du Fief d'Anticosti furent vendus à William Grant, époux de Catherine Fleury de la Gorgendière. William Grant, par un acte du 17 novembre de l'année suivante, fait l'acquisition d'autres parties indivises de l'île.

Le 28 mai 1781, dans un acte de foi et hommage, les sieurs Nicholas, François et Joseph de la Fontaine de Belcourt, François Cugnet, William Grant, Thomas Dunn, Louis Joliet et Bissot de la Rivière sont reconnus seigneurs et propriétaires de l'Anticosti et des Iles Mingan.

Puis, un acte passé le 12 décembre 1789 nous fait connaître les diverses mutations qui ont mis MM. Grant, Dunn et Stuart en possession de la presque totalité de l'Ile d'Anticosti.

A partir de 1801, aucun nom français n'apparaît parmi les propriétaires de l'île, du moins dans les documents conservés aux archives du département des terres de la Couronne à Québec. La moitié du Fief, alors, appartenait à la succession vacante de William Grant, et cette partie fut vendue par le shérif de Québec le 30 juillet 1808 et adjugée à Patrick Longan pour la somme de $175,000.00. C'est vers cette époque que l'on doit placer certains essais de colonisation dans l'île entrepris par le gouverneur Craig, mais qui ne réussirent pas. Cette moitié indivise de l'île passait aux héritiers Longan, à Madame Forsyth, Charlotte Longan, Maria Longan, Madame Leslie, Julia Longan et Madame Johnson. Cette dernière vendit sa part à sa soeur, Madame Forsyth, le 4 juillet 1826, par acte passé devant le notaire McPherson. Il y eut encore plusieurs autres mutations qu'il n'est pas intéressant de rapporter, quand en 1874 on tenta de nouveau la fondation d'une colonie permanente sur l'île d'Anticosti. On voulait changer la face de l'île et y fonder une vaste colonie.

Cette tentative échoua dans le plus lamentable fiasco et plongea dans la misère les quelques familles que l'on avait déjà fait venir des Iles de la Madeleine et de Terreneuve. Le gouvernement fut obligé d'aller au secours de ces familles pour les empêcher de mourir de faim. Cette tentative avait été faite par la Compagnie Forsyth.

Après les essais infructueux de cette compagnie, il y eut encore plusieurs autres transactions jusqu'en 1884 alors que l'Ile d'Anticosti fut vendue par licitation, en vertu d'un ordre de la Cour Supérieure siégeant à Chicoutimi, et elle fut adjugée à M. T. W. Stockwell. Ce dernier vendit ensuite un tiers de son île au baron Headly, et celui-ci revendit ce tiers à M. T. G. Stockwell, frère de l'autre. En 1888, par un acte passé devant le notaire Meredith, de Québec, les MM. Stockwell revendirent toute l'île à une société qui fut connue sous le nom de "The Governor and Company of the Island of Anticosti".

Le 16 décembre 1895, le liquidateur de la susdite compagnie anglaise vendait toute l'île à M. H.-E.-A. Ménier, de Paris, France, par un acte passé devant le notaire Campbell, de Québec, pour la somme de $125,000.00. L'île, ayant été vendue par le shérif en 1884, les droits du nouvel acquéreur devenaient indiscutables. Un certain groupe anglais eut donc bien tort de faire dans le temps tout le tapage que l'on sait lors de la vente de l'île à M. Ménier dont les bonnes intentions ne pouvaient être mises en doute.

A ce sujet, il est remarquable de constater que pendant tout un siècle, les Anglais ont eu la pleine possession de l'île, sans y pouvoir absolument rien faire, malgré les capitaux qu'ils avaient à leur disposition, en certaines occasions. Toutes leurs tentatives d'exploitation et de colonisation ont abouti à de lamentables fiascos. Il fallut le génie français pour arriver à mettre un peu de vie sur cette île sauvage et désertée. En trois ans. M. Ménier fit plus sur l'île que les propriétaires d'avant avaient fait dans un siècle. Il est malheureux que plus tard, après trente-et-un ans de séjour et de travaux sur l'île, les MM. Ménier aient été obligés d'abandonner cette entreprise.

En effet, en juillet 1926, M. Gaston Ménier vendait à un syndicat l'Ile d'Anticosti pour la somme de $6,500,000. Ce syndicat qui fut connu sous le nom de "Anticosti Corporation" était formé de trois compagnies: la Saint-Maurice Valley Corporation — entrée plus tard dans la Canada Power & Paper Co., — la Wayagamak Co., et la Port Alfred Pulp & Paper Co. Ce syndicat acquit toutes les propriétés Ménier. Il fonda une compagnie filiale sous le nom de "Anticosti Shipping Co." dont la flotte comprenait le "*Fleurus*", le "*Cherisy*", les remorqueurs "*McKee*", et "*Hullman*" et la goélette "*Joliet*".

*

* *

Faire l'historique des établissements Joliet, Forsyth et Ménier, c'est faire l'histoire de l'Ile d'Anticosti. Nous connaissons l'oeuvre de Louis Joliet dans sa seigneurie. M. Faucher de Saint-Maurice et Mgr Charles Guay, P.A., nous font connaître l'aventure vaudevilesque de la Compagnie Forsyth qui fit de grandes dépenses pour arriver au fiasco monumental auquel nous venons de faire allusion: elle avait été trompée par ses agents d'Angleterre. Faucher de Saint-Maurice, au cours d'une de ses croisières dans le Golfe, visita les hangars de cette compagnie à la Baie-des-Anglais, aujourd'hui Baie Sainte-Claire, nommée ainsi par M. Henri Ménier en l'honneur de sa mère, et où on aurait voulu commencer les premiers travaux.

"Nous étions arrivés", dit Faucher de Saint-Maurice, "et dans les vastes hangars qui s'élevaient devant nous, on avait entassé

"Des pelles, des pioches, des charrues, des vivres, des habillements, enfin tout ce qui convient à de nouveaux colons, dira le lecteur prévoyant

"Nenni! . . homme prudent. A la place de ces premières nécessités de la vie, on voyait pour des milliers de piastres de chevilles de fer pour les bottes, des masses, des enclumes, des perches de ligne superbes, de marchepieds de carosses, des poignées de cercueil, une imprimerie bric à brac impossible envoyée d'Angleterre par des gens qui avaient trompé la compagnie, et qu'il fallait vendre plus tard à des prix infimes.

"Au milieu de cette pacotille impossible", continue Faucher de Saint-Maurice, "pendant que dans les vitrines s'étalaient les selles anglaises, des livrets d'hameçons et de mouches, des boucles de harnais, on avait oublié le nécessaire; et le lard se vendait une piastre la livre".

Voici des faits indéniables qui sont rapportés par Mgr Charles Guay à qui ils ont été racontés:

"Un nommé Closter, Scandinave, représentait la dite compagnie, et demeurait à la Baie Gamache en qualité d'agent local.

"La Compagnie lui confia un jour une somme de $6,000. pour acheter l'outillage nécessaire à la colonisation de l'île.

"Il se rendit à Montréal et acheta au rabais un fonds de magasin en faillite, et ses achats furent transportés à grands frais à l'Ile d'Anticosti. Ils consistaient en six quarts remplis de cordes de violon: une quantité considérable de perches à pêcher, de mouches de toute espèce pour la pêche; de paquets innombrables de limes de toutes dimensions, d'un nombre incalculable de poignées de cercueil, de plusieurs milliers de livres d'acier en barre, etc., etc. et d'un bric à brac indescriptible. M. Closter, aidé de son géologue, M. Taylor, avait fixé la métropole de l'île à la Baie Gamache, et la capitale future avait reçu le nom poétique de Nora. Les rues et les boulevards en avaient été alignés; la nouvelle cité devait occuper plusieurs milles carrés.

"Au moment ou cette mise en scène se déroulait à la grande satisfaction de ses auteurs, il y avait sur l'île, à Belle-Baie, une demi-douzaine de colons qui se mouraient de faim, et l'état-major qui se composait de MM. Closter et Taylor, devait avoir recours aux expédients d'un cuisinier français pour prendre leurs trois repas par jour. Celui-ci allait à la pêche à la truite et avait recours à d'autres moyens pour leur conserver la vie.

"Quelques terreneuviens attirés sur l'île par les prospectus alléchants de M. Closter, furent réduits à la dernière des misères.

"Trois d'entre eux—deux pères de famille et un célibataire,—reparèrent une vieille chaloupe pour se rendre à Gaspé et y chercher des vivres. Ils laissèrent Belle-Baie dans l'automne de 1873 et se noyèrent dans la traversée.

"Le gouvernement fédéral, dans l'automne suivant, envoya un croiseur à l'Ile d'Anticosti pour rapatrier les débris de cette colonie naissante.

"Les officiers du croiseur trouvèrent les deux veuves des maris noyés l'automne précédent, dans la plus grande pauvreté et dans un dénuement complet. Elles furent transportées au port des Basques, sur l'Ile de Terreneuve.

"Le même croiseur, en revenant à Québec, ramena M. Taylor avec sa famille, et le cuisinier français qui se trouvait à la Baie Gamache sans aucune ressource quelconque.

"Quant au bric à brac de M. Closter, il fut vendu à une maison de commerce de Charlottetown, Ile du Prince-Edouard, dans l'automne de 1874".

"Ainsi finit la comédie", termine Mgr Guay qui tenait la plupart de ces renseignements d'un des officiers du croiseur dont il vient de parler.

La Compagnie Forsyth n'avait évidemment pas raison de se réjouir de ses succès.

L'établissement Ménier fut assurément plus sérieux et eut de meilleurs résultats. Nous avons vu que le 16 décembre 1895, par devant le notaire William-Noble Campbell, de Québec, l'Ile d'Anticosti fut vendue par la "Governor and Company of the Island of Anticosti", pour la somme de $125,000.00, à M. Henri Ménier, de Paris, France.

Ce millionnaire français, devenu de par nos lois civiles, légitime et unique propriétaire de l'île, celle-ci va commencer de vivre une ère de prospérité *inconnue jusque là. Car seul un multi*-millionnaire pouvait entreprendre ces travaux qui commencèrent dès que deux hommes d'affaires de M. Ménier, MM. Martin Zédé et Dujardin-Beaumetz, ingénieur civil, eurent terminé une exploration générale de l'île. Plus précisément, M. Ménier commença l'exploitation de son immense domaine dans le printemps de 1896. Avant cette date, il n'y avait eu à bien dire sur l'île que quelques arpents de terre mis en culture par des gardiens de phares. Il était reconnu que la terre anticostienne était excellente pour la culture des plantes farineuses et pour toutes sortes de légumes.

M. Ménier fit tout d'abord des défrichements considérables à la Baie Sainte-Claire qui devint vite un joli village aux rues droites et larges, macadamisées et bordées d'élégantes maisons, au nombre d'une soixantaine, toutes peintes de couleur vert olive et portant toit rouge en demie croupe. On remarquait, entre autres édifices, la maison du gouverneur, M. Louis-Oscar Commettant, avec ses larges vérandahs, ses serres à fleurs variées, une chapelle temporaire, un hôpital, le magasin général, deux hôtels, une salle publique, des écoles, la villa du comptable, M. Raoul Landrieux. Enfin, on voyait encore les boulangeries, les forges, un abattoir, une beurrerie. Puis, à l'extrémité du village, il y avait la ferme qui comprenait plusieurs constructions importantes telles que les écuries, les granges, la porcherie, etc. Un gradué de l'Ecole d'Agriculture de Grignon, France, M. Jean-Léon-Marie Picard, était alors chef de culture et avait la direction de la ferme. Il commença ses expériences agricoles par l'élevage des animaux de ferme. On prétendait alors que ces animaux ne pouvaient vivre dans l'île plus de dix-huit à vingt mois, à cause d'une herbe empoisonnée dont ils se nourrissaient. Les expériences de M. Picard ont prouvé le contraire. Enfin, disons qu'une voie téléphonique reliait entre eux ces établissements ainsi que le phare de la pointe ouest, l'Anse-aux-Fraises, la Baie Gamache et une scierie au lac McCarthy. Un bon et beau chemin carossable conduisait, à travers la forêt, de la Baie Sainte-Claire à la Baie Gamache, distance de huit milles et quart.

En 1900, la ferme de la Baie Sainte-Claire comprenait quatre-vingts arpents de terre en culture. On comptait alors plusieurs autres fermes sur l'île mais de moindre importance. Sur la route dont nous venons de parler, à un endroit appelé le "Carrefour de la Croix Rouge", un embranchement conduisait à l'Anse-aux-Fraises où étaient alors établies dix-sept familles acadiennes dont la plupart venaient des Iles de la Madeleine d'où elles étaient parties en 1874. Elles vivaient du produit de leurs pêches mais elles faisaient aussi un peu de culture. Il y avait là une chapelle et une école. Le second embranchement de la route Sainte-Claire-Baie-Gamache conduisait au lac Plantin où on avait fait de grands défrichements. Le long de la route, on rencontrait la Ferme Rentilly, appelée ainsi du nom d'une propriété d'un frère de M. Ménier en France. On voyait aussi deux parcs à renards, l'un pour la gent argentée et l'autre pour les croisés. Près de la Baie Gamache on rencontrait encore la ferme de la Maynardière, nommée ainsi en l'honneur de Maynard, un ami de M. Ménier qui visita l'île en 1898.

Bref, sur ces différentes fermes, en 1899 on comptait deux cents arpents en culture. On y avait ensemencé 182 minots d'avoine, 91 minots d'orge, 196 minots de germes de pommes de terre, 30 minots de maïs, 27 minots de pois, 500 livres de mil, 300 livres de trèfle blanc et rouge. Tout avait poussé très bien, et la récolte, cette année-là, fut des plus satisfaisantes. Les légumes des potagers étaient aussi beaux que les plus beaux que l'on voit sur les marchés de Québec. Enfin, plus de 400 arbres fruitiers d'espèces variées furent plantés au printemps de 1899, sur plusieurs points de l'île.

Du côté des industries, à cette époque, on voyait sur l'île trois scieries en marche: l'une à la Baie Sainte-Claire et les deux autres à la Baie Gamache et au lac McCarthy. Plus de 250 hommes étaient employés à l'année dans ces scieries qui étaient sous la direction de M. Adolphe Jacquemart, ingénieur français chargé en outre par M. Ménier de voir aux développements des travaux de menuiserie, de plomberie, de forges, de peinture, etc.

On faisait aussi sur l'île de grands travaux de coupe de bois. Dans l'hiver de 1898 à 1899, un entrepreneur du Cap Saint-Ignace, M. Arthur Bélanger, avait fait couper 50,000 billots dans les environs du McCarthy et l'année suivante 60,000. pour les besoins de la population de l'île.

Mais il serait trop long même d'énumérer tous les travaux entrepris à cette époque par le nouveau propriétaire de l'Ile d'Anticosti. Rappelons encore que M. Jacquemart fit enlever les eaux du lac Gagnon, à la Baie Gamache, par le moyen d'un canal d'égoût long de 4,300 pieds. Le fond du lac donna cent-cinquante arpents de terre de premiere qualité. On fit également assécher le lac de la Marne qui donna cent quatre-vingts arpents de terre. Puis, à la Baie Gamache, on construisit le quai probablement le plus long du Dominion: 3.500 pieds.

M. Henri Ménier avait d'abord eu l'idée de faire de la Baie Sainte-Claire l'entrepôt principal de l'Anticosti et, à cette fin, comme on l'a vu, il avait fait construire plusieurs édifices de caractère permanent, mais plus tard, pour de multiples raisons, il dut établir la ville principale à la Baie Gamache. Le site était admirablement choisi, au fond d'une vaste baie entourée de verdoyantes collines.

Ajoutons qu'il y avait alors à la Baie Sainte-Claire un curé résident, qui était M. l'abbé Louis Boily qui desservait une chapelle construite par M. Ménier; aussi un médecin, le Dr Marie-Jean-Baptiste-Joseph Schmith, de France, une institutrice payée par M. Ménier comme étaient payés par lui tous les articles de classe et les livres scolaires. Etaient également payés par le propriétaire les soins donnés aux malades dans l'hôpital où l'on voyait un joli musée des règnes animal, végétal et minéral de l'île, ainsi qu'une belle collection de peaux de renards argentés, rouges, et croisés, de peaux d'ours, de martres, de loutres, etc., en plus d'une collection d'oiseaux capturés sur l'île. Mentionnons encore un parc d'une douzaine d'arpents carrés appelé Sanatorium situé à un mille de la Baie Sainte-Claire et réservé aux animaux importés dans l'île, et où en arrivant ils étaient mis en quarantaine pour y subir l'épreuve de la tuberculine.

Comme on le voit, sous les coups de... dollars d'un millionnaire français, l'Ile d'Anticosti, en peu d'années, s'était transformée comme par enchantement. L'intérieur de l'île étant jusqu'alors entièrement inconnu, on entreprit, pendant l'hiver de 1898-99, un chemin qui devait traverser l'île dans toute sa longueur. On n'en put malheureusement terminer que trente-cinq milles.

Un article publié dans la *Patrie* du 15 juillet 1900 semble résumer l'oeuvre de M. Ménier dans cette île. On y lit:

"*La Baie Sainte-Claire, par ses moeurs, a l'air d'un coin détaché de la vieille et classique Arcadie. On y vit doucement dans l'intimité, le calme et le bonheur. Le petit village a l'air d'une grande famille où tout le monde s'aime et se respecte. Ainsi, le jour, M. Commettant dirige tous les employés et est leur supérieur; le soir, il devient chef de fanfare et d'orphéon.*

"*M. Commettant fait fleurir la vraie démocratie à la Baie Sainte-Claire; il s'applique à rapprocher les grands et les petits, les supérieurs et les inférieurs, à faire qu'il n'y ait pas de castes, et cette vie en commun, enjolivée par une fraternité charmante, et par la vieille politesse française offre un sujet de réflexion profonde à ceux qui s'intéressent à l'amélioration du sort des foules.*

"*En face d'une si belle oeuvre, la presse anglaise, qui a témoigné tant d'hostilité à M. Ménier, doit aujourd'hui regretter ses injustifiables attitudes. Elle s'est imaginé un moment que ce grand industriel français s'était établi à l'Ile d'Anticosti pour y créer une forteresse de France tandis que les travaux qu'il y fait consistent en du défrichement, de l'exploitation agricole, de la civilisation.*"

Cette oeuvre de M. Henri Ménier et, plus tard, de son frère, Gaston Ménier, se termina malheureusement en 1926 alors qu'au mois de juillet de cette année-là, M. Gaston Ménier vendait l'île pour la somme de $6,500,000. à l'Anticosti Corporation formée comme on l'a vu de trois compagnies d'exploitation forestière. Aujourd'hui—en 1939—l'Anticosti Corporation est devenue une filiale de la "Consolidated Paper Co." qui est considérée comme propriétaire actuelle de l'Ile d'Anticosti. L'Anticosti Corporation avait acquis l'île pour y exploiter les belles et grandes forêts qu'elle contient. De fait, pendant plusieurs années, cette compagnie a fait de grands chantiers sur l'île mais elle a finalement compris que le bois, qui lui revenait à $20.00 et même $25.00 la corde, lui coûtait trop cher, et elle a abandonné son exploitation.

Mais dans l'existence de cette nouvelle Arcadie surgie des brùmes du Golfe Saint-Laurent, il y aurait eu quelques petites anicroches ou plutôt quelques côtés amusants dus surtout au fait que ces nouveaux colonisateurs de l'Ile d'Anticosti, tous Français de France, étaient généralement peu au courant des moeurs, coutumes et surtout conditions climatériques de notre pays. Car les MM. Ménier ne voulurent placer à la tête de leur vaste organisation que des spécialistes venus de leur pays, n'ayant pas voulu même écouter, en certaines circonstances, les conseils parfois pleins de sagesse que leur dictait l'expérience des autochtones.

Ainsi, le directeur de la ferme de la Baie Sainte-Claire, M. Picard, était, avons-nous dit, un diplômé de l'Ecole d'Agriculture de Grignon, France, et quand il arriva à l'Ile d'Anticosti, il venait directement du Congo français où il avait passé plusieurs années. Il dut se sentir assez dépaysé dans l'Ile d'Anticosti. Aux premières neiges du premier hiver qu'il passa dans l'île, lorsqu'il s'agit de charroyer le bois de chauffage destiné à la colonie, il ne voulut jamais entendre parler d'utiliser à cette fin les nécessaires petites traînes canadiennes, les seules dont on puisse se servir pour cette opération dans nos pays de colonisation. Il voulut se faire construire un véhicule à son goût. Aussi, les indigènes faillirent tomber à la renverse sous l'éclat de rire qui les secoua quand apparut à leurs yeux la "traîne" de M. Picard. Ils crurent voir l'Arche de Noé. Une bonne partie des bêtes de trait de l'île fut réquisitionnée pour la transporter dans la forêt. Là, on la chargea copieusement. Mais ensuite, il fut impossible de la faire bouger de l'endroit où elle était placée. Il fallut finalement en venir aux petites traînes canadiennes pour décharger le véhicule de M. Picard dont la construction avait coûté une somme folle et qui fut démantibulée dans la suite sans avoir jamais servi à quoi que ce fut.

Même dans leurs divertissements, les colonisateurs français de l'île, pour avoir voulu se fier exclusivement à leurs lumières, ne furent pas toujours très chanceux. Les bêtes sauvages même se montrèrent réfractaires aux méthodes trop modernes de la France.

De son château de la Baie Gamache, le seigneur Ménier organisa, un jour, une chasse à l'ours à l'affût. On voulut appliquer exclusivement pour cette chasse les règles de la vénerie française moderne. A la brunante de ce jour, le parti armé des fusils les plus dernier cri fut placé à un bon endroit, au lac Plantin, par des guides français accoutumés à la chasse aux sangliers dans la brousse française. Les nuits sont froides à Anticosti et les gorges se contractent vite sous les morsures de la bise. Mais défense de tousser ou d'éternuer. On toussa et on éternua quand même à qui mieux mieux. Enfin, la bête est signalée, et les piqueurs donnent le signal convenu: Taïaut!... Taïaut!... Une bruyante décharge de mousqueterie trouble le silence de l'île. On se rue sur la proie. Hélas! Une vingtaine de balles avaient traversé un baril vide d'huile dont on s'était servi pour apporter les appâts de l'ours . . .

Pendant ce temps, avec d'antiques pétoires qui se chargeaient par la gueule, des braconniers de la Côte Nord abattaient par dizaines, de l'autre côté de l'île, les beaux ours de M. Ménier . . .

Le règne des Messieurs Ménier sur l'Ile d'Anticosti avait duré trente-et-un ans. Durant ce temps, l'Ile d'Anticosti fut regardée comme une propriété privée, dépendant de la province de Québec et régie par les lois du Canada et de notre province. Les habitants de l'île, qui ne pouvaient y résider qu'en vertu de baux et de permissions régulières, devaient se soumettre à des règlements spéciaux d'administration ou de police édictés par le propriétaire lui-même. Voici la nature de quelques-uns de ces règlements.

On ne pouvait importer dans l'île ni en exporter des marchandises comestibles, des boissons, semences, plantes, bestiaux, chiens, ou animaux quelconques; l'usage de toute boisson fermentée, spiritueux, alcool et armes à feu était sévèrement prohibé; la chasse à quelqu'animal que ce soit était défendue, également la pêche; on ne tolérait pas d'embarcations; tout devait être enregistré par l'administration: décès, naissances, mariages; on décrétait la propreté absolue des maisons et de leurs abords; toute personne, en entrant dans l'île, devait être examinée et vaccinée par le médecin de l'île; défense absolue d'allumer des feux en quelqu'endroit que ce fut dans l'île, etc., etc. etc.

On se demande, sans doute, ce qu'est devenu, après le départ des Ménier, le joli village de Baie Sainte-Claire, de même que celui de Baie Gamache? Abandonnés, quoi! Du moins celui de Baie Sainte-Claire. En 1929, lorsque nous le visitâmes, tout y respirait la tristesse de l'abandon. Il ne restait plus, de ce côté de l'île, que quelques pêcheurs qui y faisaient la pêche au flétan. Nous apercevions des maisons basses, qui avaient dû être jolies naguère, maintenant enrobées de léthargie. Quelques-unes étaient encore habitées. Les autres étaient vides, closes à jamais. De plusieurs, écroulées sur elles-mêmes, on apercevait les squelettes rompus. Les maisons encore vivantes restaient morosement debout à côté des mortes. Elles ont eu, un peu plus tard, leur tour. Quoi de plus sinistrement triste qu'un village abandonné, destiné à périr; un village naguère fourmillant de vie, et qui agonise maintenant? . . .

Il en fut à peu près de même du village de Baie Gamache, qui avait remplacé celui de Baie Sainte-Claire et où, depuis, toute la vie de l'île s'est pourtant réfugiée. C'est là, en effet, que résident à l'heure présente—1938,—les quelques familles qui habitent encore l'Ile d'Anticosti, à part celles des quelques gardiens de rivières à saumons qui coulent dans l'intérieur de l'île. Mais là aussi, les maisons meurent petit à petit de même que les édifices qui d'année en année, ferment leurs portes. On peut encore visiter le Château Ménier qui est encore habité par une famille qui en a la garde pour l'Anticosti Corporation.

C'est là que les riches propriétaires de l'île, de 1895 à 1926, avaient établi leur résidence; un véritable château de la Loire sis au bord de la Baie Gamache. Nous ne voudrions pas oublier de dire un mot de ce château, réalité féodale française comme perdue dans les brumes du Golfe Saint-Laurent. Mais nous ne voulons pas entreprendre d'en décrire les charmes de même que les beautés artistiques et architecturales. Les MM. Ménier n'avaient rien épargné pour sa construction, son ameublement et son ornementation. Son extérieur cependant, d'un style simple, ne laisse rien prévoir des richesses et des beautés de l'intérieur.

*

* *

Comme il y a eu dans l'Ile d'Anticosti l'établissement Joliet, l'établissement Forsyth, l'établissement Ménier, il y a eu, en dernier lieu, l'établissement de l'Anticosti Corporation. A la vérité ce dernier fut un peu la continuation de celui des MM. Ménier, du moins en ce qui regarde les règlements de l'île et la vie en général des habitants de ce petit état dans l'Etat.

Nous aimons à donner à ce sujet les notes que nous avons recueillies nous-mêmes au cours de deux visites que nous avons faites sur l'île, en 1929 et en 1931, alors que l'île appartenait à l'Anticosti Corporation qui avait alors comme gérant M. François Faure, homme aimable par excellence et de qui nous tenons la plupart des renseignements suivants.

Tout travailleur est présentement admis dans l'île mais il n'y a pas accès avant d'avoir prouvé qu'il est apte au travail pour lequel il s'engage. Le service d'immigration est là pour établir le contrôle. A ce dernier s'ajoute le service médical qui était, en ces dernières années, sous les soins du Dr J.-M. Martin, aidé du Dr Paquet. Ces deux médecins s'emploient à préserver la population de l'île contre les dangers du dehors. Elle semblait bien protégée en 1931 car, cette année-là, il n'y eut pas un seul cas de maladie d'adulte ou d'enfant.

La population catholique, qui est en grande majorité, a son église qui était desservie, en 1931, par le Père Lestrade, eudiste, payé par la Compagnie. Il était aidé par un vicaire que le curé paie lui-même, la compagnie lui fournissant le traitement nécessaire. Le curé n'a pas de casuel, et c'est dire qu'il ne doit rien charger aux fidèles pour les services du culte. La population n'a rien à payer non plus en dîmes.

La compagnie a un service parfait de police et de protection contre le feu. Une prime est donnée aux vingt-cinq pompiers volontaires que compte le poste chaque fois qu'ils sortent pour un incendie. Il y a un service d'aqueduc dont l'eau est chlorinée. Une petite chute produit une énergie électrique de 850 CV pour l'éclairage des rues et des résidences. La ferme de la Compagnie est sous le contrôle d'un médecin vétérinaire, et le troupeau des laitières est périodiquement examiné. Le lait de ces vaches est servi à domicile dans des bouteilles cachetées.

Du côté éducationnel, nous avons remarqué que les Soeurs de la Charité dirigent un couvent maintenu par les soins de la Compagnie qui paie un salaire aux religieuses. Les élèves, qui étaient au nombre de 144 en 1929, ne paient qu'une somme minime pour les frais de leur instruction. La Compagnie paie, en somme, quatre-vingt pour cent de l'instruction des enfants de l'île.

L'Anticosti Corporation mettait alors à la disposition de la population un magasin général où l'on trouvait à peu près de tout mais les habitants étaient libres de faire venir d'ailleurs les marchandises qu'ils voulaient. La Compagnie possède aussi de vastes usines qui renferment la machinerie nécessaire, même pour construire des locomotives de chemin de fer. Elle y fabrique tout l'outillage nécessaire à ses chantiers de coupe de bois.

Enfin, les officiers de la Compagnie ont toujours voulu que l'isolement ne décourage pas leurs employés. Aussi accordent-ils beaucoup d'attention aux amusements. L'île possédait en 1929 un théâtre, une salle de pool et de billard, un tennis et même un terrain de golf. Chaque automne, à cette époque, on y avait une grande fête pour toute la population et, à Noël et au Jour de l'An, distribution de cadeaux.

Ajoutons que la Compagnie loue à ses employés ses maisons pour le prix de $20.00 par mois, chauffées et éclairées. Elle assure le ravitaillement à toute la population. En été, les trente familles qui sont disséminées autour et dans l'intérieur de l'île, comme gardiennes des rivières à saumons, jouissent d'un service hebdomadaire de la poste et des provisions. Et l'on use à cette fin d'une fine goélette à voile et à essence, la *'Joliet''*. Un service téléphonique fonctionne sur une longueur de cent milles, c'est-à-dire sur presque toute l'île. Pour le ravitaillement de la population, enfin, la compagnie achète en provisions et en matériel, chaque année, pour une somme de $1,250,000 . . .

Chose assez curieuse, légendes et folklore sont inconnus dans l'Ile d'Anticosti qui ne se distingue, semble-t-il, en dehors de son histoire proprement dite, que par les drames maritimes dont elle fut le théâtre. C'est que la population de l'île est trop jeune; elle manque de traditions. Ici, on ne peut plonger dans les profondeurs de la nuit des temps à la recherche du mystère et des ombres. Au temps même de la découverte de l'Ile d'Anticosti par les blancs, on n'y voyait pas même de sauvages. Champlain nous dit dans un de ses voyages; parlant de l'Ile d'Anticosti: "Cette isle n'est point habitée par les sauvages . . . les sauvages de Gaspé y vont quelquefois, allant à la guerre contre ceux qui se tiennent au nord".

Au temps de l'établissement de Joliet, on ne comptait sur l'île que Louis Joliet lui-même, sa famille et ses gens; et leur séjour fut plutôt de courte durée. L'Ile d'Anticosti fut donc, à peu près toujours déserte, du moins jusqu'aux tentatives de colonisation faites par la Compagnie Forsyth et, plus tard, jusqu'à l'achat de l'île par M. Henri Ménier. L'ancienne Ile de l'Assomption ne peut donc receler aucun de ces mystères troublants comme on en frôle dans certaines autres parties de notre pays, en particulier dans cette contrée sans mesure, cette sauvagerie sans nom que dessine le bassin méridional de la Baie d'Hudson, de la ligne du partage des eaux, à partir de la Montagne du Cheval, jusqu'à la vallée du lac Saint-Jean, d'un côté, et les bassins des lacs Winnipeg et Nipigon, de l'autre. Là, la forêt tissait le mystère en plein jour. Là, des générations d'Indiens s'étaient multipliées qu'avaient violées des hordes de sangs mêlés, de blancs mêmes, coureurs d'aventures, chercheurs d'or, chasseurs de bêtes, tous gens de sac et de corde... tout un monde à demi animal, hostile à l'autre, le civilisé... un monde terrifiant où tout était couleur de fantôme.

Rien de tout cela dans l'Ile d'Anticosti; aucune légende ténébreuse, pas de folklore. On n'y peut conter à bien dire que la légende de Louis-Olivier Gamache, et encore, ce croquemitaine, qui a passé quarante-cinq ans dans l'île, appartient plus à la petite histoire qu'à la légende, malgré que la tradition ait fait passer plusieurs de ses actions de la réalité au mythe.

Tout de même on ne peut tenter l'histoire de l'île d'Anticosti sans parler de cette espèce de sorcier que les récits populaires ont représenté "moitié ogre et moitié loup garou, jouissant de la protection spéciale d'un démon quelconque", a dit de lui l'abbé Ferland qui en a raconté, le premier, à la fois l'histoire et la légende. Voici quelques traits de son histoire telle qu'esquissée par Mgr Charles Guay dans l'une de ses lettres adressées au juge Marc-Aurèle Plamondon:

"Louis-Olivier Gamache est né à l'Islet en 1784 et, encore jeune, il s'engagea à bord d'une frégate anglaise, et navigua pendant plusieurs années à travers toutes les parties du globe. A son retour, il vint visiter sa paroisse natale où ses proches parents étaient morts. Se voyant sans amis, il essaya un petit commerce à Rimouski, mais fut malheureux. Son magasin devint la proie des flammes. Il résolut alors d'aller s'établir sur l'Ile d'Anticosti vers 1810 pour y mener une vie plus conforme à ses goûts, préférant la solitude, la chasse, la pêche et la mer avec toutes ses aventures à la vie paisible et monotone de nos campagnes.

"Il alla se fixer au fond d'une profonde et vaste baie qui depuis à porté le nom de "Baie Gamache" et qui, jadis, était nommée "Havre aux Navires", au même lieu où Louis Joliet avait établi son fort. Le site en était admirablement choisi."

C'est sur les bords de cette baie que Gamache passa quarante-cinq années de sa vie. Il y avait construit une bonne maison de trente-cinq par vingt-cinq pieds, ainsi que des hangars pour les besoins de sa ferme et de ses pêcheries. Le Château Ménier s'élève sur les mêmes fondations où l'on voyait autrefois la maison de Gamache.

Ajoutons que Louis Gamache se maria en première noces à la Rivière-Ouelle, le 11 janvier 1808, à Françoise Basista. Dans son acte de mariage, il ne porte que le nom de Louis, fils mineur de Michel Gamache et de Marie-Reine Després dit Disséré. De ce mariage, il eut neuf enfants, trois garçons et six filles dont l'une, en 1900, vivait encore et était âgée de 84 ans, mariée à Fabien Bernier et demeurant à l'Islet avec son mari qui avait alors 87 ans. Madame Bernier quitta la demeure de son père à l'Ile d'Anticosti à l'âge de 14 ans pour aller faire sa première communion à l'Ile Verte. Elle ne retourna jamais sur l'île. La femme de Gamache, dans un voyage qu'elle fit à Québec, contracta la petite vérole avec sa fille Christiana, âgée de 10 ans, et toutes deux allèrent mourir vers 1830 à l'Ile Verte où elles furent inhumées. Louis Gamache convola en secondes noces avec Catherine Lots, à Québec, vers 1837, et de cette union naquirent un garçon et deux filles. L'une d'elles, âgée de 60 ans en 1900 et mariée à Isaac Boily, demeurait au Sault Montmorency. Elle avait quitté l'Ile d'Anticosti à l'âge de 11 ans. La deuxième femme de Gamache mourut sur l'île vers 1845 alors qu'elle était seule dans sa maison avec sa petite fille,—Madame Boily plus tard,—et que son mari était parti à la chasse. La femme mourut presque subitement et son cadavre fut gardé par sa fille, seule, pendant huit jours, quand arriva Gamache. Celui-ci ensevelit le cadavre et alla creuser une fosse sur une petite élévation à l'est de la maison. Au printemps de 1846, la petite fille planta sur la tombe de sa mère deux petites épinettes qui existent encore.

Quant à Gamache, il mourut dans sa maison à l'âge de 70 ans, alors qu'il vivait seul avec un trappeur du nom de Goudreau qui le trouva mort dans son lit, le 11 septembre 1854. Ses cendres reposent à côté de celles de sa deuxième épouse. Au temps de l'établissement Ménier, M. Commettant, gouverneur de l'Ile, fit niveler le terrain où se trouvent ces tombes, élever un enclos autour et placer dessus une pierre sépulcrale.

Quant au côté légendaire de l'existence de Louis-Olivier Gamache, le récit qu'en fait l'abbé Ferland est à lire. Cet historien avait lui-même visité Gamache, dans sa maison de l'Ile d'Anticosti en septembre 1852, deux ans avant sa mort, alors que sur le "*Doris*" il parcourait, pour la première fois, les côtes désertes de l'île. Nous aimons à citer en particulier la première entrevue qu'il eut avec le solitaire qu'il rencontrait à peine débarqué dans l'île:

"A peine avons-nous mis pied à terre qu'un homme à cheveux blancs mais encore vert et vigoureux, s'avance vers nous et vient me saisir la main avec une énergique cordialité: "C'est à vous, le premier, que je dois donner la main, monsieur le curé; soyez le bienvenu. Excusez, messieurs, mais je dois commencer par mon prêtre". C'était Louis-Olivier Gamache, maître du lieu. A son compte, notre homme avait alors soixante-huit ans; il était plein de feu et d'activité, parlait fort et ferme, et s'occupait de ses affaires avec tout l'entrain d'un

jeune homme: "Voyez-vous, messieurs, on est porté à vivre vieux ici", nous répondit-il, lorsque nous le complimentions de sa vigueur. "L'air de la mer entretient la santé. Regardez mon poulain, là-bas; il ne songe pas encore à mourir. Ce n'est pourtant plus une jeunesse car il avait six ans quand il arriva ici, il y a bientôt vingt-neuf ans" . . .

L'abbé Ferland fait ensuite la description de la maison du croque-mitaine de la Côte Nord et qui mérite d'être connue:

"La maison, consistant en un rez-de-chaussée surmonté d'un étage et d'une mansarde, était un véritable arsenal. Dans la chambre voisine de la porte d'entrée, je comptai douze fusils dont plusieurs étaient à deux coups. Chargés et amorcés, ils étaient suspendus aux poutres et aux cloisons, au milieu d'épées, de piques, de sabres, de baïonnettes, de pistolets. Chaque appartement, même dans les mansardes, renfermait au moins deux ou trois fusils. De plus, toutes les précautions avaient été prises pour empêcher les étrangers d'entrer sans la permission du maître; toutes les portes et les fenêtres se fermaient de manière à pouvoir être solidement barricadées et à résister aux efforts d'un ennemi placé à l'extérieur. Au moyen de ces arrangements, deux ou trois hommes, retirés dans la maison, auraient pu soutenir un siège régulier contre une douzaine d'assaillants. Près du perron, un canon était monté sur un affût de mauvaise mine; mais il n'était plus guère en état de faire du bruit."

"Tenus avec un soin et une propreté remarquables, les hangars", continue l'abbé Ferland, "contenaient de longues rangées de barils, de seaux, de barriques, d'épaves de tout genre: "Mes étables ne contiennent plus d'animaux", nous dit Gamache en nous les indiquant de la main; "avant la mort de la bonne femme, j'avais ordinairement quator-

ze ou quinze vaches; par défaut de soins, tout a fondu depuis qu'elle n'y est plus pour veiller sur le train. Je vois bien que je serai forcé de me marier une troisième fois. Je pense, Monsieur le curé, que si vous pouviez me trouver à Québec une femme qui voudrait devenir Madame Gamache, vous me rendriez un service et à elle aussi, peut-être". Je n'osai promettre que je m'occuperais de l'affaire. Je n'en avais point le temps, et d'ailleurs je n'avais aucun espoir de trouver une personne qui voulut consentir à être maîtresse de ce manoir, à condition d'y passer presque toute l'année dans un complet isolement. Les absences du bourgeois étaient fréquentes: durant l'été, il naviguait; en hiver, il courait les bois pour faire la chasse".

Quand il avait trouvé sa seconde femme morte dans sa maison, alors qu'il revenait d'un voyage de chasse de huit jours, Gamache s'était contenté de dire au trappeur qui l'accompagnait: "Voilà comme on me trouvera quelque bon jour; chacun aura son tour. Eh, bien, puisqu'elle est morte, il faut l'enterrer"... Il avait cependant toujours témoigné à sa femme beaucoup de bonté et d'affection. On le trouva, en effet, comme il avait trouvé sa femme.

A propos du côté légendaire de la vie de Gamache, l'abbé Ferland dit encore:

"Pendant les quelques heures que nous passâmes en ce lieu, nos préjugés contre Gamache se dissipèrent. Dans sa personne, les dehors étaient rudes, mais le fond du coeur était bon. Il était le premier à rire des moyens qu'il avait employés pour acquérir sa terrible renommée, et il se félicitait de la sécurité qu'elle lui procurait dans son poste périlleux. Nous pûmes recueillir de sa bouche quelques détails sur sa vie et en particulier, sur les espiègleries qui avaient rendu son nom célèbre dans les quartiers d'alentour".

Il serait trop long de rappeler ces tours et ces "espiègleries", même de les résumer . .

En terminant cette esquisse de l'Ile d'Anticosti que nous avons voulue aussi complète que possible, mais sans trop de développements, nous avons voulu, comme au début, rappeler un souvenir personnel qui date de la visite que nous fîmes sur l'île en 1929, lors de notre séjour au Château Ménier.

Nous sommes au 24 juillet, un dimanche. Pourquoi, ce jour-là, M. François Faure, gérant de l'Anticosti Corporation, dont nous étions les hôtes, et l'hon. M. Honoré Mercier, alors ministre des Terres et Forêts, que nous accompagnions dans ce voyage, tenaient-ils tant à nous envoyer, mes compagnons et moi, pêcher le saumon à la Rivière-à-la-Martre, et à rester eux-mêmes à la Baie Ellis? Voilà un point d'interrogation qui s'est dressé longtemps devant nos yeux. On sait que l'ancien Ministre des Terres et Forêts était un Nemrod qui ne pouvait résister longtemps au désir de faire parler la poudre, surtout sur un territoire relativement restreint où on lui a dit que 300,000 chevreuils vaguent en liberté. Voilà franchement une tentation à laquelle on pardonnerait difficilement à un chasseur de résister, surtout quand l'autorité constituée dans la circonstance—un compagnon comme M. François Faure,—lui fournit non seulement le droit de chasse, mais les armes et le matériel nécessaires et même . . le costume "ad hoc".

Aussi, un peu plus tard, nous nous sommes imaginé sans trop d'efforts de nos méninges intellectuelles, la scène qui a dû se passer après notre départ pour la Rivière-à-la-Martre sur la *"Joliet"*, parmi ceux qui étaient restés au Château Ménier. Le matin, après la messe dévotement entendue dans la chapelle du village, l'hon. M. Mercier et M. François Faure, vêtus de leurs plus beaux costumes de chasse, armés des plus fines carabines modernes, sont allés à la lisière du bois, ou le long du chemin de la Baie Gamache à la Baie Sainte-Claire, et là sans trop de frais, on l'imagine, ont abattu deux des trois cent mille chevreuils qui peuplaient alors l'île. Qui leur en fera un crime? Ils avaient tous les droits de leur côté... Mais, pour des raisons à eux seuls connues, ils désiraient la discrétion. Aussi, en arrivant au Château, ont-ils bien défendu à ceux qui étaient restés là de ne souffler mot de leur exploit cynégétique: à M. Henri Coursier, alors consul de France au Canada, qui nous accompagnait, et qui était resté à lire "*Les Discours du Docteur O'Grady*" d'André Maurois; à M. Duchastel de Montrouge, qui n'avait pas voulu sacrifier un seul instant des douceurs de la vie de château; à M. Henri Keiffer, organisateur du voyage, qui avait toujours à veiller, même au loin, sur nos vies et surtout sur nos estomacs: à M. Henri Sorgieus, à qui la mer ne disait rien, s'étant donné depuis toujours à la forêt; à Ewart E. Donovan, un confrère en journalisme, que d'intempestives coliques... avaient retenu là... du moins c'est ce qu'on racontait...

Bref, il n'y aura probablement que les chevreuils des environs du Château Ménier qui, le soir, tristement assemblés dans le hallier natal, auront appris quelque chose de précis sur cette histoire de chasse où deux de leurs malheureux compagnons perdirent la vie...

Si l'Ile d'Anticosti n'a pas toujours compté une population très dense, elle a toujours été habitée, du moins, en certaines parties, ou par quelques originaux type Gamache, ou certains ermites qu'attiraient les sauvages solitudes de l'île, ou encore des aventuriers qui avaient des raisons de fuir les régions trop habitées. Il y a eu aussi le séjour parfois prolongé des malheureux naufragés qui avaient échappé aux gouffres du large pour tomber dans les pièges aussi traîtres des forêts anticostiennes.

On n'a malheureusement pas dressé la statistique de ces habitants occasionnels de l'Ile d'Anticosti, comme on a réussi à établir celle des navires qui se sont perdus sur les récifs et les longues battures de l'Anticosti. Ici et là seulement, un document nous révèle l'existence d'un de ces solitaires habitants de l'île. Louis-Olivier Gamache est l'un des plus connus.

Dans ses *"Récits de Voyage"*, M. J.-U. Gregory ancien chef du Bureau du Ministère de la Marine à Québec, qui a beaucoup voyagé dans le Golfe Saint-Laurent, nous révèle les aventures d'une Québécoise qui a habité l'Ile d'Anticosti vers 1860 et qui y a eu de piquantes aventures. M. Grégory, en croisière dans le Golfe en 1872, étant débarqué à l'entrée de la petite rivière Trinité, aperçut à la lisière du bois, une petite cabane de pêcheurs où il se rendit et où il reçut l'hospitalité d'un couple relativement jeune qui le salua en arrivant dans la belle langue française. L'homme s'appelait Gitony. M. Grégory passa la soirée avec ces deux solitaires, et la femme, pressée de questions, raconta son histoire.

Elle était née à Québec, d'une famille respectable et à l'aise. Elle avait reçu une excellente éducation dans un couvent et se préparait à embrasser la vie monastique quand la maladie l'empêcha de réaliser son projet. Sur les conseils de son médecin, elle dut s'en aller séjourner sur l'eau. Un de ses oncles, propriétaire d'une goélette, l'amena avec lui en destination du Détroit de Belle-Ile. A la Pointe-aux-Esquimaux, la goélette fit naufrage et la jeune fille dut passer l'hiver en cet endroit. Elle y fut bien traitée par les habitants. Elle fit, pendant cet hiver, la connaissance d'un jeune Français, tonnelier de son état, et qui venait de Saint-Malo, en France. Au printemps, elle l'épousa et renonça pour toujours de retourner à Québec. Mais la profession de tonnelier à la Pointe-aux-Esquimaux n'apportait pas la fortune au jeune couple.

Alors commença pour notre jeune Québécoise une existence qu'elle n'aurait jamais osé imaginer.

Peu de temps après son mariage, Gitony construisit une barque et fit voile avec sa jeune épouse pour l'Ile d'Anticosti où il voulait se livrer à la chasse et à la pêche. Il se construisit une cabane dans un endroit isolé de l'île, puis il partit pour ses chasses et ses pêches, parfois pour de longues semaines, laissant sa jeune femme seule au logis. Elle n'avait pour compagnon qu'un gros chien de Terreneuve. Son plus proche voisin demeurait à vingt-cinq milles de là. Elle se mit également à faire la chasse et devint bientôt une chasseresse émérite. Durant une seule saison elle abattit cinq ours et un grand nombre d'oies sauvages et de canards. Mais, dans cette solitude et cette sauvagerie, quelle vie pour une jeune femme!... Un hiver, par un froid à pierre fendre, alors qu'elle se trouvait, comme de coutume, seule avec son chien, sa cabane fut rasée en un instant par le feu. Elle réussit cependant à sauver son fusil, quelques munitions et un peu de provisions de bouche. Alors, elle se confectionna un habillement d'homme avec de vieilles voiles de bateau qu'elle doubla avec ses propres vêtements et passa ainsi six semaines dans une méchante hutte qu'elle se construisit elle-même avec des troncs d'arbres et de l'écorce.

A son retour, Gitony construisit une autre cabane. L'été suivant, alors que son mari était encore absent, elle vit en face de l'île une barque de pêche américaine. Elle s'aperçut que l'équipage de cette goélette se préparait à descendre à terre pour visiter, sans doute, sa cabane que l'on apercevait de la mer. Alors, la jeune femme, craignant pour son honneur et sa sécurité, se coupa les cheveux, s'affubla de quelques vieux habits de son mari, se noircit la figure de façon à lui donner l'apparence d'une barbe naissante, et attendit les redoutés visiteurs. Ceux-ci, en effet, se présentèrent. Ils avaient apporté avec eux une cruche de whisky, des cartes et des provisions... Elle leur fit comprendre par signes qu'ils étaient les bienvenus. Et toute cette après-midi, la nuit, et jusqu'au lendemain soir, elle fut obligée de boire et de jouer aux cartes avec ces grossiers compagnons. Ceux-ci n'eurent pas le moindre soupçon de l'identité de leur hôtesse. Tous se séparèrent les meilleurs amis du monde.

Madame Gitony passa ainsi plusieurs années sur l'île d'Anticosti où il lui arriva nombre d'autres aventures. Gitony, un jour, décida de s'en aller de nouveau sur la Côte Nord. Sa femme lui avait demandé souvent de retourner à Québec mais il ne voulut jamais se rendre à cette demande. Une fois, elle s'enfuit pendant qu'il était absent. Elle avait projeté de prendre passage à bord d'une goélette qui était ancrée au large. Mais Gitony s'aperçut de la fuite de sa femme. Il suivit ses pistes sur le sable; et il revint avec elle au logis.

C'est peu après que le couple reçut la visite de M. Grégory qui conseilla fortement au mari de venir à Québec où il lui procurerait du travail. Gitony suivit enfin ce conseil, et tous deux partirent pour Québec. Le mari eut du travail, mais après quelques jours, la jeune femme tomba malade et, peu après, M. Grégory apprit qu'elle était retournée à la Côte Nord avec son mari. Un an plus tard, M. Grégory reçut la visite dans son bureau de la Marine d'une femme qui n'était autre que Mme Gitony. Elle était veuve. Elle raconta que peu après leur retour sur la côte, alors que tous deux s'en allaient à la chasse au plus profond des bois, Gitony fut frappé soudainement de paralysie, et, en quelques heures, mourut dans ses bras. Elle enveloppa son cadavre qu'elle ficela sur un traîneau et arriva, au bout de quelques jours, dans un petit village de pêcheurs où elle enterra son compagnon. Puis elle prit passage sur une goélette et revint, encore une fois, à Québec avec l'intention ne ne jamais retourner sur la côte ou dans l'Ile d'Anticosti.

Mais elle était, sans doute, tellement éprise de la vie des sauvages des bois, qu'elle ne pouvait plus vivre dans les centres civilisés. M. Grégory apprit, quelques années après qu'elle fut de nouveau retournée sur la côte, qu'elle avait épousé un autre pêcheur. Il n'eut jamais plus ensuite d'autres nouvelles de son étrange Québécoise.

A combien d'autres aventures l'Ile d'Anticosti n'a-t-elle pas servi de théâtre, et qui sont à jamais enfouies au tréfond des oubliettes du passé et des brumes du Golfe?...

LES ILES-DE-LA-MADELEINE

Les habitants des Iles de la Madeleine vivent, peut-on dire, sous le signe de l'hameçon; et ce ne serait pas seulement une figure. Si l'on étudie bien, sur la carte, la forme de l'archipel, on constatera que ce dernier, de façon frappante, a la forme d'un hameçon, comme l'Ile d'Orléans a celle d'une huître, encore que ce crustacé soit totalement étranger à l'ancienne île des sorciers.

Les Madelinots ne vivent à bien dire que de la pêche: la pêche au homard et au maquereau surtout, au hareng et à la morue aussi. Ils naissent et vivent donc sous le signe de l'hameçon.

Les Iles de la Madeleine se trouvent au milieu du Golfe Saint-Laurent. La pointe de l'ouest de l'archipel est à cinquante-quatre milles de la pointe de l'est de l'Ile du Prince-Edouard, à cent-cinquante milles de Gaspé, à cent milles de la Nouvelle-Ecosse, à cent-vingt milles du sud de la pointe de l'est de l'Ile d'Anticosti; la pointe de l'est de l'archipel est à environ quarante-cinq milles de la Côte Nord et à quatre-vingt-seize milles de Cap Ray, Terreneuve.

Les Iles de la Madeleine, on le sait, furent découvertes par Jacques Cartier. Mais elles ne portaient pas encore ce nom. Le 21 mai 1534, le Découvreur quittait le havre Sainte-Catherine de Terreneuve, le cap au nord. Il y était entré le 10 mai. Naviguant nord-ouest, en plein Golfe, les deux navires, durant les derniers huit jours, avaient été battus par les tempêtes. Mais les vents étaient devenus favorables. Du crépuscule du 24 juin— alors que Cartier avait répéré le Cap Saint-Jean— à l'aurore du 25, les gallions, poussés par de bons vents, avaient fait environ cent milles. Le matin du 25, trois points sombres surgirent à l'horizon, vers le sud-est. C'était le Rocher-aux-Margaux, aujourd'hui Rocher-aux-Oiseaux, à l'extrémité nord-est de l'archipel de la Madeleine. Cartier approcha autant qu'il put de ces écueils. Une barque fut mise à la mer et le découvreur se dirigea vers la plus petite de ces îles. Des myriades d'oiseaux survolaient ces rochers. C'étaient des margaux, des apponatz, des godez. Leur nombre couvrait littéralement ces îles. Quand ces oiseaux s'envolaient, ils tournoyaient en masses si serrées qu'ils faisaient l'ombre lorsqu'ils passaient devant le soleil. Plus tard, Cartier rapportera au roi: "En la terre dite Nouvelle-France nous descendîmes au plus bas de la plus petite île, et armés de rames, de bastons, de pierres, de nos chaussures aussi, nous tuâmes plus de mille godez et margaux, et mîmes tant que nous voulûmes en notre barque et en ussions en moins d'une heure rempli trente semblables barques."

Le lendemain, Cartier remonte à son bord et se dirige vers une autre île de l'archipel qu'il aperçut au nord-ouest, à cinq lieues des Margaux. Là, le contraste était frappant. A la sauvage volière des margaux succédait un délicieux jardin: "De beaulx arbres, prairies, champs de blé sauvages et de poys en fleurs aussi espès que en Bretagne, avec force grouaiselliers, fraissiers, et roses de Provins, persil et autres bonnes erbes de grand odeur." Des boeufs marins à la grande dent,—des morses,— voisinaient avec des ours et des renards. Une immense tortue dormait sur le rivage.

C'était la "meilleure terre" qu'ait encore aperçue Jacques Cartier: "Un arpens d'icelle", disait-il, "vaut mieux que toute la Terre Neuve". Plus tard encore, au retour, racontant au roi son voyage et lui parlant de cette île, il lui présente une défense de morse de plus de trois pieds de long et du plus pur ivoire, en lui disant: "En plus, à l'entrée de cette île, il y a plusieurs grandes bêtes, comme grands boeufs qui ont deux dents en bouche, comme l'éléphant, et vivant en mer".

Quel nom donner à cette île merveilleuse qui soulève ainsi l'enthousiasme du Découvreur, sinon celui du grand chef de la marine royale qui patronnait l'expédition, l'Ile Brion, en l'honneur de l'amiral Philippe de Chabot, seigneur de Brion? De même il baptisa du titre du fils aîné du roi le Cap Dauphin qui, à neuf milles de là, au sud-ouest, formait l'extrémité de la plus grande île du groupe de la Madeleine. Ce fut pendant sa dernière journée d'exploration qu'il vit surgir, sous la brume chassée par le vent, la totalité de l'archipel de la Madeleine qu'il prit, un instant, pour le continent. L'archipel était tendu en arc de cercle au milieu du golfe. Cartier rangea ces îles pendant quinze lieues sans pouvoir y aborder, le vent soufflant de terre.

Durant les jours qui suivirent, il releva l'Ile-au-Loup, le Cap Saint-Pierre, puis une île, "très haulte et poinctue" qu'il appela Alezay; il passa ensuite une nuit tranquille dans la Baie Plaisance.

Jacques Cartier découvrit donc les Iles-de-la-Madeleine les 25 et 26 juin 1534. Il les quitta après les avoir explorées pendant cinq jours. Il en baptisa plusieurs dont les noms ont été conservés jusqu'aujourd'hui, comme l'Ile Brion, la Baie Plaisance, le Récif du Cheval-Blanc.

Cet enthousiasme de Jacques Cartier pour la plupart des Iles de la Madeleine qu'il découvre méritait qu'on commémorât son nom par un souvenir tangible sur un des points de l'Archipel.

Et, en effet, depuis 1934, s'élève sur une hauteur du Havre-Aubert, un petit monument que les Madelinots ont placé là en souvenir du découvreur du Canada et de leurs îles.

Les Iles de la Madeleine ont dû former autrefois une masse compacte. Aux temps préhistoriques, elles devaient être une immense chaîne de montagnes formant demi-cercle, à partir du Rocher-aux-Oiseaux, extrémité est de l'archipel, jusqu'au Rocher du Corps-Mort, extrémité ouest; soit une longueur de soixante milles.

L'archipel comprend seize îles et îlots plus ou moins éloignés les uns des autres et reliés entre eux par des dunes de sable ou des chaînes de roches sous-marines. La superficie totale est d'environ 55,000 acres; de ce chiffre nous pouvons extraire 32,000 acres de bonne terre à culture dans les îles suivantes :

"L'Ile d'Entrée": sorte de cône au ton varié qui surgit des eaux et apparaît toujours bien en face à n'importe quel endroit de l'archipel. L'Ile d'Entrée est habitée par une cinquantaine de familles anglo-saxonnes, des descendants pour la plupart de marins naufragés sur les Iles-de-la-Madeleine.

"L'Ile d'Amherst" ou "Havre-Aubert", de forme allongée avec ses "demoiselles", buttes de matières pierreuses qui regardent la Baie-de-Plaisance; son bassin est une petite mer intérieure, qui communique avec le Golfe par un goulet étroit qu'il faut creuser constamment pour permettre aux pêcheurs d'y abriter leurs barques. Il y a une chaîne de côteaux appelée la montagne, faisant face à l'immensité bleue de l'est à l'ouest. Cette île fut habitée la première, et même certains historiens prétendent qu'elle fut visitée par les pêcheurs avant la découverte de l'Amérique par Colomb. La population est française.

"L'Ile Grindstone", non traduit du mot français meule, est de beaucoup la plus grande et la

plus populeuse. Elle est réunie à l'Ile d'Amherst par une dune de sable fin et dur qu'on utilise comme voie carossable. L'Ile Grindstone tient son nom de ses caps couverts de meules de foin à l'époque de la fenaison; pour d'autres, le nom vient de sa formation de pierres à meule. Aux Iles-de-la-Madeleine, le fourrage est conservé dans les champs en grosses meules surmontées d'un toit de bois mobile sur quatre poteaux qui se baisse à mesure que la quantité diminue pour empêcher qu'il soit entraîné par le vent. La population est en très grande majorité française.

"L'Ile All Right" ou "Havre-aux-Maisons"; séparée de l'Ile Grindstone par un bras de mer de quelques encablures seulement, elle s'élargit et forme une mer intérieure. Le Havre-aux-Maisons se continue enfermé entre deux dunes de sable; la dune du nord, et la dune du sud, longues de treize milles utilisées comme route à mer basse pour se rendre à la Grande Entrée. L'Ile All Right est l'une des plus pittoresques du groupe, avec ses buttes couvertes de verdure, son cap et sa chaîne de montagnes intérieures. La population est française.

"L'Ile-aux-Loups": Ce petit point perdu est relié à l'Ile de Grindstone et la Grosse-Ile par des dunes de sable battues par les vagues du large; nombre de navires sont venus s'y briser toutes voiles hautes, par grande brise. Une trentaine de familles, tous descendants de Français, vivent sur l'Ile-aux-Loups.

"L'Ile Coffin" ou de la "Grande Entrée": C'est la plus longue mais aussi la plus étroite de l'archipel et de forme irrégulière; large de quelques milles à certain endroit, de quelques arpents seulement ailleurs. La population est française avec plusieurs familles anglaises.

La *"Grosse-Ile"* peuplée d'Anglo-saxons descendants pour la plupart, comme à l'Ile d'Entrée, de marins naufragés; c'est la dernière du groupe. Elle est réunie aux autres par des dunes de sable.

Enfin, l'"*Ile Brion*" et le Rocher-aux-Oiseaux" perdus tous deux dans l'immensité liquide et qui ont soulevé au si haut point l'enthousiasme de Cartier. L'Ile Brion est presque plane, s'inclinant doucement vers le sud; ses falaises ne dépassent pas 200 pieds au-dessus du niveau de la mer; son sol est fécond et ses pâturages renommés. L'Ile Brion est la seule encore boisée de l'archipel, et trois familles seulement y vivent en seigneurs. Le Rocher-aux-Oiseaux est composé de deux immenses rochers aux falaises escarpées, d'un rouge sombre qui tranche étrangement avec le bleu de la mer et le blanc des vagues qui s'y brisent continuellement. Le plus petit est un gros pic mal fait habité par des milliers d'oiseaux; l'autre est une espèce de citadelle de 80 à 114 pieds de hauteur, presque inaccessible. Le Rocher-aux-Oiseaux est surmonté d'un fort qui s'élève à 140 pieds au-dessus de la plus haute marée et son feu est visible à 21 milles en mer. Une citerne pouvant contenir 3,000 gallons d'eau a été creusée dans le roc pour l'approvisionnement en eau potable du gardien du phare et de sa famille.

Il serait superflu, d'ailleurs, de chercher à décrire les îlots et les récifs qui s'échelonnent tout autour des Iles-de-la-Madeleine. Cependant, jamais nature ne peut être plus riche en spectacles toujours nouveaux et jamais les mêmes, de partout et de tous les coins.

Si nous continuons l'histoire des Iles-de-la-Madeleine, nous voyons qu'après Jacques Cartier, Champlain, en 1608, entrait dans le Golfe Saint-Laurent en route pour Québec. Il passa près du Rocher-aux-Oiseaux situé sur la route des navires qui remontent le Saint-Laurent et qui fut longtemps la terreur des marins naviguant en ces parages. C'est pourquoi en 1875, le gouvernement y construisit le phare dont nous venons de faire mention.

Champlain nomma les Iles-de-la-Madeleine les "Iles Ramées" à cause de l'aspect singulier qu'elles présentaient, toutes reliées entre elles par des dunes de sable. En 1626, Samuel de Champlain visita de nouveau les Iles-de-la-Madeleine; il relâcha dans la Baie de Plaisance et jeta l'ancre dans un petit havre qu'il appela Havre-Aubert, nom qui est resté jusqu'à nos jours.

La Compagnie des Cent Associés octroya en 1635 à Nicholas Denys la propriété des Iles-de-la-Madeleine, du prénom de sa femme, mère de seize enfants dont Pierre qui, alors qu'il n'était âgé que de huit ans, accompagnait son père qui avait été envoyé de France pour aller au fond de la baie de Gaspé exploiter une mine que l'on disait très riche en plomb argentifère, et dont Pierre laissa la seule relation qui existe de cette aventure minière.

Le 2 octobre 1706, Joseph Juchereau de Fargy, capitaine et commandant de la barque "Sainte-Anne", Jean-Baptiste Rinfret, dit Maloui, Antoine Parent, Vincent Rodrigue et Pierre Prévost, tous de Beauport, et Alexandre Fortier, de Saint-Laurent, I.O., ont fait un marché avec Jean Riverin, marchand de Québec, aux fins de se rendre sur la "Sainte-Anne" aux Iles-de-la-Madeleine et d'y passer l'hiver à faire la chasse aux loups marins et aux vaches marines qui abondaient alors dans ces parages, ce mammifère étant depuis totalement disparu du golfe. Le sieur Juchereau de Fargy prit tellement goût aux Iles-de-la-Madeleine qu'étant passé en France, il en demanda la concession dont une partie lui fut accordée par décret du roi en date du 18 août 1717.

Enfin, par l'Acte de Québec en 1774, les Iles-de-la-Madeleine passèrent sous la juridiction du gouvernement du Bas-Canada; elles forment, aujourd'hui, le comté de la province de Québec, le plus éloigné et aussi, peut-on dire, le moins étendu.

Lord Dorchester, le troisième gouverneur anglais du Canada, le 30 juin 1787, fit cadeau des Iles-de-la-Madeleine à Sieur Isaac Coffin, de Londres, capitaine dans la Marine Royale. Les lettres patentes qui les lui accordait en franc et commun soccage lui furent octroyées le 24 avril 1798, à condition cependant que la partie est et "Old Harry" soit réservée pour le soutien et l'entretien du clergé protestant dans la Province de Québec. Cependant, le Gouvernement britannique gardait le droit d'exploiter les mines, d'ouvrir des chemins et d'y construire des fortifications. Sir Isaac Coffin s'engageait à permettre l'entrée et la sortie libre des îles à tous les pêcheurs anglais. Les habitants des îles alors étaient venus s'y établir durant les cinquante dernières années; ils s'y étaient taillé de petits domaines qu'ils avaient défrichés pour en devenir rois et maîtres.

Mais Sir Isaac établit aux îles un système de rente perpétuelle aux taux de vingt sous l'âcre, dépossédant ainsi les premiers habitants de leurs droits de propriété. Il donna à chacune des îles un nom anglais conservé pour la plupart. Ce procédé de rente établi par Sir Isaac Coffin arrêta le développement de l'archipel. Les insulaires abandonnèrent la culture des terres qui leur appartenaient et qu'ils avaient défrichées de leur dur labeur; ils savaient qu'un jour ou l'autre, on viendrait leur en enlever la possession. Plusieurs de ces rentes établies par l'amiral Coffin existent encore aujourd'hui, malgré de nombreuses plaintes faites au gouvernement de Québec, qui envoya des gens sur place étudier cette question, sans y apporter de solution. La succession Coffin retire encore, chaque année, une somme assez rondelette des insulaires.

La population des Iles-de-la-Madeleine se chiffre à 8,500 habitants de descendance acadienne et miquelonnaise. Pour fuir la persécution de 1755, plusieurs familles acadiennes quittèrent l'Ile du Prince-Edouard et du Cap Breton, et vinrent aux îles. Mais ce premier essai de colonisation ne fut pas un succès; en effet, en 1793, la majeure partie de la population quittait les Iles-de-la-Madeleine pour s'établir au Cap Breton. Cependant, la même année, plusieurs familles de Miquelonnais, aussi de descendance acadienne, chassées de St-Pierre de Miquelon par la révolution française, venaient s'établir aux Iles-de-la-Madeleine, sous la direction de l'abbé Jean-Baptiste Allain. Ils y firent souche. C'est peut-être aux Iles-de-la-Madeleine, dit le Sénateur Poirier, que s'est le mieux conservé le type acadien, dans toute sa vigueur physique et morale: des gaillards de six pieds, droits comme des chênes. Jamais on n'a vu population plus contente de son sort, plus attachée à sa glèbe, à ses rochers, à ses bancs de pêche. Emile Lauvrière ajoute: "Ce serait donc de tous les groupes acadiens les Madelinots qui, n'était la culture du sol, ont le mieux préservé en sa pureté primitive, le caractère ancestral".

L'hospitalité des Madelinots est demeurée la belle hospitalité du chez-nous d'autrefois. Dans un foyer madelinot, on peut pénétrer à toute heure du jour et de la nuit, et on s'y sent tout de suite chez soi. Ces braves gens ne ferment même jamais leurs portes à clé.

L'archipel des Iles-de-la-Madeleine est desservi, en été, par bateau, de Pictou, N.-E. et de Souris, Ile-du-Prince-Edouard; en hiver, par avion, de Moncton, N.-B. La T.S.F. tient la population en communication avec le continent. En 1939, un service régulier entre les Iles-de-la-Madeleine et Québec et Montréal a été inauguré par la "Clarke Steamships Navigation Co." De sorte que depuis, l'archipel des Madeleine se trouve relié à toutes les provinces de l'est du Canada.

Les Iles-de-la-Madeleine forment maintenant aujourd'hui un comté qui est représenté à l'Assemblée Législative de Québec par M. Hormisdas Langlais — 1940, (1) et qui le fut auparavant par l'hon. M. J.-E. Caron, ancien ministre de l'Agriculture à Québec, et par son fils, M. Amédée Caron, avocat de Rimouski. Les îles tiennent donc de la province de Québec du côté politique tandis qu'elles tiennent de l'Ile du Prince-Edouard par le côté religieux et à la Nouvelle-Ecosse au point de vue du commerce.

L'industrie principale qui fait vivre la population des îles est, avons-nous déjà dit, la pêche. On y fait aussi un peu de culture, et chaque habitant possède un petit lopin de terre d'où il tire ses légumes et un peu de pâturage pour une ou deux vaches, un cheval et quelques moutons. Les petites industries domestiques y sont fort en honneur.

Les Madelinots habitent de petites maisons de bois à toit pointu, ancien style, qui font fort belle figure dans les paysages ambiants. Groupées au bord des havres, blotties au pied des buttes, dispersées le long des dunes, à la nuit tombante, elles piquent l'obscurité de points lumineux qui sont comme autant d'étoiles animant cette solitude du Golfe. Ajoutons que le grand ennui des Madelinots est la pénurie du bois de chauffage. Avec les années, les îles se sont déboisées de façon alarmante, et les tentatives de reboisement qu'on y a faites n'ont pu suffire aux besoins de la population qui, chaque automne, est menacée d'une disette de combustible. On y remédie par le charbon qu'on fait venir des provinces maritimes grâce au service de navigation maintenant établi assez régulièrement.

(1) M. H. Langlais, très dévoué à son comté, nous a fourni beaucoup des renseignements contenus dans cette esquisse des Madeleine.

LA "GREENLY ISLAND", (L'ILE VERTE)

Depuis 1928, le 13 avril marque l'anniversaire d'un merveilleux exploit dont furent remplis, pendant plusieurs semaines, les journaux du monde entier et particulièrement les nôtres qui étaient plus à même de s'en occuper. Rappelons-le. . .

Le 11 avril 1928, le monoplan à un seul moteur *"Bremen"* partait d'Irlande à destination de New-York. Il portait trois hommes : le baron allemand Von Huenfeld, le capitaine allemand Hermann Koehl et le major James-C. Fitzmaurice, du Service aérien de l'Etat Libre d'Irlande. A quatre cents milles des côtes, première émotion des aviateurs quand le moteur de la machine commença à tousser; mais le carburateur fut vite remis en place. A deux cents milles environ, l'avion entre dans la tempête. Il monte aussi haut qu'il peut. Les lampes et la boussole de la machine font défaut dans la bourrasque. Au milieu d'une obscurité complète la machine lutte pendant quatre heures dans la tourmente. Toute l'énergie des aviateurs tend à la tenir vers l'ouest. Comme, enfin, ils aperçoivent devant eux une terre inconnue et sauvage, leur provision d'essence est sur le point de s'épuiser. Ils font terre comme ils peuvent sur une petite île portant un phare et qu'ils avaient prise tout d'abord pour un navire en pleine mer. Le gardien du phare, M. Letemplier, les accueille avec la plus grande bienveillance, et leur apprend qu'ils sont sur l'Ile Verte, à l'extrême est de la province de Québec, tout près de Blanc Sablon. C'est par le poste télégraphique de ce dernier endroit, à une vingtaine de milles de l'atterrissage forcé que l'univers fut informé que les hardis aviateurs du "*Bremen*" étaient saufs sur les côtes du Labrador alors qu'on les attendait à New-York. On organisa aussitôt le secours.

La Compagnie Aérienne Transcontinentale de Québec, dont la base principale était au lac Sainte-Agnès, comté de Charlevoix, dépêcha vers "Greenly Island" une de ses machines montée par le Dr Louis Cuisinier, directeur technique de la Compagnie, le pilote "Duke" Schiller et le mécanicien L. Thibault, et qui se rend d'un bond à l'Ile Verte. Le Dr Cuisinier et Thibault restent sur l'Ile pour voir aux réparations du "*Bremen*" passablement avarié, et Duke Schiller ramène dans sa machine au lac Sainte-Agnès le major Fitzmaurice. On était au 18 avril. Mlle A. Junkers, fille du constructeur du "*Bremen*" était là. Dix jours après le baron Huenfeld et son compatriote le capitaine Koehl arrivaient à leur tour au lac Sainte-Agnès pendant que le Dr Cuisinier restait toujours sur l'Ile Verte où il tentait de débarrasser le "*Bremen*" de la mauvaise position où il se trouvait et à le réparer. Il le mit en meilleure place, en un endroit où il pouvait être facilement transporté. C'est de là, en effet, que quelques semaines plus tard, il partait pour Québec où, à l'automne, il était livré à l'examen du public au Parc de l'Exposition Provinciale.

C'est à cette occasion que le petit coin perdu des Laurentides où s'étalent les eaux calmes du lac Sainte-Agnès, fut le théâtre, ce mois d'avril 1928, d'une mobilisation de presse que nous pourrions comparer à celle dont Hopewell, Etats-Unis, fut aussi le théâtre, plus tard, à la nouvelle de l'enlèvement du bébé Lindbergh. Près d'une centaine de journalistes, de photographes, de cinéastes, venant de tous les coins des Etats-Unis et du Canada, s'abattirent sur les bords étonnés et glacés de l'humble petit lac. Ils arrivaient de partout en aéroplane et en chemin de fer. Et il n'y avait que quatre ou cinq maisons de cultivateurs pour loger cette bruyante armée. Mais la nécessité, dit-on, développe l'esprit, et l'on réussit tant bien que mal à régler le double problème du logement et des communications entre le lac et la Malbaie devenue pour la circonstance le centre de la télégraphie.

Voilà les événements que nous rappelle cette toute petite Ile Verte, — "Greenly Island" comme elle est maintenant officiellement désignée sur les cartes, — jusque là à peu près ignorée du monde entier.

Avant de faire l'histoire, oh! très courte, de cet îlot du Labrador canadien, continuons le récit de la "merveilleuse aventure" par une anecdote qui s'y rattache.

Quand le *"Bremen"* eut forcément atterri sur la petite Ile Verte du Blanc Sablon, ses trois passagers, sortis sains et saufs des flancs de la machine aérienne, n'eurent rien de plus pressé que de se rendre à la maison du phare dont ils apercevaient les lumières tout près. Ils furent cordialement reçus par le gardien, M. Letemplier.

Les présentations n'avaient pas été faites que le baron, se servant de son français le plus pur, dit au gardien :

"Monsieur, nous arrivons d'Europe par les airs, en destination de New-York, et vous voyez dans quel état nous sommes. Il nous faut être à New-York le plus tôt possible. Voulez-vous atteler un cheval et nous conduire à la ville la plus proche?"

Le brave gardien eut peine, tout d'abord, à réprimer un sourire :

"Monsieur," répondit-il, d'abord, "il n'y a pas de chevaux ici: nous n'avons que des chiens."

"Ah! . . . Alors, conduisez-nous en chiens à la prochaine ville."

Et M. Letemplier de répondre, cette fois en riant de tout son coeur :

"Monsieur ... pas cette nuit; la ville la plus proche est Québec, qui est à 700 milles d'ici en passant par les forêts."

L'on ne discuta pas plus longtemps, ce soir-là.

Le Baron Huenfeld, qui est mort en Allemagne, trois ans après son aventure, était un bon chrétien comme en fait foi l'acte suivant qui nous a été révélé par le Dr Cuisinier. Dans la cabine de son monoplan, il n'avait pas de fer à cheval ni autre amulette porte-bonheur, mais il avait placé devant lui un crucifix en argent auquel il avait fait une couronne formée de reliques de saints et de saintes.

Mais revenons à notre petite Ile Verte. Son histoire est si courte que c'est à peine si les auteurs qui ont le plus souvent voyagé dans le Golfe Saint-Laurent, l'abbé Ferland, Faucher de Saint-Maurice, J.-U. Gregory, A. Béchard, et autres, mentionnent son nom. C'est Eugène Rouillard, qui a laissé tant de précieux ouvrages de documentation sur notre géographie laurentienne, qui nous en a dit le plus sur cet îlot.

"*A trois milles de la Longue Pointe*", dit-il, dans son ouvrage "*La Côte Nord du Saint-Laurent et le Labrador Canadien*" "*on rencontre l'Ile Verte répartie en cinq lots d'une superficie totale de 175 acres. Deux de ces lots sont occupés par M. Alexandre Blais. L'Ile Verte compte un établissement de pêche très important dirigé par des Terre-neuviens, MM. Job & Frères.*"

Plus tard, parlant de la Baie de Blanc Sablon, M. Eugène Rouillard dira encore de l'Ile Verte et de sa voisine, l'Ile-aux-Bois : "Ces deux îles sont basses et depuis quelques années complètement dépouillées de leur bois."

Ainsi, en 1908, à l'époque où M. Rouillard publiait son livre, il y avait un établissement de pêche important sur l'Ile Verte. Cet établissement a disparu dans le dernier quart de siècle. Il n'y en avait plus trace lors du séjour forcé qu'y firent en 1928 les aviateurs européens.

L'Ile Verte était connue depuis Jacques Cartier sous ce nom. Or, comme il y avait une autre Ile Verte dans le Saint-Laurent, non loin de Rimouski, le gouvernement fédéral décida de concert avec la Commission de Géographie du Canada, qu'il était mieux de changer le nom de la première, ou plutôt de l'angliciser définitivement, et elle devint "Greenly Island". C'est un des nombreux exemples de cette manie que nous avons, dans notre province, de changer, pour une raison ou pour une autre, et parfois sans raison, les noms de nos accidents géographiques. Toujours est-il que nous avons maintenant "Greenly Island", comme nous avons, dans cette même région du Golfe, Pointe-Amour au lieu de Pointe-aux-Morts, la Baie Forteau à la place de Baie des Eeaux-Fortes, etc.

En 1919, au cours d'une mission qu'il remplissait pour le compte du gouvernement de la province de Québec, et qui avait pour objet de faire connaître au gouvernement les besoins de la colonisation et des pêcheries de la région, M. Emile Vaillancourt, de Montréal, descendit dans l'Ile Verte, ou plutôt, "Greenly Island". Et il nous rapporta des renseignements assez importants sur ce petit point géographique de l'extrémité de la province :

"*Le gardien du phare, au temps où j'allai à Greenly-Island*", dit M. Vaillancourt, "*était le capitaine Joseph-Napoléon Côté. Il avait découvert une vieille borne, à la base de laquelle gisaient des poteries datant de deux ou trois cents ans, et qui, mise en parfait alignement avec le cap Chidley, continuait la ligne de la rivière de Blanc-Sablon, qu'elle désignait donc comme la démarcation naturelle entre le Labrador et la province de Québec.*

C'était du moins l'opinion du capitaine Côté. Je parlai de cette borne dans mon rapport, qui servit il y a quelque temps dans le procès soutenu devant le Conseil Privé au sujet de la possession du Labrador par Terre-Neuve ou la province de Québec."

Le rapport de M. Vaillancourt est intitulé comme suit : "*Quelques renseignements, considérations et remarques sur certains endroits de la Côte-Nord du Saint-Laurent généralement connus sous le nom de Labrador canadien, depuis Bersimis jusqu'à Blanc Sablon, recueillis à l'intention du Ministère de la Colonisation, des Mines et des Pêcheries de la province de Québec.*"

Voici ce qu'on lit dans ce rapport au sujet de "Greenly Island" :

"*J'ai rencontré, au cours de mon voyage, le capitaine Joseph-Napoléon Côté, maître au cabotage et gardien du phare de Greenly-Island, à l'embouchure de la rivière Blanc-Sablon. Le capitaine prétend avoir découvert, sur l'Ile-au-Bois, voisine de Greenly-Island, une borne d'arpentage ignorée jusqu'alors et qui donnerait à la province de Québec la rivière de Blanc-Sablon, ainsi qu'une couple d'arpents en lisière, à l'est de ce cours d'eau.*

"*Lors du partage Bannerman, il fut impossible de trouver un point de repère, entre le cap Chidley et la côte Nord. Il fut, en conséquence, décidé d'en établir un sur la Pointe-aux-Paresseux, à défaut d'autre. C'est l'origine du partage actuel d'une partie des Labradors canadien et terreneuvien par la rivière Blanc-Sablon.*

"*Le capitaine Côté se tint à la disposition des autorités fédérales et provinciales pour étayer les faits de sa découverte et faire voir l'emplacement de la borne. Cette dernière consiste en un pieu vermoulu et fiché dans un trou dont la base est remplie de vieux débris de poterie dont on pourrait facilement, semble-t-il, reconstituer l'époque.*"

Comme on peut le voir, cet îlot dont l'histoire est si courte, a acquis une importance assez considérable, pourrions-nous dire, même dans nos relations internationales : c'est sur ces rochers qu'a atterri le premier avion qui aura fait la traversée de l'océan de l'est à l'ouest, et il aura servi à délimiter une frontière.

QUELQUES AUTRES ILES

LES ILES MEÇATINA. — L'île du Gros Mecatina est située à deux milles de la Baie-des-Moutons, à trente-six milles à l'ouest de Harrington, à six cent quatre-vingt-dix milles de Québec. Elle mesure trois milles de longueur par trois quarts de mille de largeur. Naguère, cette île a été occupée par la Cie R.-C. Brown qui employait une cinquantaine d'hommes à la pêche à la morue. M. Samuel Gaumont y eut aussi, dans la suite, un établissement de pêche, puis l'île fut louée à la "Halifax Fishing Co" par M. Gaumont dont les héritiers pendant longtemps réclamèrent, nonobstant la location, un côté de la baie, ce qui détermina un procès dont on ignore l'issue.

Vers 1755, le Gros Mecatina était occupé par un poste de pêche appartenant à M. Jean Taché, commerçant de Québec. Cette année 1755, une frégate de Sa Majesté le roi de France, la *"Macrée"*, commandée par MM. Loubarat et Sauvenier, faisait naufrage dans les parages de l'île. Une partie de l'équipage périt et l'autre put atterrir sur l'île où se trouvaient encore quelques hommes du comptoir de M. Taché qui se préparaient à laisser la place, la saison de la pêche étant terminée. Les hommes de M. Taché mirent un petit bateau à la disposition des rescapés qui purent faire route pour Québec avec les gens du poste. Mais les naufragés de la *"Macrée"* jouaient du malheur. Comme on le voit dans notre histoire de l'Ile Saint-Barnabé, ils firent de nouveau naufrage dans les environs du Bic et furent recueillis par celui que l'on a appelé l'"ermite de l'Ile Saint-Barnabé".

Depuis plusieurs années, l'Ile du Gros Mecatina n'est occupée que par deux familles qui y font la pêche à la morue et la chasse aux loups marins. L'île possède un bon havre pour les navires de 100 à 150 tonneaux.

La Petite Mecatina, par un caprice d'appellation, est plus grande que le Gros Mecatina; mais elle n'est guère accessible. Elle n'est abordable que du côté nord et par mer haute seulement. Quatre familles y résident. Dans l'une des baies de l'île, croît une espèce de foin que l'on appelle le "foin des îles" mais dont on ne peut faire aucun usage vu les difficultés d'accès de l'île.

Dans les mêmes parages, on peut voir les Iles Kekarpoué où trois ou quatre familles vivent de la pêche à la morue et de la chasse aux loups marins.

Enfin, dans le groupe des îles de la Tête-de-la-Baleine — un des meilleurs endroits de pêche à la morue, — à une dizaine de milles des Kekarpoué, se trouve l'Ile-aux-Goélands au milieu de laquelle on voit un petit lac de cinquante acres de superficie et de trois pieds seulement de profondeur. On dit que les légumes viennent bien sur cette île et l'on y récolte annuellement de vingt à trente barils de ce petit fruit spécifique à la Côte Nord et qu'on appelle le "Checoutee" dont on fait une excellente gelée et qu'on a pensé à commercialiser en établissant sur la côte des fabriques où on le mettrait en conserve.

L'ILE-A-LA-CHASSE. — Du petit archipel qui s'aperçoit du coin de terre ferme rattachée à la seigneurie de Mingan et qu'on appelle du nom montagnais de Betchouan, l'Ile-à-la-Chasse est la principale, du moins la plus étendue. Elle mesure un mille et demi de longueur par à peu près trois quarts de mille de largeur. Elle s'étend à un mille de la terre ferme entre l'Ile-aux-Perroquets de Betchouan, — car il y a dans les Iles Mingan, une autre Ile-aux-Perroquets où se trouve ce phare dont nous avons fait mention quelque part et qui tel que posé sur l'île ressemble de loin à une frégate à l'ancre, — et l'Ile Sainte-Geneviève. Autour, on voit quelques îlots rocailleux. Du côté sud de l'Ile-à-la-Chasse il y a un havre où hivernaient une partie des goélettes des pêcheurs de Betchouan quand ce hameau était habité. C'est le havre McLeod du nom d'un capitaine de la Nouvelle-Ecosse qui passa l'hiver de 1859 en cet endroit pour y faire la chasse aux loups marins au printemps. On commença à faire hiverner les goélettes dans ce havre au printemps de 1873. Les hivers suivants, toutes les goélettes des pêcheurs de Betchouan étaient placées là. Mais ce ne fut pas pour longtemps car en 1889, le dernier habitant de Betchouan quittait l'endroit pour aller résider à Havre Saint-Pierre, à dix-huit milles de là. Ce hameau de Betchouan fut établi en 1872 par à peu près toute la population de Kégaska — vingt-deux milles de Natashquan — qui était venue des Iles-de-la-Madeleine en 1854. Pour des raisons qu'on ne connaît pas bien, ces Madelinots vendirent leurs cabanes de Kégaska à des colons émigrés de Terreneuve et s'en furent s'établir à Betchouan. Mais il faut croire que Kégaska n'était pas un endroit bien hospitalier car ses nouveaux habitants, les Terreneuviens, le quittèrent à leur tour quelques années après. En 1881, à Betchouan, on comptait trente familles. Mais comme Kégaska, en ces dernières années, Betchouan fut déserté et en 1905 il ne restait plus là qu'une seule famille du nom de Salsman.

Et c'est dans cette famille que le 17 août 1905, le jeune Roger-Raymond de Puyjalon, âgé de huit ans, vint chercher du secours. Le matin, sur l'Ile-à-la-Chasse, il avait trouvé son père mort dans la cabane qu'il habitait depuis plusieurs années et avec lequel le jeune garçon était venu passer une partie de ses vacances.

Nous racontons dans la partie du présent ouvrage consacrée aux Iles Mingan quelques traits de la vie aventureuse du comte Henry de Puyjalon. (1) C'est là, en effet, sur cette île solitaire, — que plusieurs de nos cartographes voudraient bien appeler "Hunthing Island", — en face de la mer, que cet homme étrange, cette haute intelligence, d'une culture bien au-dessus de la moyenne, a vécu la dernière partie de sa vie; c'est là qu'il est mort et qu'il dort de l'éternel sommeil, car il fut inhumé à l'endroit où il est mort. Une croix de bois marque l'endroit où il repose. L'histoire du comte Henri de Puyjalon est celle de l'Ile-à-la-Chasse qu'il avait achetée de la Compagnie de la Baie d'Hudson, propriétaire de toutes les îles de la seigneurie de Mingan.

LES ILES CAOUIS. — Si l'on regarde bien la carte du fleuve, on aperçoit plusieurs petites îles et des îlots dans les parages de l'Ile-aux-Oeufs. On voit, tout d'abord, les Cawee, ou Caouis, qui sont au nord de l'entrée de la Rivière Pentecôte. Ces îles se composent de trois rochers dénudés. C'est un endroit de pêche au homard. Il y a un havre sûr à un mille du grand Caouis.

Caouis, c'est là la véritable appellation et épellation qui convient à ces îlots rocheux en plein fleuve. Les Caouis sont connus de tous les marins. Ils eurent même autrefois une grande vogue comme poste de pêche. On y prenait de la morue en abondance et le loup-marin ne dédaignait pas d'aller y prendre ses ébats.

---

(1) Voir aussi notre ouvrage paru en 1938 : "*Puyjalon, le Solitaire de l'Ile-à-la-Chasse*".

Seulement, lorsque nous jetons les yeux sur la carte marine, même celle qui est publiée dans la province de Québec, l'on n'est pas lent à s'apercevoir que le nom primitif de Caouis a subi une singulière métamorphose. Des lettres ont été supprimées et remplacées par d'autres, puis finalement on a traité ce nom géographique sauvage comme s'il s'agissait d'un produit britannique. Les Caouis sont devenues, sous leur nouveau travestissement, les "Cawees". Il n'y avait pourtant rien à innover dans ce cas. Il suffisait de tenir compte des graphiques anciens. Les Caouis figurent sur la plupart des cartes anciennes : Ile de "Caouy", carte de Jean-Baptiste Franquelin, 1678; les "Caouis", carte du Domaine du Roi, par le Rev. Père Laure, 1733; "Les Caouis", par Charlevoix.

Les Caouis apparaissent comme des rochers de granit gris, dénués d'arbres. Le plus grand de ces îlots est de forme triangulaire, chaque angle long d'environ sept encablures et de 250 pieds de hauteur. La petite Ile Caouis est éloignée de la grande d'environ un mille et quart vers le sud-ouest. Elle est longue de trois encablures. On voit plusieurs rochers à fleur d'eau, tout près, au sud-est, et un récif de deux encablures vers le nord, à la pointe ouest de l'îlot. On ne trouve ni eau ni bois sur ces îlots qui sont au nord-ouest de l'Ile d'Anticosti, un peu à l'est de la pointe qui termine la Baie-des-Homards.

Sur le Grand Caouis un phare a été construit vers 1928 et on y a installé une sirène d'alarme, le tout sur un plan très moderne. Le gardien en 1939, était Calixte Dupuis, gendre de Placide Vigneau, l'un des fondateurs de Havre Saint-Pierre. Les violentes tempêtes de 1931 ont causé de grands dommages à la sirène mais le phare a pu tenir. Tout le reste a été emporté par l'ouragan. Alors, le gardien et sa famille, réfugiés au phare, ont passé là, on le conçoit, des heures de grande inquiétude.

Maintenant, un petit canon remplace la sirène car l'on n'a pas remplacé intégralement l'appareil qui avait coûté fort cher.

LES ILES-DU-MAI. — A trois ou quatre milles des Caouis, on voit les Iles-du-Mai. On appelle ainsi une agglomération de rochers. Sur l'un d'eux il y a un phare mais dont on a changé les dispositifs depuis que fonctionne celui des Caouis. Tel qu'il est, il ne requiert plus la présence d'un gardien. Le phare reste allumé pendant toute la saison, comme les bouées à gaz.

Des entreprises d'exploitation forestière ont été faites aux Iles-du-Mai mais n'ont guère réussi. En 1910, trois familles résidaient sur ces îlots qui prirent une certaine importance par suite de ces tentatives d'exploitation forestière. M. R.-E. Scougall avait fait couper là 60,000 billes de bois pour y faire du bois de pulpe. Il avait fait construire un moulin et un entrepôt. La baie des Iles-du-Mai, qui a un mille de longueur et un demi-mille de profondeur, est très plate, sauf une partie où l'on mesure vingt brasses de profondeur. C'est le seul havre depuis les Sept-Iles jusqu'à la Pointe-des-Monts. Les Iles-de-Mai sont à proximité de Shelter Bay; à environ six milles.

En 1916, au mois d'octobre eut lieu en cet endroit le naufrage de la goélette *"Jacqueline"*, propriété du capitaine Deschènes. Les membres de l'équipage furent secourus par le père du gardien et sa servante qui purent sauver deux hommes en réussissant à mettre une chaloupe à la mer. Deux autres hommes se noyèrent et un cinquième, épuisé de fatigue et de froid, mourut à la maison du gardien où on l'avait transporté avec les deux autres rescapés.

Rappelons aussi, mais dans un autre ordre d'idée, que c'est aux Iles-du-Mai que l'assassin Eugène Poitras enterra le nommé Ouellette qu'il avait, en revenant du sud, lâchement assassiné, à coups de barre d'un gouvernail. Il l'avait ensuite égorgé ainsi qu'une bête avec un couteau à trancher la morue; et ce meurtre atroce pour la misérable somme de quelques dollars. On était en hiver. Au printemps, le postillon, qui faisait le service de Betsiamites aux Sept-Iles, passa sur le cadavre du malheureux Ouellette qui avait été enfoui sous peu de terre. En dépit de l'éloignement et de la lenteur de la justice à cette époque, Poitras fut découvert et arrêté; il fut jugé et condamné à mort. Le témoignage de son jeune fils fut accablant pour le malheureux. Le garçon avait vu son père laver son linge taché de sang dans un hangar dont les larges fentes permettaient de voir à l'intérieur. L'épilogue de ce drame fut l'échafaud dressé dans la cour de la prison de la Malbaie. La veuve Poitras, qui n'avait pas les nerfs à fleur de peau, se remaria quelques semaines plus tard. Son fils, Philippe, devint un homme que connurent ceux du commencement du siècle présent. Il avait la figure affligée d'un tic qui le rendait si affreux qu'on ne pouvait s'empêcher à sa vue de se détourner avec horreur.

LES ILES PELERINS. — Ce groupe d'îles est situé dans le fleuve Saint-Laurent, à sept milles et demi au sud-ouest de la Pointe de la Rivière du Loup et presque en face de Saint-André de Kamouraska.

L'île du Grand-Pèlerin, située à l'est, est composée d'une roche grise, couverte de gazon et assez bien boisée. Sa plus grande hauteur est de 853 pieds. Il y a un phare sur cette île.

Le Pèlerin du milieu est partiellement boisé: l'îlot n'a que 181 pieds de hauteur. Ces îles sont remarquables par les curieux effets de mirage qu'elles produisent. L'amiral Bayfield a décrit ces mirages qu'il a spécialement étudiés dans ces parages, de même que le Dr William Kelly, qui a donné à ce sujet devant la Société Historique de Québec, en 1932, une conférence des mieux documentées sur le spectacle que présentent ces parages, certains étés. Il a démontré que ce mirage est le résultat du contact de l'air plutôt chaud avec la surface froide de l'eau. C'est surtout durant les mois chauds, de juillet et d'août, que se produit le phénomène qui est fort admiré des marins et des voyageurs quand ils ont l'occasion de le contempler. Il ne se produit pas seulement dans les alentours des Iles Pèlerins, mais dans toute l'étendue du fleuve à cet endroit, notamment entre le Bic et l'Ile-Rouge.

Les Iles Pèlerins furent concédées le 11 mai 1697 par le gouverneur Frontenac à François-Jean-Baptiste Deschamps, sieur de la Bouteillerie, et au sieur Etienne Laudron et Louis de Niort, de la Noraye (1) pour y faire un établissement de pêche et de chasse aux loups marins. Les loups marins autrefois abondaient dans ces parages.

Les Pèlerins ne sont qu'un bloc massif formé de conglomérats et de quartzites. Le côté nord-ouest des trois îles est coupé à pic et d'accès impossible. Les rochers sont fendus et troués en tous sens, offrant aux habitants ailés des abris à peu près inviolables. La rive sud-est, se trouvant plus basse, permet aux arbres d'atteindre une certaine hauteur donnant ainsi l'hospitalité aux petits oiseaux. Les rochers exposés aux vents sont en partie couverts de mousses, de genévriers, d'airelles et de beaucoup d'autres arbustes. Les arbres, tels que bouleaux, mélèzes, sapins, épinettes, croissent du côté sud-est. Il est inutile de dire que ces arbres n'atteignent jamais une grande hauteur car les vents balayent continuellement tout ce qui peut favoriser leur croissance. Les oiseaux aquatiques que nous re-

---

(1) Note d'une étude de M. Gérard Malchelosse sur Louis de Niort, Sieur de la Noraye, officier au régiment de Carignan, publiée dans le 3ème "*Cahier des Dix*".

marquons sont le guillemot noir, vulgairement nommé pigeon de mer, le pingouin ordinaire, connu sous le nom de "godes", le goéland argenté, l'eider d'Amérique, appelé aussi moyac ou moniac, et le cormoran à aigrettes. Il y a encore bien d'autres oiseaux tels que le plongeon à collier, la sterne commune, le harle d'Amérique, le canard noir, la sarcelle, la macreuse veloutée, la maubèche, le grand héron bleu, le héron de nuit, le marillon à tête noire et une vingtaine d'autres espèces d'oiseaux de passage.

L'ILE-AUX-RUAUX. — L'île qu'on désigne sous le nom d'Ile-aux-Reaux et quelquefois aussi Ruaux. On écrit aujourd'hui — à tort — Ile-aux-Reaux et l'on prononce comme si le mot était Ile-aux-Raux. Sur la carte de Bellin — édition de 1764 — le géographe écrit Ile-aux-Rots. Champlain disait Ile-aux-Ruos; les anciens missionnaires jésuites : Ile-aux-Ruaux. Réau ne veut rien dire tandis que dans l'ancien langage, Ruaux signifiait : "Détroit". On appelle encore en France un détroit qui sépare l'Ile Jersey des rochers de Drouilles et d'Ecrehon dans la Manche, à quelques milles des côtes de France : le RUAU.

L'Ile-aux-Ruaux est située dans le fleuve Saint-Laurent, à une lieue au sud de Saint-François de l'Ile d'Orléans. Elle fait partie de la desserte de cette paroisse. Cette île a deux cent cinquante arpents de superficie. C'est le 20 mars 1638 que la Compagnie de la Nouvelle-France concéda l'Ile-aux-Ruaux aux Jésuites qui avaient l'intention d'y élever des bestiaux pour pourvoir à la subsistance de leur maison de Québec.

En 1757, cette île appartenait à Guillaume Guillemin, conseiller au Conseil Supérieur, qui la vendit, le 24 mars de cette année-là, à Charles Vallée par devant le notaire Jean-Claude Panet.

Il existe dans les archives un acte de prise de possession de l'Ile-aux-Ruaux par les Jésuites, en l'occurrence par le Père Rainbault, de la Compagnie de Jésus. L'île a été ainsi nommée du nom du Père Ruaux, pieux personnage qui s'était donné au commandeur Brulart de Sillery. Il serait intéressant de faire dans cette île des recherches pour y découvrir, mais très probablement sans beaucoup de succès, quelques traces de certaines plaques de plomb et même le chêne sur lesquels l'ingénieur Jean Bourdon avait inscrit le nom de Jésus. Cette opération est décrite dans cet acte de possession au Père Charles Rainbault et qui est signé de Chs. de Montmagny, M. Matrial, François Bissot, Bourdon et Guillaume Hébert. Voici comment les faits sont décrits dans l'acte même. Devant les témoins que nous venons de nommer "avons mis en possession réelle et actuelle de la consistance de lad. isle-aux-Ruaux le Reveren Père Charles Rainbault, Religieux de lad. Compagnie de Jésus pour en jouir par eux leurs successeurs et ayant cause à toujours et led. Reveren Père Rainbault aud. nom coupé du bois et arraché de l'herbe croissant sur la terre de lad. Isle-aux-Ruaux et faict les cérémonies à ce requises et pour marques de la prise de possession avons faict faire une fosse à lad. Isle-aux-Ruaux qui est vers l'Isle d'Orleans au pié d'un chesne de moyenne grosseur du costé que le chesne regarde le Nort et dans icelle fosse avons faict mettre par led. Sieur Bourdon, ingénieur et arpenteur en la Nouvelle-France, cinq plaques de plomb sur chacune desquelles est gravé le nom de Jésus avecq des briques et une pierre qui sort à fleur de terre et sur led. chesne avons faict graver une croix par led. Sieur Bourdon en présence des susnommez. Ne servant toutefois lesd. plaques briques et pierre que nous marques de prise de possession et non de borne d'autant que toute lad. Isle appartient entièrement aux Reverents Pères de la Compagnie de Jésus et de ce que dessus le Rev. Père Charles Rainbault nous a requis deux actes pour servir à ce que de raison ce que lui avons octroyé en présence des témoins susd. et soubsignez faict ce Samedy, deuxième jour de juillet mil si cens trente neuf."

Tous ceux qui ont signé s'étaient rendus en cette circonstance sur l'île, le gouverneur Charles Hugault de Montmagny en tête.

Aujourd'hui, l'Ile-aux-Ruaux appartient à M. Elzéar Boulanger, de Montmagny, qui y fait, chaque année, un peu de coupe de bois. On y fait aussi pacager quelques animaux de ferme appartenant aux habitants des îles voisines, comme les Iles-aux-Grues et aux-Oies. On y chasse l'outarde, le printemps et l'automne.

LA BELLE-ILE. — Belle-Ile est située à l'entrée du Golfe Saint-Laurent et du Détroit qui porte son nom. Sa plus grande longueur est d'environ quatorze milles; sa largeur est de quatre. Cette île est distante à peu près de quinze milles de la Côte Nord et à peu près autant de l'Ile de Terreneuve.

Comme toutes les îles de formation laurentienne, elle est de forme très irrégulière et hérissée sur les bords de rochers qui atteignent parfois une hauteur de 600 pieds ce qui en rend les abords à peu près impraticables presque de tous les côtés, à l'exception peut-être de quelques petites baies d'accès plutôt facile. La surface de l'île est également très accidentée; on y voit des vallées, des monts et des rochers dont l'un atteint une altitude de 900 pieds. Il y a sur cette île plusieurs petits lacs qui paraissent sans issue. Se trouvant située à l'embouchure du golfe, Belle-Ile est naturellement soumise à l'influence de la température de l'Atlantique, c'est-à-dire des grands vents qui y sont très fréquents et qui atteignent souvent la vitesse extraordinaire de quatre-vingt-dix milles à l'heure. Les brumes y sont également épaisses et de longue durée. Par suite des vents, la végétation y est en souffrance. Les essences ligneuses qui y poussent atteignent à peine trois à quatre pieds de hauteur.

Belle-Ile doit son nom au capitaine Alphonse Saintongeois, envoyé par le sieur de Roberval, en 1542, pour tenter un passage à la Chine par la Mer du Nord et qui découvrit le fameux détroit qui fait communiquer les eaux de l'Atlantique au Golfe Saint-Laurent. Belle-Ile fut concédée en 1689 par l'intendant Champigny aux sieurs Riverin, Chanion, Catignon et Routier, négociants en ce pays, pour y faire le commerce avec les sauvages le long de la Côte des Esquimaux et avec ceux de Terreneuve.

LES ILES DORVAL

En haut de Québec

Les Iles Dorval sont situées à une demie-lieue de la ville de Lachine. Au temps du régime français, elles portaient le nom de M. de Courcelle, qui· alors qu'il était gouverneur du Canada, de 1665 à 1672, s'y arrêta lors de son expédition de 1670 contre les Iroquois. Ces Iles sont au nombre de trois. La plus grande a une étendue d'à peu près cent arpents. Les deux autres sont beaucoup moins considérables. Placées au-dessus du Sault, à l'entrée du lac Saint-Louis, à peu de distance du rivage, elles pouvaient être comme la clef de la navigation avec les pays d'en haut. L'abord en est facile et leur peu d'étendue permettait d'observer tous les mouvements des ennemis qui auraient voulu les attaquer.

En 1673, le gouverneur de Frontenac avait eu beaucoup de confiance en l'abbé François de Fénelon qui s'était offert à s'en aller fonder des missions chez les Iroquois à qui le gouverneur voulait faire apprendre la langue française. Il ne concevait pas qu'on fut Iroquois ou Huron. Mais l'abbé de Fénelon, comme tous les autres missionnaires, savait bien qu'on ne peut changer la langue d'une nation qu'en modifiant ses idées, travail que ni la force, ni l'autorité ne peuvent exécuter dès la première tentative. C'est pour cette raison que l'abbé de Fénélon, dans les missions qu'il fondait, chercha autant à s'éloigner des habitations françaises que des villages sauvages. Il choisit les Iles Courcelle que M. de Frontenac s'empressa de lui concéder. Par un document qu'on trouve dans les titres de concession de la Tenure Seigneuriale, et où il fait l'éloge du zélé missionnaire qui a tout sacrifié à Dieu, il lui accorde ces îles à titre de fief et seigneurie avec tous les privilèges ordinaires pour l'engager à poursuivre l'exécution de son généreux dessein. Là, M. de Fénelon pu réunir plusieurs jeunes sauvages, et il se livra tout entier à son oeuvre. "Tout en se dévouant à l'éducation des enfants, l'abbé de Fénelon n'oubliait pas leurs parents", dit l'abbé Hospice Verreau dans son opuscule. "Les deux abbés de Fénelon"; chrétiens et infidèles; il s'efforçait de les attirer dans l'île de Montréal pour les convertir à la foi. Tels furent, autant que nous pouvons en juger par le peu de documents que nous possédons, cette célèbre mission qui reçut le nom de la Montagne où elle fut établie en 1876". Plus tard, la mission fut établie sur le territoire de Lachine, Pointe-Claire, et Sainte-Anne, en face des Iles Courcelle.

On sait que l'abbé François de Fénelon était le frère du grand Fénelon, archevêque de Cambrai, auteur de "Telemaque" et de maints autres ouvrages.

Mais d'où vient ce nom de Dorval qui a remplacé celui de Courcelle appliqué d'abord aux îles de l'abbé de Fénelon? Un ancien curé de Pointe-Claire, l'abbé Bourgault, nous apprend que ce nom de Dorval fut celui d'un Bouchard de Dorval qui avait acheté ces îles du séminaire de Montréal lequel les avait reçues de l'abbé de Fénelon lui-même qui y exerça, ou du moins, pouvait y exercer les droits de moyenne et basse justice jusqu'en 1714. Depuis 1854, ces îles appartenaient à Sir

George Simpson, gouverneur de la Compagnie de la Baie d'Hudson, qui eut l'honneur de recevoir en sa résidence, sur l'une de ses îles, en 1860, le Prince de Galles, plus tard Edouard VII, à la suite de son séjour à Montréal ou il avait inauguré le Pont Victoria.

N'importe, avec l'abbé Verreau, on ne peut s'empêcher de regretter que ces îles auxquelles se rattachent tant de souvenirs historiques n'aient pu reprendre leur nom primitif de Courcelle.

L'ILE-AU-HERON

Également en haut de Québec

"Une île sise dans le fleuve Saint-Laurent, au pied des rapides de Lachine, porte le nom de l'Ile-au-Héron et numéro 4705 du Plan officiel et du Livre de Références de la paroisse de Montréal; elle mesure 180 acres de superficie, plus ou moins". Telle est la sommaire description que fait de cette île la "Lachine Power Co", propriétaire actuelle de l'île ainsi que l'Ile-au-Bocquet que touche de très près la Côte Sainte-Catherine, vis-à-vis la propriété des Jésuites qui, grâce à une chapelle construite sous le patronage de Katrine Tekakouita, inhumée aux environs, cherchent à développer un lieu de pélerinage en cet endroit.

L'Ile-au-Huron fut toujours regardée comme un des plus remarquables rendez-vous d'oiseaux de mer et de grève de la région de Montréal. On y voit des cygnes polaires, des outardes, des huards, des pluviers, des mauves, des canards de toute espece. C'est pourquoi, par un arrêté en conseil en date du 22 septembre 1937, le Ministre des Ressources Naturelles du gouvernement fédéral, y établit un sanctuaire d'oiseaux. Mais cédant aux plaintes et aux récriminations de ceux qui voulaient chasser ces oiseaux sans encourir les sanctions, par un autre arrêté-en-conseil en date du 11 août 1939, le gouvernement apportait un changement presque radical dans la zône du sanctuaire qui fut réduite de façon à ne laisser qu'une illusion de territoire où il était défendu de chasser les oiseaux, comme le stipulait l'arrêté en conseil de 1937.

On protesta dans le temps contre cet attentat à la conservation et à la protection des oiseaux de mer et de grève, mais en vain. L'arrêté en conseil de 1939 n'a pas encore été rescindé. Le résultât fut que le nombre des oiseaux qui avaient commencé de peupler l'Ile-au-Héron et les îles adjacentes, entre 1937 et 1939, diminue sensiblement depuis 1939.

L'hon. M. Geo. Simard, Conseiller législatif, qui s'est toujours intéressé à la conservation du gibier et des oiseaux dans la région de Montréal, fut l'un de ceux qui protestèrent le plus énergiquement contre l'arrêté en conseil de 1939. Durant la session de 1942, il attira l'attention de ses collègues de la Chambre Haute à Québec et demanda que le gouvernement fédéral prit des mesures pour rétablir le sanctuaire d'oiseaux sauvages de l'Ile-au-Héron. Le temps est proche, disait l'hon. M. Simard, où l'île sera déserte. D'autre part, dans le numéro d'avril 1938, de la revue "Hunting and Fishing in Canada", l'hon. M. Simard exprimait aussi énergiquement, dans une longue lettre, ses protestations en corrigeant certaines erreurs qui s'étaient glissées dans un article paru auparavant dans cette revue sur l'Ile-au-Héron que l'on prétendait, en particulier, impropre à devenir un sanctuaire d'oiseaux.

Mais ni les protestations de l'hon. M. Simard et d'autres protecteurs des oiseaux sauvages, ni un article exprimant en termes énergiques les mêmes protestations dans le "Montreal Star" du 20 août 1939, ne firent revenir le sanctuaire de l'Ile-au-Héron à ses limites de 1937.

Quoiqu'il en soit, si l'on a réduit, en 1939, les limites de ce sanctuaire, l'Ile-au-Héron en fait encore partie comme en témoigne l'arrêté en conseil de 1939. Cette île appartint aujourd'hui à la municipalité de Verdun. Elle aurait auparavant appartenu aux Soeurs de la Congrégation de Notre-Dame qui sont les propriétaires de l'Ile-Saint-Paul, voisine de l'Ile-au-Héron.

On remarque plusieurs autres îles dans cette partie du lac Saint-Louis et des Rapides de Lachine, entre autres l'Ile-au-Diable et l'Ile Bocquet. Il y a aussi, à la tête de l'Ile-au-Héron, plusieurs îlots qui ne font plus partie du sanctuaire. Ces îlots cependant sont "tabou" et seuls les sauvages de Caughnawaga peuvent y chasser et pêcher. Ces îlots, du reste, appartiennnt à la Réserve.

La flore de toutes ces îles du lac Saint Louis est remarquable, surtout dans l'Ile-au-Héron. On y remarque des arbres dont l'espèce est inconnue hors de cette île. Les fruits sauvages y abondent.

Dans l'Ile-au-Diable, la culture est toujours en avance d'une quinzaine de jours, l'île étant baignée par les eaux des Rapides qui ne gèlent jamais. C'est là, croyons nous intéressant de révéler, que pendant la guerre de 1914-18, des jeunes gens, qui voulaient éviter la conscription, allèrent se réfugier, sachant bien que les gendarmes ne pouvaient pas les relancer en cet endroit à cause des rapides. Il est, en effet, fort difficile de s'aventurer dans cette île.

Un cultivateur qui réside en face de l'Ile-au-Bocquet, M. Hilaire Guerin, pourrait nous raconter une belle histoire de cette région des Rapides et des îles qui les parsèment. Les Guerin ont fait la "drave" sur les grands lacs et ont maintes fois sauté les rapides sur un radeau. Hilaire Guerin, figure typique, me dit l'hon. M. Geo. Simard, qui le connaît bien, sait par coeur chacune des pierres des Rapides.

On se souvient encore du naufrage d'un bateau dans les Rapides, il y a quelques années. C'est Hilaire Guerin qui a sauvé la vie des passagers. Un grand journal new-Yorkais l'avait interviewé dans le temps, sur cet exploit. Quoiqu'il en soit, c'est lui qui connaît le mieux la vie, la flore, la faune, les événements historiques de cette région cynégétique et halieutique, les îles et les Rapides.

BELLE-ISLE

Belle-Isle est la sentinelle canadienne qui barre le chemin à l'Atlantique; sa longueur est de neuf milles et demi; elle court dans l'E.-N.-E. et sa largeur est de trois milles. Elle est montagneuse, complètement dénudée, couverte ça et là de mousses, de lichens, rarement d'un gazon maigrelet, et ne produit que le caneberge, la ronce et une baie que l'on nomme pomme de terre. La plus grande hauteur de l'île est de sept cents pieds au-dessus du niveau de la mer, et le commandant Orlebar, de la marine anglaise, en l'explorant, a trouvé qu'elle est composée de granit alternant avec de l'ardoise et de l'argile. Une multitude d'étangs et de petits lacs se sont creusé un lit sur ces cîmes; le gardien m'a assuré qu'il y avait plus de cinquante lacs à part des puits. Plusieurs ont vingt brasses et on y pêche de petites truites. Sur les bords du premier que nous rencontrons, nous voyons deux enclos palissadés avec des débris de naufrages. De chétifs légumes s'y cachent pour croître, ce que, du reste, ils se chargent de faire le plus paresseusement du monde; rarement ils viennent à maturité. Dans les tourbières, on trouve des andouillers d'élans. Le gardien assure qu'ils sont à fleur de terre et que depuis qu'il habite l'île, il en a déterré plus de deux cents. En 1875, un caribou y passa l'été; il était venu sur la glace. Les renards et les fauves traversent ainsi quelquefois. Ils sont attirés par l'odeur du sang et des dépouilles de loups-marins. On fait au phare consommation de la chair de ces amphibies. Il faut la faire dégorger dans de l'eau tiède, puis la laisser tremper pendant deux ou trois jours afin de lui faire perdre son goût huileux.

ET D'AUTRES ILES ENCORE !...

LES ILES AFFLIGEES. — Parmi les îles qui s'essaiment entre la Tabatière et Tête-de-la-Baleine, dans le Golfe Saint-Laurent, on voit les ILES AFFLIGEES situées dans l'archipel de Kekarpoué. M. J.-E. Joncas, qui fut l'un des plus actifs explorateurs de la Côte Nord du Saint-Laurent, dit que ce sont les îles à peu près les plus tristes de toute la Côte Nord; ce qui ne serait pas peu dire. Elles seraient les bien nommées. Elles sont sans cesse battues par les vents et par les flots du golfe qui les rongent et les effritent. Elles sont fort fréquentées par les oiseaux de mer. Autour, on fait la pêche à la morue et on y chasse le loup marin.

LES ISLETS BEAULIEU. — Ils sont séparés par un étroit passage qui assèche à mer basse. Ils appartenaient autrefois à David Drapeau, grand type anguleux, très spirituel, à la répartie facile et souvent mordante. Il avait une pêche à fascines où il prenait hareng, sardine, etc. Il était connu sous le nom de "Bonhomme Fish" ou "Père Fish", du fait qu'il passait dans les rues du village, en criant "Fish". Les vieux citoyens de Trois-Pistoles se rappellent encore sa jument "Mousseline" attelée à un tombereau chargé de poisson. Il apostrophait souvent les dames en leur demandant: "Fish-tu à matin"... Il portait dans l'exercise de son métier un vêtement de cuir tout d'une pièce, comprenant bottes et culotte, fait de deux "côtés de cuir" cousus ensemble. Le dimanche, il endossait une redingotte pour aller à la grand'messe.

Ces deux îlets furent vendus à Napoléon Beaulieu décédé depuis, et sont actuellement la propriété de madame Beaulieu qui demeure aux Etats-Unis.

L'ILET LECLERC.—Situé à 300 ou 400 pieds à l'est des îlets Beaulieu, appartiennent au Dr. Arthur Leclerc, de la Malbaie, représentant en 1936 et en 1944 du comté de Charlevoix-Saguenay à l'Assemblée Législative. Il était autrefois la propriété de la famille Damours, et fut vendu en 1911 ou 1912 par Charles Damours à feu Willie Leclerc, marchand bien connu de Trois-Pistoles, père du Docteur A. Leclerc. Cet îlet boisé forme un endroit de villégiature très agréable où la famille Leclerc passe la saison d'été depuis 1913.

Les Ilets Beaulieu et l'Ilet Leclerc forment un groupe de trois petites îles à faible distance du rivage vis-à-vis la partie est du village de Trois-Pistoles. Très riches en petits fruits de toutes sortes. On peut s'y rendre à pied ou en voiture à marée basse.

ILE DE LA GRANDE-PASSE. — Cette île est aussi située dans le canton désigné sous le nom d'Archipel Kekarpoué. Comme toutes les îles du Labrador, celle-ci sert de refuge à nombre d'oiseaux de mer et de grève. Son étendue est d'environ six milles; elle est rocheuse et dépourvue de bois.

ILE-DU-GUET. — Dans le même archipel, il y a l'ILE-DU-GUET ainsi nommée du fait qu'on y avait construit une cabane où un pêcheur s'installait pour surveiller l'arrivée des troupeaux de loups marins. Aussitôt que ces bêtes étaient signalées, on tendait les filets.

L'ILE-AU-BARREAU. — Cette île est dans l'archipel Saint-Augustin; il y avait là, autrefois, beaucoup de moniacs. Elle est légèrement boisée. On cherche en vain l'origine de son nom.

L'ILE BAYFIELD. — On désignait cette île autrefois sous le nom d'ILE-AU-SABLE. La Commission de Géographie de Québec l'a nommée ILE BAYFIELD du nom du célèbre géographe anglais, l'amiral Henry Woolsey Bayfield qui fit, vers 1830, le relevé topographique du fleuve et du golfe Saint-Laurent et qui a dressé une carte qui fait autorité dans la navigation.

LA GROSSE ILE. — Dans le même archipel; c'est un gros rocher d'une longueur de quatre à cinq milles, élevé et avancé dans la mer. On l'aperçoit de loin dans toutes les directions. Ses grèves et ses baies sont fort fréquentées par le gibier de mer. Cette île qui se trouve à vingt-deux milles de Blanc Sablon possède deux beaux ports ou les plus gros navires pourraient se mettre à l'abri.

L'ILE DE BONNE ESPERANCE. — Elle est située à quarante-cinq milles de la Rivière Saint-Augustin. Elle contient 225 acres de terre et fut occupée pendant nombre d'années par un établissement de pêche propriété de MM. Whiteley et Samuel Thom.

L'ILE-AU-CARIBOU. — Elle a une étendue de 300 acres. On y avait installé autrefois une fabrique de guano dont on voit encore les vestiges. On y fait en grand la pêche à la morue.

L'ILE - AUX - GENEVRIERS. — Cette île marque un excellent endroit de pêche placé entre la Rivière Saint-Augustin et la Rivière Coxipi. Son nom lui vient de ce que dans les coulées il pousse des genévriers. On y pêche la truite et le saumon.

L'ILE JUNIPER. — Toujours dans le même archipel; ainsi nommée à cause des genévriers qui y poussent. Cette île, assez considérable, donne asile à de nombreux gibiers de mer.

ILE-DE-LA-BALEINE — Elle est l'une des nombreuses îles de l'archipel du Vieux-Fort, dans les environs de la Baie Brador, Golfe Saint-Laurent. Elle est fort recherchée pour la pêche à la morue qu'on pratique dans ses parages. Elle est d'une hauteur moyenne et d'une superficie d'un mille et demi. Des myriades d'îlots de toute nature et de toute dimension la réunissent à la Baie des Esquimaux où se jette la Rivière Saint-Paul, autrefois Rivière des Esquimaux.

LES ILES DU BLUFF. — Ces îles sont situées sur la Côte Nord du Saint-Laurent à environ six milles de la Rivière Grande Romaine. C'est un excellent poste de pêche. On s'y occupe particulièrement de la pêche à la morue, au hareng et au homard. C'est aussi une bonne place de chasse, d'après l'arpenteur Geo. Leclerc — 1910. — Le canard eider les fréquente.

L'ILE-DU-BOULEAU. — Cette île est placée vis-à-vis Mingan sur la côte nord du Saint-Laurentt. Elle a une longueur de quatre milles et une superficie totale de dix milles. Sa hauteur est d'environ deux cents pieds. Elle est couverte d'une forêt d'épinettes et de bouleaux.

L'ILE-AU-CHIEN. — Elle est située dans l'archipel du Vieux-Fort, au Labrador canadien. C'est une place très renommée pour la pêche à la morue et la chasse au loup marin. Sa superficie est d'environ une trentaine d'acres et il y pousse du foin. En 1908, des gens du Maine et de la Nouvelle-Ecosse, s'imaginant que cette île contenait un trésor, y firent des fouilles profondes et coûteuses, mais ils ne découvrirent rien. Ces trésors, prétendait-on, auraient été cachés là par des corsaires.

L'ILE-AU-COCHON. — Elle est située dans la Baie de Brador. Elle mesure quatre acres et demi de superficie et est totalement dénudée. Elle offre un bon abri aux vaisseaux de moyen tonnage.

L'ILE-AUX-TROIS-COLLINES. — Cette île est située près de la Grande Ile de Mécatina dans le Golfe Saint-Laurent. Sur les sommets de ces trois collines qui ont donné son nom à l'île et qui sont en partie rocheuses poussent des bleuets et le "chicoutee", petit fruit spécial à la Côte Nord du Saint-Laurent. L'île est particulièrement fréquentée par les outardes.

L'ILE-AUX-CORMORANS. — Elle est située dans le Golfe Saint-Laurent, près de Harrington. Ce n'est qu'un rocher couvert de mousse et de broussailles. C'est un bon endroit pour la chasse aux loups marins.

L'ILE-DU-FANTOME. — Elle est située dans le Golfe Saint-Laurent au sud de l'île Niapisca. On l'a appelée ainsi parce qu'un jour une goélette désemparée, la "*Fantôme*", vint se jeter sur ses rochers. On voulut réparer ce vaisseau mais finalement on l'abandonna à son sort et on en vit longtemps les vestiges qui furent enfin effacés par la mer.

ILE DE LA DEMOISELLE. — Cette île est située dans la Baie de Bonne-Espérance et dans l'archipel du Vieux-Fort. S'il faut en croire le cartographe Thevet, le sieur de Roberval, lors de son voyage de 1542 fit débarquer sur cette île, une demoiselle, sa nièce, Marguerite de Roberval, ainsi qu'un jeune gentilhomme français qui aurait, d'après lui, fréquenté trop familièrement sa nièce durant la traversée de la "mer ténébreuse". Une espèce de duègne fut laissée avec eux et on leur donna des provisions pour trois mois. Peu de temps après, Marguerite resta seule, le jeune homme et la duègne étant morts. Elle ne fut délivrée de sa terrible position que longtemps après par un vaisseau français qui naviguait dans ces parages. De là serait venu le nom d'Ile de la Demoiselle. Thevet dit tenir ces faits qu'il rapporte de Roberval lui-même et même de sa nièce qui fut ramenée en France. Cette aventure a donné matière à un roman qui fut écrit par Marguerite de Navarre.

LES ILES MARIANNES. — C'est un groupe d'îles au nombre d'environ douze ou quinze que l'on voit dans l'archipel Sainte-Marie, golfe Saint-Laurent. Ces îles sont autant de petits rochers aux pieds desquels viennent s'ébattre des légions de "marmettes", de "godes" et de perroquets de mer.

LES ILES AUX MARMETTES. — Elles sont aussi appelées Iles Murr. Elles sont situées dans le Golfe Saint-Laurent, au large du Gros-Mécatina. Ces îles sont coupées perpendiculairement, très élevées et difficiles d'accès. Sur leur sommet, qui est plat, des milliers d'oiseaux de mer y venaient autrefois déposer leurs oeufs. Les tueries auxquelles on s'y est livré depuis sans discernement ont contribué à leur dépeuplement.

ILE-A-MICHON. — Elle est située dans le golfe Saint-Laurent en face du Canton Aguanish. D'après M. J.-E. Joncas, c'est à tort qu'on lui donne le nom d'île. Elle serait en réalité soudée à la terre ferme. Dans l'opinion de M. Joncas, c'est l'un des plus beaux endroits de culture de la Côte Nord; tout y pousse et arrive à maturité parfaite. Huit familles habitent cette île.

LES ILES HERBEES. — Ces îles sont situées dans l'Archipel du Vieux-Fort dans le Golfe Saint-Laurent. Elles sont au nombre de cinq et contiennent toutes un peu de végétation. L'une d'elles se présente avec une bordure de foin de prairie et offre au centre une nappe d'eau dont le fond paraît totalement blanc. Toutes ces îles présentent des endroits très bons pour la pêche. Les Anglais les dénomment "Grany Islands". D'autre part, l'abbé Ferland dit que ces îles furent nommées "Herbées" parce qu'elles étaient ceintes d'une lisière de prairies dont la verdure contrastait avec la couleur monotone des rochers.

LES ILES JUPITAGON. — Elles sont placées dans le golfe Saint-Laurent. Elles constituent d'excellents postes de pêche à la morue et sont habitées par quelques familles. Les Iles Jupitagon sont composées de roches granitiques nues et sont si étroitement unies entre elles qu'elles apparaissent comme une seule île. Elles protègent le havre. Il est à noter que l'une de ces îles ressemble si bien à un mortier, surtout quand on l'aperçoit du sud-ouest, que les pêcheurs l'ont surnommée le "GUN" — canon — Bayfield dit qu'elle constitue un excellent guide pour entrer dans le havre de "Quapitagon". Cette dénomination de Jupitagon est une corruption du mot montagnais de "Shusshupitagon" qui voudrait dire "pierre à aiguiser".

ILE LECOUVE. — On la voie entre Kékarpoué et Saint-Augustin. C'est un bon endroit de pêche et, autrefois, un merveilleux endroit de chasse aux canards et au gibier de mer de toute sorte. C'est un vieux chasseur français qui a passé à peu près toute son existence sur cette île et les îlots environnants qui a donné son nom à cette île.

ILE MACHIATIC. — C'est l'une des îles de l'archipel Jupitagon, dans le Golfe Saint-Laurent. M. Joncas, qui a exploré la Côte Nord pendant plus de trente ans, nous la dépeint comme haute et escarpée; on remarque même sur le sommet de cette hauteur un petit lac de cent-cinquante pieds de long sur soixante de large. On y voit toute espèce d'oiseaux de mer.

L'ILE-AU-BATON. — Un peu avant d'arriver à la Rivière Saint-Paul où il y a un important entrepôt frigorifique, on aperçoit une île d'un pittoresque achevé. C'est l'Ile-au-Bâton. On y voit de jolies bâtisses, toutes fraîchement peinturées. En arrière de l'une d'elles, on aperçoit un petit enclos de palissades avec au milieu une épitaphe. C'est sur cette île que demeure, depuis plusieurs générations, une famille Godard — française de nom seulement. — On habite là depuis longtemps de père en fils. L'épitaphe que l'on voit est celle du grand-père de l'occupant actuel, — 1940, — mort il y a une trentaine d'années et qui a été enterré là. Les membres de la famille Godard furent longtemps sous l'impression que le grand-père, qui avait gagné beaucoup d'argent à la pêche, avait laissé une grosse somme d'argent qu'il avait cachée quelque part sur l'île. On a cherché ce trésor pendant plusieurs années. On voit même encore tout autour de l'île, d'une superficie d'à peu près un quart de mille, des monceaux de terre bouleversée.

L'ILE-A-GAGNON. — Elle est appelée ainsi du nom d'un Gagnon qui a habité cette île de longues années. Elle est située dans l'archipel Sainte-Marie, Golfe Saint-Laurent. Elle n'a qu'une superficie de cent-cinquante acres. Elle est fréquentée par des myriades de canards eiders.

ILE-AUX-GOELANDS. — Cette île est comprise dans le groupe des îles de l'Archipel de la Tête-de-la-Baleine, Golfe Saint-Laurent. On y fait la pêche à la morue, au homard et la chasse au loup-marin. Au centre de cette île il y a un lac d'une superficie d'environ cinq acres.

LES ILES DE HARRINGTON. — On donne ce nom à un groupe d'une dizaine d'îles s'étendant du Cap Airey, à six milles à l'est de la rivière Natagamu, sur la Côte Nord du Saint-Laurent, mais à proprement parler, un groupe de quatre îles forment ce qu'on appelle village d'Harrington. La population de ce village est d'environ 200 âmes, presque tous originaires de Terreneuve. Il n'y a pas de bois sur ces îles. On y remarque un bon havre pour les vaisseaux d'au delà de 500 tonneaux.

L'ILE-A-GALIBOIS. — Cette île est située dans l'Archipel Sainte-Marie, dans le Golfe Saint-Laurent. Elle s'appelait autrefois l'Ile-du-Navire. En 1877, un gros navire anglais avait fait naufrage en face de cette île sur un rocher de la petite Ile-de-Pêche; il y avait eu sept pertes de vie. Trois des victimes furent trouvées et transportées chez M. Galibois qui demeurait sur l'Ile d'en face que l'on appela ensuite l'Ile-du-Navire. Plus tard, la Commission de Géographie de Québec lui donna le nom d'Ile-à-Galibois en mémoire de la famille Galibois qui a vécu de longues années sur cette île et dont plusieurs membres sont aujourd'hui parmi les meilleurs citoyens de Québec, MM. F.-X. Auguste, Napoléon Galibois qui sont nés sur cette île. L'Ile-à-Galibois est vis-à-vis la Pointe-à-Maurier.

ILE MISTANOQUE. — Cette île est contiguë à l'Ile Shekatica situées l'une et l'autre à une vingtaine de milles du poste de Saint-Augustin, sur la côte nord du Saint-Laurent. Elle a près de trois quarts de mille de long. Elle est très fréquentée par les oiseaux de mer de toutes sortes.

ILE NATAGAMIOU. — Elle est située dans l'archipel de la Petite Mécatina, golfe Saint-Laurent. C'est un excellent endroit de pêche. On y trouve beaucoup de fruits sauvages, tels que bleuets et "chicoutee", cette petite baie rouge que l'on trouve en abondance sur la côte nord et qui fait une excellente gelée.

ILE NIAPISCA. — Est l'une des nombreuses Iles Mingan. Elle mesure deux milles de longueur et est assez boisée.

ILE PAUL-NADEAU. — Elle est située dans le Golfe Saint-Laurent, à l'entrée nord-est du grand Rigolet de Saint-Augustin. Sa superficie est d'environ 300 acres et elle est réputée comme excellent poste de pêche au saumon et à la truite. Elle doit son nom à un nommé Paul Nadeau qui fut le premier à s'établir sur cette île.

ILE-DU-PHARE. — Cette île est située près de Natashquan, sur la Côte Nord du Saint-Laurent. Un phare a été construit sur une pointe de cette île afin d'éclairer l'entrée du port de Natashquan. L'île est absolument nue et non loin du phare, on voit la maison du gardien juchée sur un rocher de granit rouge.

ILE-AUX-PIGEONS. — Elle est située dans la Baie de Bonne-Espérance, sur la Côte Nord du Golfe Saint-Laurent. Elle a une superficie de quarante-deux acres et on y voit deux établissements de pêche.

ILE-DU-RENDEZ-VOUS. — Cette île est située presque à l'embouchure de la rivière Natagamiou, sur la côte nord du Golfe Saint-Laurent. Elle est mentionnée sur les cartes du milieu du XVIIIe siècle et notamment sur celle de H. Popples, en 1755.

ILE SAINTE-GENEVIEVE. — C'est l'une des vingt-neuf Iles Mingan. Elle mesure cinq milles de circonférence, haute de deux cents pieds; ses rivages sont taillés à pic. Elle est bien boisée en épinettes et offre un bon havre. Au nord de cette île, près de la Rivière Corneille, se dresse une assez haute montagne qu'on appelle la TABLE et qui sert de point de repère aux navigateurs. La baie de Sainte-Geneviève, située au nord de l'île, avait été baptisée par Jacques Cartier du nom de Baie Saint-Laurent.

ILE SHECATIKA. — On voit cette île dans la baie de Shecatika, à une vingtaine de milles du Poste de Saint-Augustin, sur la côte nord du Saint-Laurent. Elle a une longueur de plus d'un demi-mille et une hauteur de cent-cinquante pieds. C'est un bon poste de pêche.

ILE DE TETE-DE-LA-BALEINE. — Cette île est située à 640 milles de Québec, dans le Golfe Saint-Laurent. C'est un excellent poste de pêche à la morue, au hareng et de chasse au loup marin. Elle a donné son nom à un village de la côte dont les habitants sont disséminés ici et là, sur les îles environnantes et sur la terre ferme.

ILE UDELL. — Cette île est située dans la Baie de Brador et dans le canton de l'Archipel de Blanc Sablon. Elle doit son nom à un M. Udell qui y tient un grand établissement de pêche.

ILE-DE-LA-VACHE-MARINE. — Elle porte aussi le nom de ILE MARTEAU. Un phare y a été érigé. Elle est située vis-à-vis la Pointe-des-Esquimaux, aujourd'hui Havre Saint-Pierre, chef-lieu de la Côte Nord. Cette île est remarquable par la formation curieuse de ses rochers qui affectent toutes les formes, grâce au travail séculaire de la mer qui les ronge incessamment.

L'ILE ROUGE. — Cette île est située dans le fleuve Saint-Laurent presque en face de l'embouchure du Saguenay. C'est un îlot formé de roches et de débris de la mer. Deux courants d'une force peu commune mais bien connus des navigateurs la contournent à toute heure et que le temps soit calme ou que la tempête souffle, l'oreille dans les environs perçoit constamment un bruit de vagues en courroux venant se briser sur les rochers des rivages. C'est Champlain qui lui donna son nom probablement à cause de la couleur de ses rochers. Il y a eu plusieurs naufrages dans les parages de cette île avant que la sécurité du fleuve soit assurée par les phares et les bouées. L'île Rouge est surmontée d'un puissant phare. Non loin de là, il y a un bateau-phare qui indique le courant du Saguenay.

LES ILES SAINTE-MARIE. — C'est un groupe de treize îles situé dans l'Archipel Sainte-Marie, Golfe Saint-Laurent. Ces îles sont à neuf milles de la Pointe-à-Maurier. Plusieurs de ces îles sont d'étendue assez considérable. La végétation y est à peu près absente mais elles offrent de bons postes de pêche. Elles sont remarquables par l'innombrable quantité de pigeons, de marmettes, de canards, de goélands et autres gibiers de mer qui y passent la saison d'été. A proprement parler, ces îles sont des rochers couverts de mousse; les plus grandes renferment des lacs de peu d'étendue.

ILE-AU-CANOT. — Cet îlot est situé dans le fleuve Saint-Laurent, à environ un mille de l'Ile-aux-Grues, comté de Montmagny. En 1633, un des canots du Père LeJeune, missionnaire jésuite, s'y échoua; de là son nom. Cette île mesure une lieue de longueur par sept arpents de largeur. Elle fut accordée le 12 septembre 1662 par M. d'Avaugour, gouverneur du Canada, à Marguerite Couillard, alors veuve de Nicholas Macard. Cette île était autrefois fort giboveuse.

ILE-AUX-FLACONS. — Dans l'Anse à Mercier, St-Fabien de Rimouski. C'est une petite île basse où un navire français le "Cerf" a fait naufrage vers 1700, naufrage qui donna lieu à un fameux procès dans le temps.

ILET-AUX-MORTS. — Situé du côté ouest de l'embouchure du Saguenay, au commencement de la batture aux Alouettes, près de la Baie Ste-Catherine. Il y avait un phare qui a brulé. Son nom a pris naissance par suite d'un massacre d'Indiens.

ILETS PENCHES. — Rive nord, en bas des Escoumains. Lieu de naufrage de la goélette "La Magda" vers 1898-1899 et aussi du naufrage de la goélette "Marie Adéla" vers 1905, goélette du capitaine Arthur Michaud, de Trois-Pistoles.

LA PATTE DE LIEVRE. — Rive nord, près du Sault-au-Cochon. Petite île basse qui doit son nom à sa conformation. Bien connue des navigateurs de vaisseaux à voiles qui y trouvaient mouillage.

EN HAUT DE QUÉBEC

Notre dessein était de ne parler dans le présent ouvrage que des îles du bas du fleuve et du Golfe Saint-Laurent; celles d'"en bas de Québec", de l'Ile d'Orléans à Blanc Sablon. Mais il y a tant d'autres îles plus haut que Québec que nous nous en voudrions de ne pas clore notre travail sans, au moins, en mentionner quelques-unes appartenant aux principaux groupes d'"en haut de Québec" : le groupe de Sorel, le groupe de Verchères, le groupe du Saint-Maurice et celles des environs de Montréal. Nous ne faisons que nommer à bien dire ces îles en notant toutefois au passage quelques-unes de leurs caractéristiques, quelques traits historiques, quand il y a lieu.

Nous devons dire que pour cet "ajouté" à notre travail, nous avons largement puisé dans une étude publiée en 1916 dans le *"Bulletin de la Société de Géographie de Québec"* sur la signification des noms des îles de la province de Québec et dont l'auteur était ce patient et consciencieux chercheur et géographe que fut Eugène Rouillard, fondateur de la Société de Géographie, directeur du Bulletin de cette société, et auteur de plusieurs ouvrages de géographie locale.

Comme nous l'avons fait remarquer dans l'historique de l'Ile Madame, près de Québec, il y a une Ile Madame dans le groupe des îles de Sorel, à l'entrée du lac Saint-Pierre. Dans ce groupe on remarque encore L'ILE-AUX-CASTORS, entre Sorel et Berthierville, à l'extrémité du lac Saint-Pierre. Il y a aussi l'ILE-DE-GRACE dans les mêmes parages, en face de Sainte-Anne de Sorel, île concédée en 1672 par l'intendant Talon, au sieur de Saurel, capitaine au régiment de Carignan. Egalement entre Sorel et Berthierville, il y a l'ILE-AU-FOIN qui est à la tête du lac Saint-Pierre.

Le long du littoral des comtés de Nicolet, de Soulanges et de Verchères, les îles sont très nombreuses. On remarque : L'ILE ADONCOURT qui faisait autrefois partie de la seigneurie de Soulanges; on l'appelle aussi l'ILE GIROUX; l'ILE-A-l'AIGLE, en face de Varennes et faisant partie du groupe des îles de Verchères; l'ILE-AUX-ASPERGES, en face de Varennes également; l'ILE BELLEGARDE, aussi en face de Varennes, superficie de quinze arpents; l'ILE BEAUREGARD, en face de Verchères; l'ILE BOUGAINVILLE, située à l'embouchure de la Rivière Nicolet ainsi nommée pour perpétuer le souvenir de l'illustre aide-de-camp de Montcalm; l'ILE-AUX-CABANES, dans le groupe des îles de Verchères; l'ILE-AUX-CANARDS également dans le groupe de Verchères; l'ILE-AU-CERFEUIL également dans le groupe de Verchères; l'ILE-DES-CASCADES, aussi ILE-LEMOINE, qui faisait autrefois partie de la seigneurie de Soulanges; la première concession de cette île remonte au 21 avril 1754 et fut faite au sieur Lemoine, chevalier de Vaudreuil; l'ILE DESLAURIERS, en face de Varennes, cultivable et habitée; l'ILE DESMARAIS, du groupe de Verchères; l'ILE-DU-DOMAINE, entre l'Ile MORAS et l'ILE-DE-LA-FERME, à l'embouchure de la rivière Nicolet; l'ILE-AUX-FERMIERS que l'on appelle aussi ILE BISSONNETTE, vis-à-vis Varennes; l'ILE HERTEL, dans le groupe de Verchères; l'ILE-AUX-PRUNES, dans le groupe des îles Verchères, concédées par le comte de Frontenac, le 6 août 1673, au sieur de Verchères: l'ILE SAINT-PATRICE, vis-à-vis de Varennes; l'ILE-AU-VEAU, l'une des îles Verchères; les ILES SOULANGES, qui portent aussi le nom d'ILES DU LARGE ou DONDAINE et qui faisaient autrefois partie de la seigneurie de Soulanges.

Il y a deux ILES DES SOEURS dans le Saint-Laurent : l'une en face de Châteauguay qui appartient aux Soeurs Grises de Montréal de même que les îles environnantes telles que les ILES DE LA PAIX et SAINT-BERNARD; l'autre appelée indifféremment ILE - DES - SOEURS ou ILE SAINT-PAUL et qui se trouve au pied des rapides de Lachine, en face de Verdun, à Montréal. Cette dernière appartient aux Soeurs de la Congrégation Notre-Dame.

Dans les environs de Montréal, on voit l'ILE-SAINTE-THERESE qui fut témoin au mois de juillet 1663 de la capture de Charles LeMoyne aux mains d'un groupe d'Iroquois; située au pied de l'Ile de Montréal, l'ILE SAINTE-HELENE située vis-à-vis l'extrémité est de la ville de Montréal et nommée ainsi par Champlain en mémoire de sa femme; cette île fut, on le sait, le dernier rempart de la domination française au Canada; Lévis s'y retira avec 2,000 de ses compagnons d'armes; elle mesure trois quarts de mille de long par un tiers de mille de largeur; lieu de villégiature et d'amusement pour les Montréalais; cette île fut concédée en 1672 par le roi de France au sieur Le-Moyne de Longueuil; l'ILE PERROT qui mesure sept milles de longueur sur trois de largeur, située dans le comté de Vaudreuil au confluent de la rivière Ottawa et du Saint-Laurent, entre le lac des Deux-Montagnes et le lac Saint-Louis, reliée à Vaudreuil et à Sainte-Anne de Bellevue par deux ponts des chemins de fer du Grand Tronc et du Pacifique; l'ILE GROSBOIS située à six milles environ de l'est de Montréal; aussi appelée ILE

SAINT-JOSEPH, l'ILE BIZARD, deux milles au nord de la Pointe-Claire, et à vingt-sept milles de Montréal, dans le comté de Jacques Cartier, érigée en 1839 sous le vocable de Saint Raphaël; elle doit son nom à Jacques Bizard, major de Montréal, à qui elle fut concédée en 1678; en 1857 elle appartenait à l'hon. Denis-Benjamin Viger et fut évaluée alors par la commission seigneuriale à $23,603.70.

Entre Québec et Montréal, on remarque encore les îles suivantes : l'ILE BIGOT, vis-à-vis la paroisse de la Visitation, comté de Champlain; le nom de Bigot lui vient du Père Bigot, procureur des seigneuries des Jésuites en la Nouvelle-France, et non de l'intendant Bigot; on l'appelle aussi ILE VALDOR; l'ILE-DE-BEAUJEU, vis-à-vis Saint-Ignace du Côteau-du-Lac, on l'appelle aussi GRANDE-ILE-AUX-ERABLES et dont le nom a été donné par les seigneurs de Beaujeu; les ILES BOUCHARD, vis-à-vis Repentigny; elles furent concédées en 1674 au sieur Fortel et doivent leur nom au Dr Etienne Bouchard qui alla s'établir à Montréal en 1653; l'ILE CARON, située à l'embouchure de la rivière Saint-Maurice ainsi nommée en l'honneur du Rev. M. Caron, grand-vicaire du diocèse des Trois-Rivières; l'ILE-AUX-COCHONS, située au confluent du Saint-Maurice et du Saint-Laurent; appelée aussi ILE QUENTIN; Bouchette l'appelle aussi ILE-DU-MILIEU mais elle est plus communément nommée du nom de son propriétaire ILE MAILLET; elle fut concédée le 29 mars 1648 par la Compagnie de la Nouvelle-France à Jacques LeNeuf, sieur de la Potherie; l'ILE-DU-FORT, à l'embouchure de la Rivière Saint-François et formée par le chenal Tardif; les Abénaquis avaient établi un fort sur cette île, de là son nom, cette île est habitée, on l'appelle aussi ILE NOTRE-DAME; l'ILE-DES-HERONS, en bas du Sault-Saint-Louis; elle fut concédée par le roi de France à titre de fief et seigneurie à Pierre Trottier Desaulniers, négociant de Montréal, le 22 janvier 1722; l'ILE MARIE, l'une des îles formant partie du groupe des ILES BOUCHARD, située près de Repentigny; ainsi nommée en l'honneur de l'héroïne de Verchères; l'ILE MORAS, placée sur la côte sud du lac Saint-Pierre, à l'embouchure de la Rivière Nicolet; ainsi dénommée en mémoire de Pierre Mouet de Moras, enseigne au Régiment de Carignan qui obtint la concession de cette île en 1672; l'ILE-AUX-OURS, à peu de distance de la ville de Sorel, à l'entrée du lac Saint-Pierre; l'ILE-PATIENCE, formant partie du comté de Montmagny; le gouverneur d'Avaugour la concéda le 14 septembre 1662 au sieur Jérémie Lamontagne, plus tard elle devint avec l'ILE-AU-CANOT dont elle n'est séparée que par un petit chenal, la propriété de Pierre Béquart, sieur de Grandville; l'ILE-A-LA-PIERRE aussi appelée ILE MOFFAT du nom d'un de ses propriétaires; elle est située dans le lac Saint-Pierre; on dit que son nom est dû aux carrières de pierre que l'on y exploitait au début de la colonie; Charlevoix, toutefois, sur l'une de ses cartes, la désignait sous le nom d'ILE-SAINT-PIERRE; l'ILE PLATE, l'une des îles les plus avancées du lac Saint-Pierre; devenue célèbre par la mort tragique du Père Anne de la Noue arrivée en 1645; l'ILE-DE-LA-POTHERIE, à l'embouchure de la rivière Saint-Maurice, entre Trois-Rivières et Cap de la Madeleine; cette île fut concédée en 1649 à M. de La Potherie; la Cie Wayagamac possède sur cette île d'immenses usines à papier; l'ILE-AUX-RAISINS, à l'entrée du lac Saint-Pierre, entre les Iles à la Pierre et du MOINE, sur la côte sud du Saint-Laurent; l'ILE SAINT-PIERRE, en haut du lac Saint-Pierre, au-dessus de l'ILE SAINT-IGNACE; elle formait partie d'une seigneurie qui fut concédée en 1674 par M. de Frontenac à M. de Valvaye; elle porte aussi le nom de DUCHARME; les ILES DORVAL, situées dans le lac Saint-Louis à une demi-lieue de Lachine; elles sont au nombre de trois qui furent données par le comte de Frontenac à M. l'abbé de Fénelon pour y fonder des missions; le nom de Dorval lui aurait été donné en mémoire d'un M. Bouchard de Dorval qui aurait acheté ces îles du Séminaire de Montréal qui lui-même les avait reçues de M. l'abbé de Fénelon, à partir de 1854, elles passèrent aux mains de Sir Georges Simpson, gouverneur de la Baie d'Hudson; l'ILE DUPAS, située dans le fleuve Saint-Laurent, à deux milles et demi de Berthier en haut; elle doit son nom à son premier propriétaire, Brisset Dupas, en 1672, et elle est la plus grande des îles de Sorel; toutes les terres qu'elle contient ont été concédées entre 1700 et 1713. La plupart des colons qui s'y établirent venaient de Champlain à la suite du seigneur Brisset. Sa population est de 448 âmes. Elle mesure trois lieues de longueur par une largeur de 17 à 30 arpents. (1)

Dans les environs de l'ILE DUPAS, on voit l'ILE-A-l'AIGLE, en bas de l'ILE DUPAS, l'ILE-A-LA-GRENOUILLE, en bas de la précédente, l'ILE-AUX-VACHES, du côté nord-ouest, l'ILE DE SAINT-AMAND, vers le haut de l'ILE DUPAS, dans le chenal des Epoufètes.

Enfin, il ne faudrait pas oublier de mentionner au moins, dans cette série malheureusement incom-

---

(1) L'Ile Dupas fut colonisée par Pierre Gauthier de la Verendrye qui, né aux Trois-Rivières en 1685, avait épousé une Canadienne de Champlain. Il s'entendit avec son beau-frère, Adrien Dandonneau ainsi que Jacques Brisset, tous deux de Champlain, pour mettre cette île en valeur. Ils recrutèrent à cette fin des colons à Batiscan, aux Trois-Rivières, à Champlain, au Cap de la Madeleine. C'est dans cette île que sont nés les enfants de la Verendrye qui, devenu colonisateur, après ses exploits militaires, s'occupait aussi du commerce des fourrures notamment au Saut de la Gabelle dans le bas du Saint-Maurice.

plète des îles du Saint-Laurent, la grande ILE DE MONTREAL ou l'ARCHIPEL D'HOCHELAGA. Cet archipel est formé par deux cours d'eau qui se rejoignent : le Saint-Laurent et son grand affluent l'Outaouais qui, d'ailleurs, perd son nom en débouchant dans le lac des Deux-Montagnes. On sait que ce lac se déverse dans le fleuve par trois côtés : les rapides de Sainte-Anne de Bellevue, la Rivière des Prairies et la Rivière des Mille-Iles, ces deux dernières confluant au Bout-de-l'Ile.

L'Ile de Montréal a une forme à peu près triangulaire. La base, baignée par le lac Saint-Louis, a une orientation est-ouest, allant des Rapides de Lachine à Sainte-Anne. Le deuxième côté fait avec la base un angle de 100 à 110 degrés; c'est la partie où se trouve le havre. Le troisième côté du triangle, arrosé par la Rivière des Prairies, est orienté du nord-est au sud-ouest.

On sait qu'en face de la ville, le Saint-Laurent, qui a une largeur d'environ deux milles, égrenne un chapelet d'îles bien connues : l'Ile Sainte-Hélène, l'Ile Ronde, l'Ile Pinard, l'Ile de Boucherville, l'Ile Grosbois, l'Ile Sainte-Thérèse.

Mais peut-on dire avec assurance que l'Ile de Montréal est exclusivement une île du Saint-Laurent? . . . . .

—FIN—

TABLE DES MATIÈRES

ACHEVÉ D'IMPRIMER SUR
LES PRESSES DES ATELIERS
MARQUIS DE MONTMAGNY
LE 24 FÉVRIER 1983 POUR
LES ÉDITIONS LEMÉAC INC.